Hamburger Rechtsstudien
herausgegeben von Mitgliedern der Rechtswissenschaftlichen Fakultät
der Universität Hamburg
Heft 48

Die Gründung der Aktiengesellschaft

Zugleich Versuch eines Beitrages zur Lehre von der juristischen Person

von

Rechtsanwalt Dr. Leonidas N. Georgakopoulos
Athen, z. Zt. Hamburg

Hamburg
Cram, de Gruyter & Co.
1959

Satz und Druck: Poeschel & Schulz-Schomburgk, Eschwege/Werra
Printed in Germany

Meinen Eltern
gewidmet

Vorwort

Der Verfasser der vorliegenden Schrift hat – zunächst als Stipendiat der Alexander von Humboldt-Stiftung und dann als wissenschaftlicher Assistent am Seminar für Handelsrecht der Universität Hamburg – über vier Jahre (1955–1959) die Möglichkeit gehabt, sich mit dem deutschen Recht seines Faches zu beschäftigen. Er glaubt daher, das Wagnis unternehmen zu dürfen, dem deutschen Fachpublikum eine Arbeit über deutsches Recht vorzulegen.

Die Arbeit erscheint zu einem Zeitpunkt, wo der Verfasser im Begriff ist, in seine Heimat zurückzukehren. Bei dieser Gelegenheit möchte er all denen danken, die seinen Hamburger Aufenthalt ermöglichten und diese vier Jahre fachlich sowie menschlich zu einem seltenen Erlebnis machten. Sein Dank gilt vor allem seinem Lehrer, Herrn Professor Dr. Hans Würdinger.

Hamburg, November 1959 *L. N. Georgakopoulos*

Abkürzungsverzeichnis

AG	=	Aktiengesellschaft (AktG = Aktiengesetz, AktR = Aktienrecht, VorAG = Voraktiengesellschaft)
BGBG	=	Gesellschaft bürgerlichen Rechtes
eGmbH (eGmuH)	=	eingetragene Genossenschaft mit beschränkter (unbeschränkter) Haftpflicht
Gen	=	Genossenschaft (GenG = Genossenschaftsgesetz, GenR = Genossenschaftsrecht, VorGen = Vorgenossenschaft)
GmbH	=	Gesellschaft mit beschränkter Haftung (GmbHG, GmbHR, VorGmbH wie bei AG und Gen)
jP (jPen)	=	juristische Person (juristische Personen)
KE, KH	=	Kapitalerhöhung, Kapitalherabsetzung
KG (aA)	=	Kommanditgesellschaft (auf Aktien)
nrfV	=	nicht rechtsfähiger Verein
OHG	=	offene Handelsgesellschaft
VorG	=	Vorgesellschaft
*	=	mir nicht zugängliche Fundstelle

Sonstige Abkürzungen sinngemäß. – Jährlich erscheinende Werke werden nach Jahr und Seite bzw. Spalte zitiert. Bei Datumsangaben werden die Jahre nur mit ihren zwei letzten Ziffern angegeben (z. B. RG 1. 4. 43, DR 43, 868 = Reichsgericht, Urteil v. 1. April 1943, Deutsches Recht, Jahrgang 1943, Seite 868).

Die Arbeit entspricht dem Rechtssprechungs- und Schrifttumsstand vom 31. März 1959 und wurde Ende Juni als Manuskript abgeschlossen.

Inhaltsverzeichnis

Allgemeiner Teil

Die juristische Person und ihre Gründung

Erstes Kapitel

Die Lehre von der juristischen Person

Zweites Kapitel

Die Typologie der juristischen Personen

Drittes Kapitel

Die Gründung der juristischen Person

Besonderer Teil

Die Gründung der Aktiengesellschaft

Viertes Kapitel

Der Inhalt der Satzung

Fünftes Kapitel

Die Satzungsfeststellung

Sechstes Kapitel

Mitgliedschaftsübernahme und Unterwerfung unter die Satzung

Siebentes Kapitel

Die Vermögensaufbringung

Achtes Kapitel

Die Eintragung und die Folgen ihres Unterbleibens

Allgemeiner Teil

Die juristische Person und ihre Gründung

Erstes Kapitel

Die Lehre von der juristischen Person

§ 1. Begriff der juristischen Person.

I. Definition.

1. Eine rechtstheoretisch neutrale Definition.

Als juristische Personen werden diejenigen Fälle der Rechtsfähigkeit bezeichnet, denen nicht ein (Einzel-) Mensch als Tatbestand zugrundeliegt.

Diese Definition verzichtet bewußt auf die Stellungnahme zum Theorienstreit über das Wesen der juristischen Person, die der späteren Darstellung vorbehalten wird. Sie soll die juristische Person positivrechtlich exakt definieren, ohne diese oder jene dogmatische Deutung vorauszusagen oder auszuschließen. Die Zurückstellung dieser Deutung bedeutet nicht, daß hier die im Schrifttum häufige Bagatellisierung dieses Theorienstreites geteilt wird.

Vermieden wird in der Definition die bildhafte Sprache, die oft dazu verleitet, die Rechtssubjekte etwa als „Träger von Rechten und Pflichten" zu bezeichnen. Wenn schon die subjektiven Rechte und Pflichten keine gegenständliche Existenz aufweisen, so ist es unzulässig, die Rechtssubjekte in dieser Weise zu materialisieren und beinahe naturwissenschaftlich zu erfassen[1].

2. Der negative Charakter dieser Definition.

Unsere Definition verzichtet auf die positive Beschreibung der Tatbestände der Rechtsfähigkeit und begnügt sich mit der negativen Abgrenzung der juristischen Personen. In formallogischer Terminologie[2] sind die natürlichen und juristischen Personen die beiden einzigen Unterfälle der Rechtsfähigkeit und somit kontradiktorische Begriffe, sie bilden einen kontradiktorischen Gegensatz. Steht der eine Teil des kontradiktorischen Gegensatzes – hier der Mensch – fest, so kann der andere Teil negativ dahin definiert werden, daß

---

[1] Gegen die Materialisierung des Rechtssubjektsbegriffes kämpft die Rechtsphilosophie bewußt seit *E. Lask*, Rechtsphilosophie 1905, jetzt in Gesammelte Schriften I, Tübingen 1923, 322/323.

[2] Vgl. etwa *Ch. Sigwart*, Logik I, 3.A., Tübingen 1924, 373 ff.

er eben nicht der erstere ist. Positive Beschreibungsmerkmale für alle juristischen Personen lassen sich nicht finden und sind sowieso zu vermeiden, weil sie, wenn sie sich auch finden ließen, eine indirekte Stellungnahme zum Problem des Wesens der juristischen Person enthalten würden. Sie verleiten nämlich zur Verwechselung der Rechtsfähigkeit mit ihrem Tatbestand. Dieselbe Verwechselungsgefahr besteht auch bei den natürlichen Personen, wo die Bezeichnung „Mensch" sowohl für den Tatbestand (homo) als auch für die Rechtsfolge (persona) verwendet wird. Der Unterschied wird in einer Rechtsordnung klar, wo nicht alle Menschen Rechtssubjekte sind. Die vorstehende Definition geht von der Rechtsfähigkeit als Oberbegriff (genus) aus. Die Rechtsfähigkeit ist gemeinsam für beide Tatbestandsgruppen, die einander gegenüber in kontradiktorischem Gegensatz stehen. Der Gegensatz betrifft also nicht die Art der Rechtsfähigkeit, sondern die Art der Tatbestände. Die eine Tatbestandsgruppe ist der Mensch im psychobiologischen Sinne, die andere Gruppe bilden sämtliche übrige Rechtsfähigkeitstatbestände, also Verein, Stiftung, AG, GmbH, Gen.[3] Juristische Personen des öffentlichen Rechtes werden in die vorliegende Arbeit nicht einbezogen.

II. Rechtstechnischer Inhalt der Rechtsfähigkeit.

1. Das Rechtssubjekt als Folge und Mittel der Dezentralisierung der Rechtsordnung.

Das objektive Recht erfüllt seine Gerechtigkeits-, Fortschritts- und Ordnungsaufgabe in der heutigen Kulturgesellschaft durch Herstellung von Rechtspositionen den Lebenswerten gegenüber. Die Rechtspositionen werden traditionsgemäß nicht als Einheit betrachtet, die etwa zentral und einheitlich verwaltet wird. Sie werden vielmehr mehreren, selbständigen, egalitären, dauerhaften, verantwortlichen Einheiten zugeordnet. Der Regelung über die Aneignung der Rechtspositionen diesen Werten gegenüber geht logisch – nicht unbedingt auch zeitlich – die Beantwortung der Frage voraus, ob und wie solche Einheiten rechtswirksam gebildet werden können[4]. Das rechtstechnische Mittel der Bildung solcher Einheiten ist die positivrechtliche Anerkennung der Rechtsfähigkeit. Sie führt zur Bildung von potentiellen Zuordnungszentren für die Verteilung der Rechtspositionen den Lebenswerten gegenüber.

---

[3] Die Auffassung, daß die Stiftung und der altruistische Verein schon ihrer Form nach dem öffentlichen Recht angehören, ist vereinzelt geblieben, *E. Hölder*, Natürliche und juristische Personen, Leipzig 1905, passim, 241 ff, 301, allerdings später unter Anerkennung der Unvereinbarkeit dieser Auffassung mit dem Gesetz, *ders.*, JherJ 33,78.–

[4] Der Begriff des Rechtssubjektes wird demnach als apriorischer Rechtsbegriff bzw. denknotwendige und allgemeingültige Kategorie der juristischen Betrachtung bezeichnet, vgl. *G. Radbruch*, Rechtsphilosophie 1956, 229. Das trifft nur dann zu, wenn man den Begriff des subjektiven Rechtes annimmt. Wird dieser Begriff abgelehnt, indem der Mensch nur als Instrument der Konkretisierung objektiver Rechtssätze betrachtet wird (so die positivistische Schule von *L. Duguit* in Frankreich, vgl. Zitate bei *F. Gény*, Technique et Science de droit privé positif IV, Paris 1924, 175 ff), so ist der Begriff des Rechtssubjekts entbehrlich.

2. Die rechtstechnischen Grundsätze der Rechtsfähigkeit.

Der rechtstechnische Inhalt der Rechtsfähigkeit bedeutet, daß für jede Zuordnungseinheit folgende Grundsätze gelten:

a) Die Zuordnungseinheiten stehen im Privatrecht auf derselben Stufe, sie sind von einander unabhängig und einander gleich. Eine globale Bindung ist grundsätzlich nichtig, § 138, § 310 BGB. Die teilweise, vorübergehende Bindung ist gültig, setzt aber einen Vertrag oder eine eventuell gültige einseitige Verpflichtungserklärung voraus. Dieser *Grundsatz der Gleichheit der Rechtssubjekte* ist die unerläßliche Voraussetzung der Vertragsfreiheit, die zugleich Vertragszwang bedeutet[5].

b) Pflichten belasten und Rechte berechtigen nur diejenigen Zuordnungseinheiten, denen sie zugeordnet sind. Das Rechtssubjekt schuldet nur für sich, aus seiner Tätigkeit wird es allein berechtigt. Vermögensverschiebungen von Subjekt zu Subjekt bedürfen Übertragungsakte. Für fremde Schulden kann niemand in Anspruch genommen werden, fremde Ansprüche kann man im eigenen Namen nicht geltend machen. Dieser *Grundsatz der Zuordnungsautonomie und Zuordnungsausschließlichkeit*[6] macht die Zuordnungseinheiten selbständig von einander.

c) Für die eigenen Verpflichtungen haften die einzelnen Zuordnungseinheiten nur mit ihrem eigenen Vermögen (solange also Haftungsbeschränkung), zugleich aber mit ihrem ganzen Vermögen. Dieser *Grundsatz der unbeschränkten Haftung* gilt nicht nur bei natürlichen, sondern auch bei juristischen Personen. Daß Dritte (z. B. Mitglieder) nicht haften, macht die Haftung der jP noch nicht beschränkt.

Der Grundsatz der unbeschränkten Haftung, der die Rechtssubjekte zu verantwortlichen Zuordnungseinheiten macht, wird bei juristischen Personen dadurch ergänzt, daß der Konkurs die Auflösung der jP zur Folge hat, § 42 Abs. 1, § 86 Satz 1 BGB, § 203 Abs. 1 Ziffer 3 und 4 AktG, § 60 Abs. 1 Ziffer 4 GmbHG, § 101 GenG. Die jP steht für eigene Fehldispositionen somit nicht nur mit dem eigenen Vermögen, sondern auch mit der eigenen Existenz ein, obwohl rechtstechnisch die aufgelöste jP bis zur Beendigung der Liquidation fortbesteht.

d) Damit den Zuordnungseinheiten auch effektiv Rechtspositionen zugeordnet werden können, wird die Rechtsfähigkeit mit der Geschäfts- und Deliktsfähigkeit des Menschen bei natürlichen Personen, mit der Handelnsmöglichkeit der Organe bei juristischen Personen gekoppelt *(Grundsatz der Zurechenbarkeit effektiven Handelns)*[7]. Diese Handelnszurechnungsmöglich-

---

[5] *P. Heck*, Schuldrecht, Tübingen 1929, 121/122.

[6] Die Literatur zum Vermögensbegriff hat in diesem Sinne seit langem erkannt, daß die Einheit des Vermögens auf der Einheit seines Trägers beruht (vorbehaltlich von Sondervermögen allerdings): z.B. *Enneccerus-Nipperdey*, Allg. Teil I, Tübingen 1959, 840 ff.

[7] „Persona est cui verba et actiones hominum attribuuntur vel suae vel alienae“, *Hobbes*, De homine, XV § 1, nach Zitat von *G. Husserl*, AcP 129, 190 Anm. 94 und *G. Beseler*, Juristische Miniaturen, Leipzig 1929, 149. Im „Bestehen der Chance, daß ein Handeln angebbarer Personen stattfindet, welches seinem Sinne nach die Ordnungen des Verbandes durchzuführen trachtet“, erblickt *M. Weber*, Wirtschaft und Gesellschaft I, Tübingen 1947, 26 die Existenz eines Verbandes.

keit ist erforderlich, weil die Entwicklung einer nicht zentral verwalteten Rechtsordnung eben auf Gestaltungsakten der Rechtsgenossen beruht. Ohne Inanspruchnahme der Privatautonomie und Übernahme der Verantwortung für Delikte, also ohne Zurechenbarkeit effektiven Handelns könnten die Zuordnungseinheiten weder zur rechtlichen Zukunftsgestaltung beitragen noch an der Rechtsentwicklung teilnehmen. Die Zurechenbarkeit effektiven menschlichen Handelns macht die Zuordnungseinheiten zugleich zu Verwaltungseinheiten, zu Betätigungszentren.

e) Den Zuordnungseinheiten wird positivrechtlich eine Dauerhaftigkeit zugeschrieben, die sie zu sich-selbst-gleichbleibenden Institutionen der Rechtsordnung bis zum Ende der Rechtsfähigkeit macht. Die Sichselbstgleichheit der Zuordnungseinheiten ermöglicht eine endgültige Zuteilung der Lebensgüter, bis sie untergehen oder auf andere Zuordnungseinheiten übergehen. Die Anerkennung der Rechtsfähigkeit durch die Rechtsordnung hat also nicht nur den Sinn, daß jede Zuordnungseinheit hic et nunc von den anderen Zuordnungseinheiten „horizontal" abgegrenzt wird (Grundsätze a bis d), sondern auch, daß jeder Einheit eine zeitlich nach Anfang und Ende abgegrenzte oder abgrenzbare Existenz zugeschrieben wird. Zum Wesen der Zuordnungseinheit gehört demnach nicht nur das Für-sich-sein (Grundsätze a bis d), sondern auch das Sichselbstbleiben *(Grundsatz der Sichselbstgleichheit)*[8]. Eventuelle Organe- oder Mitgliederablösung läßt den Zuordnungsbestand jeder Einheit unberührt, ohne daß etwa Übertragungsakte oder Neuvornahme des Gründungstatbestandes für die jP notwendig sind.

III. Wertinhalt der Rechtsfähigkeit.

1. Die Verschiedenheit der Wertungen.

Anerkennung von Rechts- und Handlungsfähigkeit bedeutet Verleihung sozialer Macht. Zuordnungs- und Verwaltungseinheiten sind potentielle oder effektive Machtzentren. Dieser, durch den Gesetzgeber ermöglichten Machtzentrenbildung liegt eine Wertung zugrunde.

Der Rechtsfähigkeit des Menschen liegt die Bejahung seiner Würde als ethische Person zugrunde. Dem Menschen als Maß aller Dinge und Endzweck der Rechtsordnung werden somit die Mittel der individuellen Behauptung zur Verfügung gestellt.

Der Rechtsfähigkeit der juristischen Personen liegt eine andere Wertung[9] zugrunde. Ihnen werden die Mittel der Verfolgung trans- und überpersonaler Zwecke gegeben und Anerkennung der Rechtsfähigkeit in diesen Fällen bedeutet Billigung dieser Zwecksetzung. Die einzelnen juristischen Personen

---

[8] *K. Larenz*, Logos 20, 198 hat zutreffend das Wesen der Rechtssubjektivität in der Unteilbarkeit und in der Sichselbstgleichheit erblickt (Grundsätze a–e im Text). Diese Grundsätze entsprechen auch im Prinzip der Einheit der jP als Teilrechtsordnung bei *H. Kelsen*, Reine Rechtslehre, Leipzig 1934, 56–57.

[9] Zu den der Rechtsfähigkeit zugrundeliegenden Wertungen vgl. *E. Lask*, a.a.O. 292–296, 300, 323, *G. Radbruch*, a.a.O. 229–233. Diese Wertungen können jedoch nicht – wie *Radbruch* loc.cit. es tut – als Substrat der jP angesehen werden, da der teleologische Moment wesensgleich mit der Norm ist.

werden allerdings an eine bestimmte Zwecksetzung nicht immer positivrechtlich zwingend gebunden. Insbesondere der Idealverein und die Stiftung können, je nachdem, ob sie eine Körperschafts- oder Anstaltsgestaltung erfahren haben, teils transpersonale, teils überpersonale Zwecke verfolgen. Transpersonale eigennützige Zwecke verfolgen demgegenüber i. d. R. die Kapitalgesellschaften, die Genossenschaft und der Wirtschaftsverein.

2. Die Rangordnung der Werte.

Die Rangordnung dieser Zwecke als Werte steht nicht absolut fest. Grundsätzlich erscheint im Bereich des Privatrechts als Wert höheren Ranges der Mensch, auf dessen Willensakte die Gründung der privatrechtlichen juristischen Personen meistens zurückgeht. Diese Vorherrschaft individualistischer Werte wird jedoch, insbesondere nach den philosophischen Erkenntnissen des Hegelianismus auf die Dauer von trans- und überpersonalen Zwecken verdrängt. Auf dem Gebiet des öffentlichen Rechtes erscheint deshalb die Vorherrschaft individualistischer Werte recht zweifelhaft. Der Staat schon als solcher nimmt hier als über- und transpersonaler Wert die erste Stufe der Wertepyramide in Anspruch. Die Bedeutung des Menschen als Wert und Zweck in der Rechtsordnung tritt umsomehr in den Hintergrund, jemehr das öffentliche Recht im Vordergrund steht[10].

§ 2. Wesen der juristischen Person.

I. Vergleich mit den natürlichen Personen.

1. Die psychobiologische Menschenexistenz.

Die vorerwähnten fünf Grundsätze, die den rechtstechnischen Inhalt der Rechtsfähigkeit kennzeichnen, gelten auch für die natürlichen Personen. Nur ist bei den natürlichen Personen eine sinnliche Wahrnehmung des Für-sich-Seins und der Sich-selbst-Gleichheit des Menschen in seiner psychobiologischen Existenz möglich. Seine Rechtsfähigkeit beruht aber nichtsdestoweniger auf einer Rechtsnorm wie auch bei juristischen Personen. Daran ändert nichts, daß es sich eventuell um eine naturrechtliche Norm handelt. Der psychobiologische Menschenbegriff ist mit dem Menschen als Rechtssubjekt nicht zu identifizieren.

Die psychobiologische Menschenexistenz ist für die rechtsgeschäftlichen und deliktischen Tatbestände des Privatrechtes von Bedeutung, die der Regel nach – d. h. bis auf Fälle, wo die Rechtsfolge an eine objektive Umweltveränderung angeknüpft wird, etwa §§ 946–948 BGB – auf menschliche psychobiologische Vorgänge zugeschnitten sind. „Handeln" in diesem psychobiologischen Sinne kann die juristische Person nicht. Ihre Organe – wenn auch ausnahmsweise die Liquidatoren einer AG nach § 206 Abs. 1 Satz 2 AktG juristische Personen sein können – werden immer Menschen sein.

[10] *M. Scheler*, Der Formalismus in der Ethik und die materiale Wertethik, Bern 1954, 381–596 hat die Wertproblematik der Person, auch der von ihm ausdrücklich angenommenen ethischen Gesamtperson, 523 ff untersucht, ohne auf die juristischen Zusammenhänge einzugehen. Nur auf S. 383 Anm. 1 betrachtet er den ethischen Personbegriff als Bedingung des rechtlichen Personbegriffs.

2. Die Zurechnung fremden Handelns bei natürlichen und juristischen Personen.

Die einzige Tätigkeitsform, die einer juristischen Person zur Verfügung steht, ist also die Zurechnung menschlichen Handelns. Eine solche Zurechnung fremden Handelns, bei welcher der Tatbestand einer bestimmten Rechtsfolge nicht von demjenigen erfüllt wird, der durch die Rechtsfolge betroffen wird, ist auch im Recht der natürlichen Personen bekannt, und zwar in der Vertretung bei Rechtsgeschäften und in der Haftung für Verrichtungsgehilfen. Bei der ersteren treffen die Rechtsfolgen den Vertretenen, als ob er allein und persönlich gehandelt hätte, bei der letzteren haftet er neben dem Handelnden. Die ihm grundsätzlich nach § 831 BGB zustehende Exkulpationsmöglichkeit erfährt schon im deutschen Recht manchen Bruch, § 485 HGB, § 3 Abs. 1 BSchG, § 1 HaftpflG, § 1 SHaftpflG, § 19 LuftVG – ob Art. 34 GG hierher gehört, dürfte allerdings zweifelhaft sein –, und ist in manchem ausländischen Recht völlig aufgegeben, Code Civil Art. 1384, griech. ZGB Art. 922. Die nicht geschäftsfähigen Menschen sind sogar nur auf eine Zurechnung fremden Handelns angewiesen, allerdings nur im rechtsgeschäftlichen Bereich, weil der gesetzliche Vertreter kein Verrichtungsgehilfe im Sinne des § 831 BGB ist[11].

An diese Zurechnung fremden Handelns bei natürlichen Personen hat die Zurechnung fremden Handelns bei juristischen Personen angeknüpft. Die Art der Zurechnung kann dabei keine verschiedene sein. In beiden Fällen – d. h. bei natürlichen und juristischen Personen – wird fremdes psychobiologisches Handeln einer Zuordnungseinheit zugerechnet und, ob dieser Zuordnungseinheit nur fremdes oder auch eigenes Handeln zugerechnet werden kann, ändert an der Art der Zurechnung fremden Handelns nichts. Der Grund der Zurechnung, der etwa in einer Vollmacht seitens des Vertretenen oder in der Bestellung des gesetzlichen Vertreters durch das Gericht oder durch die Mitglieder einer jP liegt, hat mit der Art der Zurechnung, mit ihrem Wesen nichts zu tun. Die Zurechnungsart[12] ist offensichtlich dieselbe, ob die Zurechnungseinheit ohne Vertreter bzw. Organe nicht rechtswirksam handeln kann oder nur nicht handeln will. Daß das Zurechnungsproblem in beiden Fällen dasselbe ist, beweist die Polemik konsequenter Gegner der jP gegen die Rechtsfähigkeit geschäftsunfähiger Menschen. Sie haben die Geschäftsfähigkeit als notwendigen Bestandteil der Rechtsfähigkeit angesehen und haben demgemäß die Rechtsfähigkeit nicht nur der juristischen Personen, sondern auch der Geschäftsunfähigen verneint, um hinsichtlich ihres Vermögens die Rechtssubjektivität der Organe bzw. gesetzlichen Vertreter anzunehmen. Die Zurechenbarkeit fremden Handelns ist jedoch positivrechtlich anerkannt. Eine Nichtberücksichtigung dieser positivrechtlichen Gegebenheit ist unannehmbar, gleichgültig, ob sie nur die juristischen Personen, die gesetzliche Vertretung oder – wie es konsequent wäre, aber nicht geschieht – auch die willkürte Vertretung und die Zurechnung der Delikte der Verrichtungsgehilfen betreffen sollte. Der Zurechnungsumfang ist zwar je nachdem gesetzlich beschränkt

[11] RG 7. 1. 18 (RGZ 91, 363 ff), 12.10.36 (RGZ 152, 222 ff).

[12] Basis der Zurechnung bei Verbänden ist – soziologisch gesehen – die Solidarität mit dem Handelnden und diese Solidarität ist ein Merkmal aller Verbände, *M. Weber*, a.a.O. 25. Der Solidaritätsmoment fehlt zwar bei der Vertretung von natürlichen Personen, dieser Unterschied ändert aber an der *Art* der Zurechnung nichts.

(gesetzliche Vertretung), gesetzlich unbeschränkt und unbeschränkbar (AG, GmbH, Gen), gesetzlich beschränkt, aber nicht weiter beschränkbar (Prokura), gesetzlich unbeschränkt, aber satzungsmäßig beschränkbar (Verein, Stiftung) oder gesetzlich unbestimmt und somit beschränkbar (Vollmacht), dieser Umfang – ob mit der Zurechnung von Delikten nach § 31 und § 831 BGB gekoppelt oder nicht – läßt aber das Wesen der Zurechnung unberührt. Es besteht darin, daß die Rechtsfolgen eines psychobiologischen (äußeren) Handelns nicht in der Person des Handelnden oder wenigstens nicht *nur* in seiner Person eintreten. Ersteres trifft bei Rechtsgeschäften, letzteres bei Delikten zu, wo nicht nur der Verrichtungsgehilfe persönlich neben dem Geschäftsherrn, sondern auch das Organ nach Deliktsrecht neben der jP haftet. Die Formulierung, daß nur die Rechtsfolgen zugerechnet werden, vermeidet, daß ein Handeln der jP oder des Vertretenen bzw. Geschäftsherrn fingiert wird. Ohne diese Formulierung – die mit der Repräsentationstheorie bei der normalen Vertretung unvermeidlich zusammenfällt – wäre eine Fiktion in allen Fällen der Zurechnung fremden Handelns zu erblicken. Im Wege der Zurechnung der Rechtsfolgen fremden, menschlichen Handelns sind also die juristischen Personen handlungsfähig – nicht aber im Sinne eines „eigenen" Handelns im psychobiologischen Sinne.

Die Zurechnung der Rechtsfolgen psychobiologischen, physischen Handelns ist allerdings mit der Zuordnung der Rechtspositionen nicht identisch, obwohl die Unterscheidung oft, insbesondere im Schuldrecht schwierig sein wird. Die heutige Lehre unterscheidet die Zuordnung der Vermögenspositionen im statischen Zustand von der Zurechnung der Rechtsfolgen der Begründungs-, Änderungs- oder Aufhebungstatbestände. Eindeutig ist die Unterscheidung der Zurechnung und der Zuordnung im Bereich des Sachenrechtes, wo die Rechtsfolge eines Entstehungstatbestandes *zugerechnet* wird, während das entstandene Recht *zugeordnet* wird[13]. Die erstere ist dynamische, die letztere statische Betrachtungsweise. Die Unterscheidung der Zurechnung und der Zuordnung enspricht positivrechtlich der Trennung zwischen Rechts- und Geschäftsfähigkeit. Fehlt es etwa an Organen, so ist der jP die Zurechnung der Rechtsfolgen von Organhandlungen unmöglich, die ihr zugeordneten, in der Vergangenheit erworbenen Rechtspositionen gehen aber dadurch nicht verloren.

II. Die juristische Person als Rechtsfolge.

1. Allgemeines.

Die juristische Person weist nun die dargestellten Unterschiede von den natürlichen Personen auf. Die Darstellung der Unterschiede wurde allerdings mit einer Andeutung der gemeinsamen Punkte kombiniert. An der richtigen Erkenntnis der Unterschiede, aber auch der Gemeinsamkeiten liegt der Punkt, wo das Wesen der jP zu suchen ist.

[13] Zum Wesen der Zuordnung im Vermögensrecht – eine Gesamtuntersuchung des Zuordnungs- und Zurechnungsphänomens fehlt – vgl. *F. Wieacker*, Zum System des deutschen Vermögensrechtes, Leipzig 1941, passim, *H. Westermann*, Sachenrecht, Karlsruhe 1958, 1–20.

Die juristische Person ist ein Sonderfall der Rechtsfähigkeit überhaupt. Eine natürliche, also nicht auf Rechtsnorm beruhende Rechtsfähigkeit ist die Rechtsfähigkeit des Menschen nicht. Sie beruht ebensosehr auf einer positivrechtlichen Norm wie auch die Rechtsfähigkeit der jP. Beide sind nämlich Rechtsfolgen[14] bestimmter Gesetzesvorschriften, § 1, § 21, § 22, § 80 BGB, § 1 AktG, § 11 GmbHG, § 13 GenG.

Der Sinn dieser Rechtsfähigkeit ist, daß sie die Zuordnung von Rechtspositionen ermöglicht[15] und zur Anwendung der oben zu § 1, II, 2 erwähnten Grundsätze führt. Eine eventuelle Prädestinierung von bestimmten Tatbeständen zu Rechtsfähigkeitstatbeständen auf Grund der Natur der Sache oder aus naturrechtlichen Erwägungen ändert nichts daran, daß diese Tatbestände erst durch ihre Erfassung durch die Rechtsnormen relevant werden.

2. Rechtsfolge und Tatbestand bei der juristischen Person.

Wenn die Rechtsfähigkeit eine Rechtsfolge ist, dann kann sie nicht die Seinsweise ihres Tatbestandes haben. Sie gehört der Welt des Sollens, der Tatbestand gehört der Regel nach derjenigen des Seins an. Die Existenzweise der Rechtsfolge ist somit nicht gegenständlich wie die Existenzart der Tatbestände. Ist eine Rechtsfolge an mehrere, verschiedene, alternative Tatbestände – bei juristischen Personen an eine rechtsgeschäftliche Willenserklärung, bei natürlichen Personen an die psychobiologische Menschenexistenz – angeknüpft, so kann man nicht einen von diesen Tatbeständen zum Normalfall erklären und die übrigen Tatbestände als „fingierte“ Wiederholungen des „Normaltatbestandes“ betrachten. Vielmehr ist es selbstverständlich, daß die Rechtsfolge immer als solche zu prüfen ist. Ferner ist die Rechtsfähigkeit keine „juristische Eigenschaft“, die ein Mensch oder eine jP so besitzen kann oder besitzen können muß wie etwa ein Körper Farbe- oder Wärmeeigenschaften besitzt.

Die Rechtsfähigkeit ist eine Rechtsfolge mit bestimmten Ordnungsaufgaben, die in den Grundsätzen zu § 1, II, 2 zusammengefaßt wurden. Diese Grundsätze in die Wege zu leiten, ist die Aufgabe, die äußere Funktion der Rechtsfähigkeit. Die interne, struktur- und substratbedingte Funktion der jP ist vom Tatbestand abhängig und hat mit der Rechtsfähigkeit als solcher nichts zu tun. Sie wird deshalb im nächsten Kapitel der Arbeit darzulegen sein. Die letztere Funktion ist je nach Tatbestand eine verschiedene, während die äußere Funktion der Rechtsfähigkeit für alle Rechtssubjekte einheitlich ist.

Wegen dieser Einheitlichkeit der Rechtsfähigkeit als Rechtsfolge ist ihre Wesensbestimmug nur im Wege der Abstraktion vom Tatbestand möglich. Am Fehlen dieser Abstrahierung sind die Wesenserfassungsversuche im Bereich der jP bisher gescheitert. Sie haben nur Beschreibungen von Tatbeständen geliefert, die, wenn sie überhaupt stimmten, naturgemäß nur eine Tatbestandsgruppe betreffen konnten. So hat die Lehre der realen Verbandsperson nur das Wesen der Vereinigung von natürlichen Personen erklärt und eine andere Erfassung der Anstalten formuliert, während andererseits die Zweckvermögenstheorie ihrerseits umgekehrt von der Anstalt ausgegangen

---

[14] So ausdrücklich *K. Peter,* AcP 132,13.

[15] Die Zuordnung als Wesen der jP wird vertreten von *H. Kelsen,* a.a.O. 52–57, *G. Husserl* a.a.O. 190.

ist. Die Fiktionstheorie ist vom Menschen ausgegangen und hat die jP als Fiktion betrachtet, die Negationstheorien sind ebenfalls vom Menschen ausgegangen und unterscheiden sich von der Fiktionstheorie darin, daß sie keine Fiktion annehmen, sondern eine Lücke hinnehmen müssen, die anderweitig ausgefüllt werden muß. Die Kritik der Theorien unten (im § 3) wird den eigenen Standpunkt weiter klären, der folgendermaßen lautet:

3. Die Seinsweise der juristischen Person als Rechtsfolge.

Die juristische Persönlichkeit und die Rechtsfähigkeit schlechthin haben eine abstrakte und eine konkrete Erscheinungsform. Im ersteren Fall stellt die Rechtsfähigkeit einen Rechtsfolgentypus dar und „Abstraktion" bedeutet hier, daß hiermit keine konkrete, entstandene juristische Person X gemeint ist. Die Seinsweise der abstrakten Rechtsfähigkeit hängt davon ab, in welchem kategorialen Zusammenhang sie benutzt wird. Sie kann als Wiederholung der Normen benutzt werden, die die Rechtsfähigkeit verleihen, und hat demnach die Seinsweise dieser Normen. Sie kann als Gesamtbezeichnung für die effektiven juristischen Personen in einer rechtssoziologischen Untersuchung benutzt werden, sie kann auch Beispiel in logischen Denkformeln sein. Sie hat je nachdem die normative, gegenständliche oder logische Seinsweise.

Die konkrete jP – die Aktiengesellschaft X mit Sitz in Y – hat immer und nur eine normative Seinsweise[16]. Sie ist Bestandteil dieser hic et nunc bestehenden Rechtsordnung, sie beruht auf den Bestimmungen des positiven Rechtes und teilt die Seinsweise dieser Ordnung[17]. Diese Seinsweise der Rechts-

---

[16] Die Seinsweise der einzelnen Rechtsfolge ist also weder wahrnehmbar im körperlich-gegenständlichen Sinne noch einfach eine „geistige Realität" psychologistischer Prägung, wie dies offensichtlich *K. Peter* a.a.O. 15–30, insb. 15/17 (mit Nachweisen) meint. Die „normative" Seinsweise lehnt *Peter* S. 24–30 mit der Begründung ab, die Juristen seien über diesen normativen Charakter nicht einig. Eine Einigkeit bei solchen Prämissenfragen zu verlangen ist nun nicht ganz überzeugend. *Peter* lehnt dort ebenfalls ab, die Rechtsfolge vom objektiven Recht abzuleiten, da der hypothetische oder imperative Charakter des objektiven Rechtes keinen festen Ausgangspunkt darstelle. Hiergegen muß festgestellt werden, daß die normative Geltung der Rechtssätze nicht von der Struktur der Rechtssätze abhängig ist. Man kann die Geltung des objektiven Rechtes so oder so auffassen, daß sie aber *die* Seinsweise des Rechtes unabhängig von dessen Struktur ist, dürfte eindeutig sein. – Für unsere Fragestellung nicht ergiebig ist die Arbeit *W. Schulze*, Tatbestand und Rechtsfolge – Ein Beitrag zur juristischen Erkenntnistheorie, Berlin-Leipzig 1909.

F. Schreier, Grundbegriffe und Grundformen des Rechtes – Entwurf einer phänomenologisch begründeten formalen Rechts- und Staatslehre, Leipzig–Wien 1924, 148 ff, bezeichnet die jP als Tatbestand. Dem kann nicht zugestimmt werden. Der jP liegt ein Tatbestand zugrunde, Tatbestand ist sie aber selbst nicht.

[17] Daß die einzelne, konkrete Rechtsfolge die Geltung der Rechtsordnung teilt und die gleiche Seinsweise wie diese aufweist, ist zwar evident, jedoch nicht ad hoc ausgesprochen worden. *F. W. Jerusalem*, Kritik der Rechtswissenschaft, Frankfurt/M. 1948, 143 ff spricht davon, daß die „Rechtsbegriffe" Geltungsbegriffe sind und demgemäß an der Geltung des Rechtes teilnehmen. Es handelt sich jedoch um die Seinsweise nicht von Begriffen, sondern von Rechtsfolgen. Die Formulierungen *Jerusalems* setzen die Diskussion der Jahrhundertwende und der 20er Jahre über die Problematik der Rechtsbegriffe fort (Gliederung der Rechtsbegriffe, Bindung der juristischen Begriffsbildung an der außerjuristischen Begriffsbildung usw.). Den Stand dieser Diskussion entnimmt man am besten – neben *Jerusalem* – *F. Somló*, Juristische Grundlehre, Leipzig 1927, 26 ff.

ordnung im allgemeinen und der konkreten Rechtsfolgen ist die normative Verbindlichkeit der darin (in den Normen und in den konkreten Rechtsfolgen) enthaltenen Regelung. Sie ist keine gegenständliche, sinnlich wahrnehmbare Seinsweise, sie ist ebenfalls keine einfach gedankliche Erfassung des Sinngehaltes dieser Regelung, sondern die Seinsweise der Geltung des Rechtes schlechthin. Die Seinsweise dieser Geltung kann hier unmöglich zum Gegenstand einer eigenen Untersuchung gemacht werden, sie ist nur nach der jeweiligen Rechtsgeltungstheorie zu verstehen, zu der sich der einzelne Jurist bekennt. Eine Argumentation über die Richtigkeit der Bekenntnis zur normenpositivistischen Rechtsgeltungstheorie Kelsens' und der Neukantianer – die der persönlichen Einstellung des Verfassers entspricht – oder zu einer psychologistischen oder metaphysisch-dialektischen Rechtsgeltungstheorie ist nicht Aufgabe der vorliegenden Arbeit[18]. Eins muß hier festgehalten werden, daß die Seinsweise der jP von der Rechtsgeltungstheorie abhängig ist. Da hier von der neukantianischen Trennung von Sollen und Sein und von der entsprechenden Rechtsgeltungstheorie ausgegangen wird, kann die Seinsweise der jP nur als eine normative Seinsweise im Sinne dieser Theorie verstanden werden. *Die Rechtsfähigkeit ist sowohl beim Menschen als auch bei den juristischen Personen eine konkrete Rechtsfolge, ein konkretes Sollen.* Daraus, daß die juristische Person eine konkrete Rechtsfolge ist, ergibt sich erstens, daß sie eines Tatbestandes bedarf und zweitens, daß sie den gleichen zeitlichen und räumlichen Geltungsgrenzen ausgesetzt ist wie die Rechtsordnung schlechthin.

Die Wesensgleichheit der Rechtsfähigkeit beim Menschen und bei den juristischen Personen wird nicht etwa dadurch gestört, daß der Umfang der Rechtsfähigkeit der juristischen Personen eventuell enger ist als beim Menschen. Diese Umfangsunterschiede hängen von der Natur der Sache und von rechtspolitischen Erwägungen ab und es ist keineswegs so, daß die Rechtsfähigkeit der juristischen Personen immer und zwangsläufig kleiner als diejenige des Menschen ist. Familienrechtliche Positionen scheiden zwar für die juristische Person aus, andererseits aber sind in der internationalen Gesetzgebungspraxis Fälle bekannt, wo den juristischen Personen Rechtspositionen zugänglich gemacht werden, die dem Menschen unzugänglich bleiben, wie z. B. in der UdSSR, wo das Eigentum an den Produktionsmitteln nur den juristischen Personen – allerdings des öffentlichen Rechtes – vorbehalten ist. Der Umfang der Rechtsfähigkeit ist eine positivrechtliche und rechtspolitische Frage.

---

[18] Aus der umfassenden Literatur zum Problem der Rechtsgeltung seien hier besonders erwähnt: *K. Larenz*, Das Problem der Rechtsgeltung, Berlin 1929, *C. A. Emge*, Einführung in die Rechtsphilosophie, Frankfurt/M. 1955, 315 ff, 259 f, *ders.*, ARPhil 14, 146 ff, 277 ff, 15, 54 ff, *G. Radbruch*, a.a.O. 174 ff, *F. M. Jerusalem*, a.a.O. 321 ff, *W. Schönfeld*, Die logische Struktur der Rechtsordnung, Leipzig–Berlin 1927, passim, 9 ff, 64 ff, *J. Binder*, Grundlegung zur Rechtsphilosophie, Tübingen 1935, 131 ff, *A. Graf zu Donna*, Hauptprobleme der Rechtsphilosophie, Berlin–Wien 1940, 13 ff, *R. Stammler*, Lehrbuch der Rechtsphilosophie, Berlin – Leipzig 1928, 147 ff, *M. Weber*, a.a.O. 16 ff, 122 ff, 368 ff, *F. Klein*, Die psychischen Quellen des Rechtsgehorsams und der Rechtsgeltung, Berlin 1912, passim, 72 ff, *A. Fuchs*, Die Rechtsgeltung, Leipzig 1933 (mir nicht zugänglich).

4. Die Rechtsfähigkeit als Zuordnungszustand und Zuordnungsmöglichkeit.

Die Rechtsfähigkeit beim Menschen und bei den juristischen Personen hat die Besonderheit, daß sie nicht etwa eine Zuordnungspflicht oder einen effektiven Zuordnungszustand, sondern nur eine Zuordnungsmöglichkeit bedeutet. Das positive Recht sorgt zwar mehrfach dafür, daß dieser Zuordnungsmöglichkeit meistens auch ein effektiver Zuordnungszustand entspricht, und macht einen solchen effektiven Zuordnungszustand zur Gründungsvoraussetzung einer jP oder erklärt die Vermögenslosigkeit oder den Konkurs der jP zum Auflösungsgrund der jP. Grundsätzlich bleibt aber die Rechtsfähigkeit nur eine Zuordnungsmöglichkeit, die erst dann akut wird, wenn die Frage der Zuordnung einer bestimmten Rechtsposition zu entscheiden ist. Insbesondere theoretisch ist eine völlige Vermögenslosigkeit nicht ausgeschlossen.

Der Grundsatz, daß die Rechtsfähigkeit nur eine Zuordnungsmöglichkeit[19] und keinen effektiven Zuordnungszustand darstellt, kennt nur wenige Ausnahmen, insbesondere hinsichtlich der Persönlichkeitsrechte, die allein am Entstehungstatbestand der Rechtsfähigkeit angeknüpft sind. Diese Ausnahmen sind zwar nicht identisch beim Menschen und bei den juristischen Personen, das liegt aber an der Verschiedenheit des jeweiligen Tatbestandes. Unter Berücksichtigung dieser Tatbestandsunterschiede sind sie aber bei beiden Arten der Rechtssubjekte vorhanden. Rechte am eigenen Körper und Persönlichkeitsrechte, die die menschliche Persönlichkeit im ethischen-psychobiologischen Sinne voraussetzen, hat somit allein die natürliche Person; die juristische Person hat ihrerseits das Namensrecht und das Recht an der eigenen Individualität, weswegen der zivilrechtliche Ehrenschutz ihr ebensowenig zu versagen ist wie auch – mutatis mutandis – dem Menschen[20]. Soweit diese Rechte der juristischen und natürlichen Person von einer Zuordnung weiterer Rechtspositionen unabhängig sind, weil ja die Individualität der Rechtssubjekte schon mit der Entstehung der Rechtsfähigkeit vorhanden ist, bedeutet die Rechtsfähigkeit nicht nur Zuordnungsmöglichkeit, sondern auch effektiven Zuordnungszustand.

---

[19] Diese Zuordnungsmöglichkeit ist mit einer Substratslosigkeit der jP nicht zu identifizieren. Vermögenslose Kapitalgesellschaften und Genossenschaften (vgl. unten, Anm. 55, 56), mitgliedslose Vereine (BGH 17.11.55, BGHZ 19, 51 ff) bestehen auch nicht als „mögliche Zuordnungszentren" weiter.

[20] BVerwG 1. 8. 1958 (NJW 58, 2080 ff, Persönlichkeitsrecht), OLG Hamburg 31.5.57 (BB 58, 930, Namensrecht), OLG Hamm 22.10.54 (GRUR 55, 586, Namensrecht), BGH 8.12.53 (BGHZ 11, 214 ff), LG Heilbronn 9.5.53 (NJW 53, 1145), BGH 30.3.53 (L–M 6 zu § 16 UWG), OLG Frankfurt 31.1.52 (NJW 52,792), OLG Düsseldorf 8.12.50 (DB 51,344), RG 3.6.27 (RGZ 117,215 ff), 11.6.26 (RGZ 114,90 ff), 26.9.24 (RGZ 109,213 ff), 13.12.11 (RGZ 78,101 ff), 7.7.10 (RGZ 74,114 ff). Ein effektiver Zuordnungszustand besteht z.B. auch hinsichtlich des Armenrechtes, BGH 20.9.57 (BGHZ 25,183 ff).

Auch die Grundrechte stehen grundsätzlich der jP zu, Art. 19 Abs. 3 GG. Hier auch liegt der sog. effektive Zuordnungszustand vor, z. B. aus der neueren Rechtsprechung: BVerfG 3.6.54 (BVerfGE 3,383 ff, Gleichbehandlung von jPen), BFH 18.11.1958 (BB 59, 70, Gleichbehandlung der AG u. GmbH), BVerwG 1.8.1958 (NJW 58, 2080 ff, Gleichbehandlung), BGH 28.10.57 (BGHZ 26,10 ff, Entschädigungsanspruch bei Enteignung), 30.9.57 (BGHZ 25, 266 ff), BayVerfG 18.1.52 (VGHE 68 II 1).

Die Unabhängigkeit der Rechtsfähigkeit vom Umfang der Zuordnungsmöglichkeit, wie sie oben formuliert wurde, darf allerdings nicht übertrieben werden. Der Umfang der Zuordnungsmöglichkeit muß ein beträchtlicher sein, damit von Rechtsfähigkeit gesprochen werden kann. Die Abgrenzung des beträchtlichen vom unbeträchtlichen Umfang ist positivrechtlich schwierig und deshalb wird oft die Rechtsfähigkeit schon dann bejaht, wenn die Zuordnungsmöglichkeit schon für nur bestimmte Rechtspositionen zugelassen oder effektiv vorhanden ist. Die Grenze ist dahin zu ziehen, daß Rechtsfähigkeit nur dann besteht, wenn die Rechtsfähigkeit grundsätzlich als Regel bejaht wird und höchstens nur durch Ausnahmen negativ abgegrenzt ist. Ist nur die Zuordnung von bestimmten, abschließend aufgezählten Rechtspositionen zugelassen, wie dies der Fall bei den sog. Teilpersonen des Arbeitsrechtes, des Steuerrechtes und bestimmter anderer Teilgebiete des privaten oder öffentlichen Rechtes ist, so liegt eine juristische Person nicht vor[21].

Die Rechtsfähigkeit als Rechtsfolge hat – über den oben erwähnten effektiven Zuordnungszustand hinaus – eine Eigentümlichkeit, die hier abschließend geklärt werden soll. Die Rechtsfähigkeit wirkt bedingt oder normativ in dem Sinne, daß sie – wie schon gesagt – erst dann akut wird, wenn es sich um eine konkrete Zuordnungsfrage, also um die Zurechnung einer bestimmten Rechtsposition handelt. Dieser Charakter, der als bedingte oder latente Wirkung der Rechtsfähigkeit[22] bezeichnet werden kann, kommt allen Rechtsfolgen zu, die den Charakter einer „Eigenschaft" oder „Fähigkeit" haben. Die Kaufmannseigenschaft, die Vertretereigenschaft, Prokuristeneigenschaft, die Minderjährigkeit, der Immobiliencharakter einer Sache, Wechsel- und Konkursfähigkeit, Eintragungsfähigkeit ins Grundbuch usw. werden ebenfalls nur dann akut, wenn ein Handelsgeschäft vorgenommen wird oder die Vertretungsmacht ausgeübt wird oder Eigentumserwerb an der Sache in Frage kommt. Feste, unbedingte Wirkungen – Registereintragung, Buchführungspflicht bei Kaufleuten, Grundbucheintragung bei Immobilien – sind dabei vorhanden, ändern aber an dem hauptsächlich latenten oder bedingten Charakter der Hauptwirkungen dieser Art von Rechtsfolgen nichts. Diesen festen Wirkungen entspricht bei juristischen Personen der vorerwähnte effektive Zuordnungszustand. Die bedingte Wirkung der Rechtsfähigkeit ist somit diese, daß sie die Voraussetzung für die Anwendung der oben, § 1, II, 2 aufgezählten Grundsätze darstellt. Zweifelhaft ist, ob für diese Art von Rechtsfolgen eine

---

[21] Das Problem entsteht z.B. für den Betriebsrat (abgelehnt, LAG Saarbrücken 24.1.57, ArbRStichworte 1957 XVIII S. 80, 89, 114*, OLG Hamm 24.2.48 in Kaßmann, Entsch. S. 150*), für die OHG wegen des § 124 HGB (BGH 17.6.53, BGHZ 10, 91 ff, RG 27.11.14, RGZ 89, 66 ff, 14.5.86, RGZ 16, 16 ff), den nrfV hinsichtlich der Körperschaftssteuerpflicht und der passiven Parteifähigkeit (RG 11.7.14, RGZ 85, 256 ff bejaht die Teilpersönlichkeit dadurch, daß es sagt, die Eintragung bringt nur eine „Erweiterung" der Parteifähigkeit; ähnlich ist die Formulierung, der nrfV sei bei Passivprozessen als rechtsfähig zu behandeln, RG 5.6.08, R 08 Nr. 3053, OLG Marienwerder 5.10.07, R 08 Nr. 1632, OLG Karlsruhe 4.1.06, Bad. Rpr. 06, 121; OLG Kiel 16.12.13, SchlHA 14,71, lehnt bei Eintragung eines nrfV während des Passivprozesses einen Parteiwechsel ab, weil der nrfV passiv parteifähig ist).

[22] *F. Schreier* a.a.O. nennt diese Fälle „Grundtatbestände", weil sie sich noch konkretisieren müssen. Da es sich nicht um Tatbestände, sondern um Rechtsfolgen handelt, müßte man mit ihm von „Grundrechtsfolgen" sprechen.

Bezeichnung gefunden werden kann, die ihre Eigenartigkeit unzweideutig angibt (z. B. „normative", „bedingte" oder „Grund"-Rechtsfolgen).

Diese „normativen" Rechtsfolgen teilen in ihrer Seinsweise, in ihrer Geltung die Besonderheiten der Geltung der positivrechtlichen Normen schlechthin. Sie vertragen eine zeitliche oder räumliche Geltungsbeschränkung[23]. Sie entfalten ihre „bedingten" Wirkungen innerhalb der zeitlichen und räumlichen Grenzen, die ihnen von der Rechtsordnung gestellt werden. Sie kennen somit einen Anfang (Entstehung der jP), ein Ende (Beendigung der jP), sie gelten nur da, wo die ihnen zugrundeliegenden Rechtsnormen gelten (also – bis auf kollisionsrechtliche Verweisung eines fremden Rechts auf diese Normen – nicht in einer anderen Rechtsordnung), und ihre Verbindlichkeit – wie auch diejenige jedes Sollenssatzes – hängt nicht von ihrer tatsächlichen Beachtung bei der Rechtsanwendung und Rechtsverwirklichung ab. Die Rechtsordnung, die eine Rechtsfolge entstehen läßt, kann auch ihre Tragweite bestimmen, indem sie etwa in bestimmten Fällen einen „Durchgriff auf das Substrat der JP", also die Nichtbeachtung der Rechtspersönlichkeit erlaubt oder anordnet. Sowohl die prinzipielle Annahme einer Rechtspersönlichkeit als auch der Umfang der Rechtsfähigkeit sind daher Fragen, die auf Grund des positiven Rechtes zu lösen sind, gleich ob das positive Recht Gesetzes- oder Gewohnheitsrecht ist. Die Entstehung der jP, die Anerkennung der Rechtsfähigkeit setzt somit eine verbindliche Rechtsnorm voraus, die etwa die Gründungsvoraussetzungen im allgemeinen festlegt oder als Sondergesetz in concreto eine bestimmte jP entstehen läßt oder anerkennt und die noch bestimmt, ob diese jP eine grundsätzlich uneingeschränkte Rechtsfähigkeit bis auf Rechtspositionen, die auf das Menschsein abgestellt sind, genießt – so grundsätzlich das deutsche Recht – oder ob der Umfang der Rechtsfähigkeit nach der Ultra-vires-Doktrin des angelsächsischen Rechtes einschränkbar oder nach dem Spezialitätsprinzip des französischen Rechtes gesetzlich eingeschränkt ist[24].

5. Die praktische Bedeutung der Erfassung der juristischen Person als Rechtsfolge.

Die Erfassung der jP als Rechtsfolge steht also auf dem Boden des positiven Rechtes und seiner Souveränität. Sie erklärt ohne Kompromisse, daß die Anerkennung ausländischer juristischer Personen ein Problem des einheimischen Sach- oder Kollisionsrechtes ist, daß das positive Recht – so das deutsche Recht – die Einmanngesellschaft wegen des numerus clausus der Auflösungsgründe anerkennt, daß es die Gründung der juristischen Personen von einer

---

[23] *K. Kelsen*, a.a.O.

[24] *W. Kunkel*, Rvgl. Hdwb. IV, 578–581, *C. Schlink*, Die Ultra-Vires-Lehre im englischen Recht, Berlin–Leipzig 1935, *J. Buyken*, Die Lehre von der Spezialität der juristischen Personen im französ. Recht, Diss. Köln 1937. Im deutschen Recht ist ein Analogon in der Beschränkung der Rechtsfähigkeit und Vertretungsmacht der Organe einer jP in Liquidation zu erblicken, § 49 Abs. 2 BGB, dazu neuerdings BGH 26.1. 1959 (BB 59, 249), OLG Köln 1.2.58 (NJW 59, 198 f), RG 4.2.35 (RGZ 146, 376 ff), u.ö. Das Gesetz kann natürlich ein sofortiges Erlöschen der jP anordnen, vgl. Anm. 104. Die Geltung der Ultra-vires-Doktrin bei jPen des öffentlichen Rechtes interessiert hier nicht (BGH 28.2.56, BGHZ 20, 119 ff, *Fuß*, DÖV 1956, 566 ff).

staatlichen Mitwirkung abhängig machen kann, daß es auch vermögenslose juristische Personen geben kann[25], daß die prinzipiell anerkannte jP in bestimmten Mißbrauchsfällen nicht mehr als ein besonderes Rechtssubjekt anerkannt wird u.a.m. Vermögenslose juristische Personen müßten nämlich für die Zweckvermögenstheorie, Einmanngesellschaften für die Theorie der realen Verbandsperson, für diese auch die Nichtanerkennung ausländischer juristischer Personen und das Konzessionssystem bei der Gründung Systemwidrigkeiten sein. Nach der Theorie der realen Verbandsperson müßte die jP strafbar sein, was eben in dieser Allgemeinheit nicht zutrifft[26]. Die Souveränität des positiven Rechtes bedeutet allerdings nur Notwendigkeit einer gesetzlichen oder gewohnheitsrechtlichen Regelung der Rechtsfähigkeit, ihrer Entstehung, ihres Umfanges, ihrer Beendigung – ohne Rechtsnorm kann keine Rechtsfähigkeit angenommen werden – ohne die faktische (soziologische) bzw. idealistische (naturrechtliche) Bindung des positiven Rechtes zu leugnen und ohne etwa – wie die Fiktionstheorie – einen Konzessionsakt für die Entstehung der einzelnen juristischen Personen zu verlangen. Es ist vielmehr eine Frage des positiven Rechtes, die Entstehung einer jP der Privatautonomie zu überlassen, die Privatautonomie typenmäßig oder formmäßig zu binden, eine Konzession zu verlangen oder die Entstehung der jP allein an einen dinglichen Vorgang anzuknüpfen (letzteres z. B. bei der Bergwerksgewerkschaft).

Die Erfassung der jP als Rechtsfolge erlaubt somit eine saubere Trennung der Frage des Bestehens der jP als Rechtsfolge von der Frage der Entstehung der jP, m.a.W. die Trennung von Tatbestand und Rechtsfolge im Recht der juristischen Personen. Die herkömmliche Lehre vom Wesen der jP hat sich Klarheit über das Wesen der jP als Rechtsfolge zu verschaffen versucht, ohne einzusehen, daß sie die Rechtsfolgen- und Tatbestandsseite der jP nicht sauber trennte. Der vorliegenden Untersuchung wird demgegenüber eine doppelte Fragestellung zugrundegelegt, erstens nach dem Wesen der Rechtsfolge (dieser §) und dann nach dem Wesen des Tatbestandes (§§ 4–8).

Die doppelte Fragestellung läßt demgemäß eine Erkenntnismöglichkeit und Erkenntnisnotwendigkeit sowohl im Hinblick auf die Rechtsfolge als auch auf den Tatbestand bestehen. Jede Auseinandersetzung mit dem Wesen der jP müßte daher mit dieser doppelten Fragestellung beginnen. Das ist m.E. in der bisherigen Literatur, die sich ausführlich mit dem „Problem" der jP befaßt hat, kaum geschehen. Die zahlreichen „Theorien", die z. T. einen beträchtlichen Einfluß auf die Gesetzgebungs- und Rechtsprechungspraxis gehabt haben, haben nie klargestellt, ob sie durch ihre Ausführungen den Tatbestand oder die Rechtsfolge meinen oder wie das Verhältnis Tatbestand – Rechtsfolge zu ihren Ausführungen steht. Die kritischen Stimmen, meistens von Rechtsphilosophen, die auf diese dogmatischen Mängel der herkömm-

[25] *M. Wolff*, 54 L.Q.R. 511–521 schreibt diesen Vorteil der Fiktionstheorie zu, da sie die Souveränität des positiven Rechtes im Bereich der juristischen Personen erkläre. Die hier vertretene „Rechtsfolgentheorie" der jP hat nun die Elastizität der Fiktionstheorie, ohne dem Gesetzgeber den – ungerechten – Unwahrheitsvorwurf zu machen, der mittelbar in der Fiktionstheorie steckt.

[26] Einen Überblick über die Strafbarkeit der jP gibt neuerdings BGH 21. 1. 1959 (NJW 59, 586 f), vgl. auch OLG Braunschweig, 21. 10. 57 (BB 58, 719, Geldstrafen nach § 890 ZPO), OLG Celle 7. 1. 57 (BB 57, 628 f).

lichen Theorien hingewiesen haben, bilden keine zusammengehörige Gruppe, die als „Theorie" bezeichnet werden kann[27]. Sie haben sich übrigens meistens in einer den positivistischen Juristen unzugänglichen Begriffssprache ausgedrückt und haben sich deshalb in der positivistischen Diskussion des Problems keinen festen Platz erobert. Die positivrechtliche Diskussion hat vielmehr bei den Theorien beharrt, die in positiv-rechtlichen Schriften enthalten sind und der dogmatischen Sauberkeit entbehrten. Diese Theorien waren die einzigen, die praktische Konsequenzen in Anspruch genommen haben und durch Sprache und Fundstelle den positivrechtlichen Juristen zugänglich und verständlich waren. Diese Theorien haben sich mehr mit dem Tatbestand befaßt, den sie aber im Bereich der Rechtsfolgen projektiert haben, während die schon erwähnten kritischen Stimmen sich mehr mit der Rechtsfolgenseite befaßt haben. Dadurch entstand eine Kluft in der Diskussion, indem beide Auffassungsgruppen die zwei Problemseiten nicht kombiniert untersucht haben. Die einen haben die Rechtsfolge mehr oder weniger ignoriert, die anderen haben den Tatbestand vernachlässigt. Diesen Fehler versucht die vorliegende Arbeit zu vermeiden, indem im Problem der jP eine doppelte Fragestellung erblickt wird und keine von den beiden Aspekten – Rechtsfolge und Tatbestand – vernachlässigt wird. Im Lichte dieser doppelten Fragestellung könnte man versucht sein, die bisherigen Theorien in Tatbestands- und Rechtsfolgentheorien einzuteilen. Zur ersteren Gruppe würden dann die „Praktikertheorien" gehören, also Fiktionstheorie, Theorie der realen Verbandsperson, Zweckvermögenstheorie, während die „Philosophentheorien", also die neukantische, neuhegelianische und die Abstraktionstheorien zur letzten Gruppe gehören würden. Eine solche Einteilung scheitert jedoch am Fehlen einer klaren Fragestellung, die Tatbestand und Rechtsfolge trennen müßte. Die Teilung der Theorien in vor- oder metajuristische Theorien und in juristische Theorien ist zwar genauer, sie ermöglicht aber ebenfalls keine klare Einordnung der einzelnen Theorien. In einer solchen Teilung kommen als vorjuristische Theorien diejenigen in Betracht, die dem juristischen Begriff der Rechtsfähigkeit einen vorjuristischen, etwa ethischen, philosophisch-metaphysischen, erkenntnistheoretischen, sozialpsychologischen Inhalt geben (Personbegriff im Sinne der erwähnten Disziplinen). Aus allen diesen Einteilungsschwierigkeiten wurde in der folgenden Theoriendarstellung an der herkömmlichen Reihenfolge festgehalten. Diese Theoriendarstellung ist als Ergänzung und Klarstellung der eigenen Stellungnahme gedacht und deshalb wird das Hauptgewicht der Darstellung auf die Kritik dieser Theorien[28] gelegt. Die Verwertung dieser Theo-

---

[27] Gemeint sind die Arbeiten *C. A. Emge,* ARWPhil 12, 148 ff, 279 ff, 378 ff, *S. Marck,* Substanz- und Funktionsbegriffe in der Rechtsphilosophie, Tübingen, 1925, passim, insb. 83 ff, und *W. Schönfeld,* JherJ 75, 333 ff, insb. 339–347.

[28] Die folgende Darstellung verzichtet danach auf Schrifttumsangaben, die leicht den bisherigen Darstellungen der Lehre von der jP entnommen werden können: *H. J. Wolff,* Juristische Person und Staatsperson, Berlin 1933, *L. Michoud,* La théorie de la personnalité morale et son application en droit français, 2. Aufl., 2 Bände, Paris 1924 (die 3. Aufl., 1932, mir nicht zugänglich), *F. Hallis,* Corporate Personality, London 1930. Hinzu kommen seit Erscheinen dieser Darstellungen hauptsächlich *M. Wolff,* 54 L.Q.R. 494–521 (1938) und *F. Wieacker,* AcP 147, 304 ff (mit Angaben). Vgl. auch die Literaturangaben bei *Enneccerus-Nipperdey* a.a.O. 607 Anm. 1.

rien hinsichtlich ihrer Erkenntnisse über die Tatbestandsseite der jP ist dem zweiten Kapitel der Arbeit vorbehalten.

Auf ein Problem wird folgende Arbeit nicht eingehen, obwohl dies als „das" Problem der jP angesehen wird, nämlich auf die „Beziehung der juristischen Begriffsbildung zur Begriffsbildung außerjuristischer Disziplinen." Ob die „Person" im juristischen Sinne eine „Person" im außerjuristischen Sinne des Wortes voraussetzt oder nicht, stellt keine positivrechtliche Frage dar.

§ 3. Die Theorien über das Wesen der juristischen Person.

I. Theorie der realen Verbandsperson.

Ist man sich darüber im klaren, daß die gesetzliche Bejahung der Rechtsfähigkeit nur Bejahung einer Rechtsfolge bedeutet, so ist es selbstverständlich, daß dieser Rechtsfolge keine naturwissenschaftliche oder sonstige außerjuristische Seinsweise zugeschrieben werden kann, wie dies die sog. Theorie der realen Verbandsperson tut. Aber auch als Deutung des Tatbestandes der juristischen Person erweist sich diese Theorie als unannehmbar. Erstens ist es in den einschlägigen nichtjuristischen Disziplinen recht zweifelhaft, ob ein Gesamtbewußtsein bzw. Gesamtwille und die Organismuseigenschaft sozialpsychologisch annehmbar sind. Sicherer ist es, daß dieses Bewußtsein keine Tatbestandsvoraussetzung der jP – positivrechtlich gesehen – darstellt. Wenn auch solche Fälle wie diejenigen, die der Theorie der realen Verbandsperson zugrundegelegen haben, für die Rechtspersönlichkeit der Natur der Sache nach prädestiniert sein können, bleibt die Rechtsfähigkeit eine reine Rechtsfolge und setzt eine Norm des geschriebenen oder Gewohnheitsrechts voraus. Die Theorie der realen Verbandsperson erweist sich umsomehr unbefriedigend, als sie nur die Personenverbände zum Gegenstand hat, während der Prüfstein einer Theorie über das Wesen der jP gerade darin zu erblicken ist, ob sie alle Rechtsfähigkeitsfälle erklären kann.

Verdienste sind dieser Theorie allerdings nicht abzusprechen. Sie hat auf Wertungs- und Denknotwendigkeiten und praktische Sinnzusammenhänge im Bereich der juristischen Personen zutreffend hingewiesen, obwohl sie eigentlich in manchen Fällen über das Ziel hinweggeschossen hat. Ihre Begründung der Organhaftung scheint z. B. in diesem Zusammenhang nicht stichhaltig zu sein. Die Haftung für Organe kennt den Exkulpationsbeweis nicht etwa deshalb nicht, weil die Organe einer jP den Teilen des menschlichen Organismus gleichstehen. Dieser Regelung liegt einfach eine positivrechtliche Wertung zugrunde, die rechtspolitische und nicht sozialpsychologische Gründe hat. Sie stärkt die Verantwortungsintensität in der juristischen Person und schützt die Dritten. Die Regelung ist umsomehr zumutbar, als sie zur Haftung der jP, nicht aber der Mitglieder selbst führt, es sei denn bis zur Einlagehöhe. Der tiefere, obwohl bisher nicht beachtete Grund der Haftung der jP für Organdelikte ist sogar rechtstechnischer Natur. Eine echte Exkulpation ist bei juristischen Personen nämlich unmöglich, weil sie nur Exkulpation anderer Organe sein kann, die die ihnen unterstellten Organe zu beaufsichtigen und zu bestellen haben. Das Auswahl- und Aufsichtsverschulden der höheren Organe müßte sowieso eine Exkulpation der jP ermöglichen, weil ja ein „eigenes" Verschulden der jP im psychobiologischen Sinne nie vorliegen würde, da die jP eine psychobiologische Existenz nicht aufweist. Bei einer sinnvollen Regelung mußte also die Exkulpationsmöglichkeit bei irgendwelcher Organstufe unterbrochen werden. – Ich glaube sogar, daß die konsequente Anwendung der Theorie der realen Verbandsperson mehr die Exkulpationsmöglichkeit erlaubt als ausschließt. Den Organismus der realen Verbandsperson können nämlich nur die Mitglieder, nicht etwa die Dritten bilden, die zwecks Vertretung der jP angestellt werden. Demnach wären den Gliedern des menschlichen Organismus nur die Mitglieder der jP gleichzustellen, nicht also die Organe bei Drittorganschaft. Die Drittorganschaft ist aber gerade der Regelfall bei den juristischen Personen. – Der Grund der Unterscheidung zwischen Organen und Vertretern liegt somit nicht in einer etwaigen Natur der Sache, sondern in der verschiedenen positiven Regelung der Fälle der Zurechenbarkeit fremden deliktischen Handelns (§ 31, § 831 BGB). Diese Unterscheidung ist schon bei Rechtsordnungen entschärft, die die Beschränkbarkeit der Vertretungsmacht der Organe grundsätzlich bejahen und die Exkulpationsmöglichkeit schon bei den Verrichtungsgehilfen ausschließen (d. h. im französischen Rechtskreis).

Die Theorie der realen Verbandsperson ist somit weder dahin annehmbar, daß es außerrechtliche Rechtsfähigkeitsfälle gibt – die analoge Anwendung des § 31 BGB auf die OHG oder auf den nrfV stellt keinen Rechtsfähigkeitsfall dar, sondern eben einen analogen Fall –, noch dahin, daß der Rechtsfähigkeit eine naturwissenschaftliche Seinsweise zuzuschreiben ist. Auch als Tatbestandsbeschreibung gesehen überfordert sie die gesetzlichen Tatbestandsmerkmale – ein Gesamtbewußtsein oder ein Sozialorganismus läßt sich als tatbestandsnotwendig nach dem Gesetz nicht feststellen und gilt für Stiftungen sowieso nicht. Ob diese Theorie als Erfassung des Wesens der Rechtsfolge oder des Tatbestandes der Rechtspersönlichkeit gemeint war, läßt sich nicht feststellen. Die Mischung von psychologistischen und idealistischen Elementen bei der Rechtsgeltungsauffassung O. v. Gierke's[29] läßt nur den Wahrscheinlichkeitsschluß zu, daß die Trennung zwischen Tatbestand und Rechtsfolge bei der Problematik der jP in dieser Theorie unberücksichtigt blieb[30].

II. Fiktionstheorie.

Soll die Theorie der realen Verbandsperson historisch verstanden werden, so muß sie als Reaktion der Fiktionstheorie betrachtet werden. Das, was die Fiktionstheorie fingiert hat, hat die Realitätstheorie als sozialpsychologisch,

---

[29] Das Recht soll einerseits auf der Überzeugung des Gemeingeistes beruhen, andererseits wird die Anerkennungstheorie Bierlings abgelehnt. Das Recht soll vielmehr Vernunft, nicht Wille sein. O. *v. Gierke*, Deutsches Privatrecht I, Leipzig 1895, 116, 119 Anm. 28.

[30] *W. Schönfeld*, Grundlegung der Rechtswissenschaft, Stuttgart-Köln 1951, 461–467 eröffnet durch den Hinweis auf die Hegelschen Einflüsse bei O. v. Gierke die Möglichkeit einer dialektischen Deutung der Theorie der realen Verbandsperson, bei der der Gegensatz Tatbestand-Rechtsfolge ähnlich wie auch derjenige zwischen Sein und Sollen überwunden sein müßte. *Schönfeld* gibt aber selbst zu, daß Gierke auf halbem Weg geblieben ist und daß in seiner Theorie etwas „Dingliches" ist.

letzten Endes also als naturwissenschaftlich existent angenommen. Hätte die Fiktionstheorie ihre Fiktion als fingierten Tatbestand verstanden, so müßte die Theorie der realen Verbandsperson als ihr Gegenteil angesehen werden. Den Tatbestand, den die Fiktionstheorie fingiert und somit verneint hätte, hätte die Theorie der realen Verbandsperson als existent angenommen[31].

Ob nun die Fiktionstheorie von ihren Anhängern[32] als Tatbestandsfiktion verstanden wurde, läßt sich nicht mit Sicherheit feststellen. Die Trennung zwischen Rechtsfolge und Tatbestand im allgemeinen und die Verbindung der Ergebnisse dieser Trennung mit den herkömmlicherweise als Fiktionen bezeichneten Fällen hat erst später mit der Entwicklung einer allgemeinen Rechtslehre eingesetzt. Als Tatbestandsfiktion ist die Fiktionstheorie deshalb unannehmbar, weil das Problem der jP auf der Ebene der Rechtsfolgen liegt. Die Vorschriften über die Rechtsfähigkeit der juristischen Personen haben selbständige Tatbestände, die keine Menschenfiktionen sind. Sollte aber die Fiktionstheorie in der unzulänglichen Terminologie ihrer Zeit mit „Fiktion" die Seinsweise der Rechtsfolge gemeint haben, so würde sie der richtigen Problemlösung sehr nahe liegen. Wahrscheinlicher ist, daß die Fiktion als eine sog. wissenschaftliche Fiktion verstanden wurde, die mit der Trennung zwischen Tatbestand und Rechtsfolge keinesfalls in Berührung kommen konnte.

Der naturrechtliche, ethische Ausgangspunkt der Fiktionstheorie war dies, daß sie die ethische und die juristische Persönlichkeit beim Menschen identifizierte und die erstere als Voraussetzung der letzteren betrachtete. Dieser Ausgangspunkt wurde in der Kritik der Fiktionstheorie erkannt und es ist ein Verdienst der neueren Zeit, daß die Rechtspersönlichkeit von der ethischen Persönlichkeit – also der Persönlichkeit im philosophischen Sinne - sauber abgegrenzt wurde.

Die Verdienste dieser Theorie sind beachtlicher als diejenigen der Theorie der realen Verbandsperson. Sie hat richtig das Fehlen einer gegenständlichen Existenz der jP erkannt und die rechtspolitische und rechtstechnische Bedeutung der Rechtsfähigkeit bei den jP richtig in den Vordergrund gestellt. Sie hat zugleich eingesehen, daß grundsätzlich – bis auf die Fälle der „normativen Kraft des Faktischen" – die Regelung der Rechtspersönlichkeit hinsichtlich

---

[31] Es wird behauptet, daß beide Theorien einen gemeinsamen Ausgangspunkt, nämlich die ethische Persönlichkeit haben, *J. Binder*, Das Problem der juristischen Persönlichkeit, Leipzig 1907, 22. Genauer gesehen ist jedoch der Idealismus der Fiktionstheorie subjektivistisch, während derjenige der Theorie der realen Verbandsperson kollektivistisch ist, *E. Lask*, a.a.O. 296.

[32] Eine Abart der Fiktionstheorie wird von *W. Schönfeld*, a.a.O. 466–467 vertreten. Die romanische Fiktionstheorie bestünde demnach überall da zu Recht, wo das Recht aus „technischen Gründen" eine Personalität normiert, d. h. eben fingiert, ohne daß *auch sonst* (meine Unterstreichung) von einer solchen gesprochen werden kann. Eine solche Person sei *nur* eine juristische Person. – An dieser Formulierung zeigt sich der Unterschied zwischen Fiktionstheorie und der Theorie über eine juristische Seinsweise der jP: erstere setzt als Ausgangspunkt voraus, daß von der jP eine außerjuristische Existenz verlangt wird, letztere begnügt sich mit der Zurechenbarkeit fremden Handelns – weitergehende Realitätsansprüche hat sie nicht. Fiktionstheorie ohne diesen Ausgangspunkt hat nur den Namen mit der echten Fiktionstheorie gemeinsam. Das gilt insb. für *Krückmann*, AcP 114, 143–198 und *M. Wolff*, a.a.O., deren Bekenntnis zur Fiktionstheorie der hier vertretenen Auffassung sehr nahe kommt.

Entstehung, Umfang und Beendigung eine Frage – nicht des Staates, sondern – des positiven Rechtes ist. Ob die Fiktion, von der sie spricht, als Rechtsfolge zu deuten ist, scheint mir jedoch recht zweifelhaft. Gegen diese Hypothese zugunsten der Fiktionstheorie spricht schon obige philosophische Einstellung der Vertreter dieser Theorie, die in der Rechtspersönlichkeit des Menschen ein naturrechtlich notwendiges Korrelat der Menschenwürde erblickt hat. Das Problem der jP hat diese Theorie nicht als Problem der Seinsweise einer Rechtsfolge gesehen und eine Trennung der ethischen und juristischen Persönlichkeit lag ihr fern. Für die heutige Diskussion bietet diese Theorie nur den wertvollen Ansatz der Ablehnung einer gegenständlichen Existenz der jP[33].

III. Zweckvermögenstheorie.

1. Darstellung und Kritik.

Der Punkt, an dem sowohl die Theorie der realen Verbandsperson als auch die Fiktionstheorie gescheitert sind, war die gegenständliche Vorstellung der Rechtspersönlichkeit, von der beide Theorien ausgegangen waren. Daß beiden Theorien diese gleiche Vorstellung zugrundegelegen hat, beweist die Fragestellung. Sie haben sich gefragt, ob eine menschenähnliche Existenzweise der jP zugeschrieben werden kann. Die Theorie der realen Verbandsperson hat dies bejaht, die Fiktionstheorie hat es abgelehnt. Die Mißdeutung der Rechtsfähigkeit als Eigenschaft eines menschlichen oder eines sozialen Körpers kann in dieser Hinsicht beiden Theorien vorgeworfen werden.

Von dieser materialisierten Vorstellung der Rechtsfähigkeit haben Theorien loszukommen versucht, die in der Gegenwart einen zwar zersplitterten, aber starken Widerhall[34] gefunden haben. Von diesen Theorien am repräsentativsten ist die sog. Zweckvermögenstheorie.

Sie geht von der Rechtsfähigkeit des Menschen aus und eine solche Rechts-

---

[33] Die Rechtslehre hat zwar früh genug die Fiktionen in „wissenschaftliche oder theoretische" und in „praktische oder Gesetzesfiktionen" eingeteilt, *J. Unger*, JherJ 10, 1 ff, 9–11, aber die Unterscheidung war Savigny und Puchta nicht bekannt. Die theoretischen Fiktionen sollten erklärende Formeln sein, die „eine unbekannte Größe durch Gleichstellung mit einer bekannten Größe erläutern". Die Fiktion der jP war offensichtlich eine solche, und als solche ist z. B. immer noch von *M. Wolff*, a.a.O. benutzt. Viel interessanter umrissen ist der Begriff der Gesetzesfiktionen, die nach *Unger*, a.a.O., „Rechtssätze sind, leges vim haben, kategorisch auftreten und praktische Zwecke verfolgen". Diese Formulierung würde für die jP die Anbahnung einer richtigen Erkenntnis ihres Wesens bedeuten. Die Lehre von der juristischen Person hat jedoch diese Fiktionslehre nicht verwertet, *G. Demelius*, Die Rechtsfiktion in ihrer geschichtlichen und dogmatischen Bedeutung, Weimar 1858, passim, insbes. 76, 80 f, 89, 91, *ders.*, KrVJSchr 10, 327 ff, 354, *E. Hölder*, AcP 69, 203 ff, 224. – Die Fiktion in diesem oder jenem Sinne ist heute keine Erklärung für die jP, deren Seinsweise diejenige einer Rechtsfolge, nicht einer Fiktion ist. Von einer Fiktion kann nur im Bereich der Tatsachenfeststellung (Wahrheitsaussagen), nicht im Bereich der Anordnung von Rechtsfolgen gesprochen werden. Weiter allerdings darf uns hier die allgemeine Fiktionsproblematik nicht beschäftigen. Dazu vgl. *H. Vaihinger*, Die Philosophie des Als ob, zuletzt 7. & 8. Aufl., Leipzig 1922, und *J. Esser*, Wert und Bedeutung der Fiktionen, Frankfurt/M. 1940

[34] So z. B. *F. Wieacker*, AcP 147, 304 ff, ähnlich der Ausgangspunkt *H. Rhodes*, Juristische Person und Treuhand, Berlin 1932, passim.

fähigkeit lehnt sie bei der jP ab. Sie sieht zugleich aber zweierlei richtig ein, erstens, daß die jP ein positivrechtliches Mittel der Vermögensverselbständigung ist und zweitens, daß der rechtspolitische Sinn dieses Mittels die Förderung eines Zweckes ist. Ihre Beschränkung der Rechtsfähigkeit der jP auf Vermögensverhältnisse trifft der Regel nach ebenfalls zu[35].

Die weiteren Konsequenzen, die diese Theorie aus diesen Erkenntnissen gezogen hat, befriedigen aber weniger. Sie spricht von einer Personifizierung von Zweckvermögen, wodurch implicite die Rechtsfähigkeit nicht als Zuordnungsmöglichkeit, sondern als Zuordnungszustand angesehen wird. Dies müßte konsequenterweise zur Ablehnung der Rechtspersönlichkeit vermögensloser juristischer Personen führen, was eben in der Allgemeinheit dieser Formulierung nicht zutrifft. Durch die Formulierung, daß ein Zweckvermögen personifiziert wird, gelangt sie unvermeidlich dazu, daß sie als „echtes" Rechtssubjekt immer noch nur den Menschen ansieht. Sie geht also – sowie die ihr zeitlich vorangegangene Fiktionstheorie und Theorie der realen Verbandsperson – von der anthropomorphischen Vorstellung der Rechtspersönlichkeit aus. Sie kann demnach das Problem der jP entweder durch Ablehnung der Rechtssubjektivität der jP (Theorie der subjektlosen Rechte) oder durch Annahme der „mittelbaren" Zuordnung der Rechtsverhältnisse der jP an Menschen lösen (Rechtssubjektivität der Destinatäre). Beide Lösungsversuche lehnen die Rechtspersönlichkeit der jP im Ergebnis ab.

Vom Standpunkt des positiven Rechtes ist somit die Zweckvermögenstheorie in dieser oder jener Formulierung unhaltbar. Bezeichnend ist dabei, daß diese Theorie grundsätzlich nicht versucht hat, ihre Vereinbarkeit mit dem positiven Recht zu begründen.

2. Die Lehre von der juristischen Person und die Lehre vom subjektiven Recht.

Die Variante dieser Theorie, die die allgemeine Annehmbarkeit von subjektlosen Rechten behauptet hat, hat als erste auf den Zusammenhang der Problematik der juristischen Person mit dem Wesen des subjektiven Rechtes hingewiesen. Diese Einsicht geht zurück auf die persönliche Beschäftigung der Vertreter dieser Theorie mit der Kontroverse, ob das subjektive Recht Willensmacht oder geschütztes Interesse ist. Da es als geschütztes *menschliches* Interesse von den Vertretern dieser Theorie (Jhering) definiert wurde, mußte Jhering, wenn nicht aus anderen, dann wenigstens aus dieser seiner Einstellung zum Wesen des subjektiven Rechtes die Rechtssubjektivität der jP in eine

[35] Familienrechtliche Verhältnisse scheiden für juristische Personen selbstverständlich aus. Auch die Grundrechte und die Persönlichkeitsrechte der juristischen Personen – vgl. Anm. 20 – werden meistens nur in Vermögensangelegenheiten akut. Durch Berücksichtigung des Alleingesellschafters einer GmbH wurde jedoch das Anstellungsverhältnis eines Familienangehörigen von ihm dieser GmbH gegenüber als familiengebunden angesehen: SozG Düsseldorf 23. 11. 55 (BB 56, 308). Durch Durchgriff auf das Substrat der jP können also quasi-familienmäßige oder sonstige nichtvermögensmäßige Rechtsverhältnisse bei jPen zugelassen werden. Dies zeigt insb. auch die Gesetzgebung über Feindeseigenschaft der juristischen Personen. – Das Ausscheiden von familienrechtlichen Verhältnissen für juristische Personen schließt die analoge Anwendung einzelner familienrechtlicher Vorschriften, z. B. § 1913 BGB nicht aus, BGH 17.11.55 (BGHZ 19, 51 ff). JPen können auch schenkungssteuerpflichtig sein, RG 16.4.20 (RGZ 98, 323 ff).

mittelbare Subjektivität von Menschen umdeuten. Konsequenzen für die jP ergeben sich aber auch vom Standpunkt der Willenstheorie her: Hat die jP kein Interesse, dann kann sie vielmehr keinen Willen in diesem Sinne haben. Nun versuchen die heutigen Definitionen des subjektiven Rechtes Interessen- und Willenstheorie zu kombinieren. Die Erkenntnis aber, daß die Stellungnahme zum Wesen der jP mit derjenigen zum Wesen des subjektiven Rechtes zusammenhängt, hat die heutige Lehre vom subjektiven Recht wenig verwertet. Nur bei den Pflichten hat die neuere Lehre eine „echte" Pflicht bei der jP abgelehnt[36]. Wären aber menschlicher Wille und menschliche Bedürfnisse Voraussetzungen des Begriffs des subjektiven Rechtes sowie menschlicher Wille und Verstand Voraussetzungen des Pflichtbegriffes, so wären sämtliche Konstruktionen der jP bis auf die Theorie der realen Verbandsperson unbrauchbar.

Die einzige richtige Berücksichtigung der Rechtsfähigkeit der jP bei der Definition des subjektiven Rechtes und der Pflicht und umgekehrt scheint mir in einer derartigen Erweiterung des Begriffs der subjektiven Rechte zu liegen, die die Zuordnung von Rechten auch an juristische Personen ermöglicht. Subjektives Recht wäre danach die rechtliche Möglichkeit, Willensmacht zur Befriedigung typischer Interessen sich zurechnen zu lassen. Die Willensmacht betrifft dabei die Ausübung und Geltendmachung des subjektiven Rechtes, die in einer der jP zugerechneten Organhandlung besteht. Das typische Interesse ist kein unbedingt konkret vorhandenes Interesse, sondern eben ein von der Rechtsordnung institutionalisiertes typisches Interesse. Entsprechendes gilt für die subjektive Pflicht. Auf eine weitere Analyse der Problematik der subjektiven Rechte und Pflichten kann hier verzichtet werden. Eins ist festzuhalten, nämlich daß das Wesen der subjektiven Rechte und der juristischen Personen in Zusammenhang stehen und daß die Sinndeutung der juristischen Person nicht ohne Konsequenzen auf die des subjektiven Rechtes bleiben kann. Die Definition des subjektiven Rechtes muß demnach der Stellungnahme über das Wesen der jP angepaßt sein.

3. Der Vermögensbegriff der Zweckvermögenstheorie.

Der Zweckvermögenstheorie kann endlich vorgeworfen werden, daß sie einen naturalistischen Vermögensbegriff verwendet, während das Vermögen im rechtlichen Sinne nicht eine Summe von materiellen Gütern, sondern von Rechtsverhältnissen ist. Der Zweckvermögenstheorie ist zuletzt aber darin beizupflichten, daß die Rechtsfähigkeit ein Mittel der Bildung von selbständigen Vermögenseinheiten darstellt. Die heute sehr häufige Formulierung, daß dies eine Haftungsbeschränkung bedeutet, ist eben im Sinne nicht der Beschränkung, sondern der Selbständigkeit dieser Gruppen von Rechtsverhältnissen zu verstehen.

Die Annahme einer mittelbaren Rechtssubjektivität von Menschen hinsichtlich der Rechtsverhältnisse der jP ist positivrechtlich unhaltbar, weil so-

---

[36] *H. J. Wolff*, a.a.O. 116 ff, 152 ff. – Zum Zusammenhang der Lehre von der jP mit der Lehre vom subjektiven Recht vgl. z. B. *C. A. Emge*, ARWPhil 12, 153, *Binder*, a.a.O. 27 ff, 34 ff, 46, *Enneccerus-Nipperdey*, a.a.O. 607 Anm. 2.

wohl bei der Gründung[37] als auch bei der Beendigung[38] der jP die Vermögensverschiebungen zwischen Mitgliedern und jP regelrechte Übertragungshandlungen erfordern. Die Anerkennung dieser mittelbaren Berechtigung etwa des Alleingesellschafters einer Einmann-AG bedeutet zwar eine Übernahme der Ergebnisse dieser Theorie, sie bleibt aber in der heutigen Rechtsprechung eben Ausnahme[39].

IV. Abstraktionstheorien.

1. Darstellung.

Vereinzelte Meinungen bezeichnen noch die jP als „juristische Realität", „Abstraktion", „Symbol", „Begriff", „Vorstellung", „Denkform" oder „Gedankending"[40] und behaupten gelegentlich, daß das Problem der Seinsweise der jP die Universalienstreitfrage der mittelalterlichen Philosophie in gewissem Ausmaß auf dem Bereich der Jurisprudenz erneut stellt. Danach geht es beim Problem der jP um die Seinsweise von „Begriffen". Ob ein „Begriff" eine substanzielle oder nominalistische, also gegenständliche oder gedankliche Existenz hat, läßt sich demnach dahin beantworten, daß der Begriff eine Abstraktion des Geistes, eine Denkform, ein übergegenständliches Gedankending ist.

2. Die kategoriale Erfassung der Begriffe.

Den Sprung aber auf die Besonderheit der Sollensbegriffe und auf die Unterscheidung der abstrakten und der konkreten Sollensbegriffe (Rechtsfolgen) haben diese Theorien nicht unternommen. Zur Klarstellung des oben,

---

[37] Vgl. dazu das 7. Kapitel der Arbeit.

[38] *Staudinger-Coing* 3 zu § 45 BGB (11. Aufl.).

[39] Die mehrfach in dieser Arbeit berührte Frage des Durchgriffs auf das Substrat der jP kann hier nicht selbständig dargestellt werden. Dazu vgl. *R. Serick*, Rechtsform und Realität juristischer Personen, Berlin-Tübingen 1955, *U. Drobnig*, Haftungsdurchgriff bei Kapitalgesellschaften, Frankfurt a. M. 1959, an Rechtsprechung zuletzt: BGH 12. 3. 1959 (DB 59, 426), LG Mainz 2. 10. 58 (BB 58, 1182), OLG Düsseldorf 1. 8. 1958 (DB 58, 1036), KG 27. 3. 58 (Die AG 1958, 215 f), BGH 7. 11.57 (BGHZ 26, 31 ff), 26. 9. 57 (NJW 57, 1877 f), ORG Herford 10. 7.57 (JZ 58, 212 f), OLG Hamburg 31.5. 57 (BB 58, 930), OLG Celle 19. 1. 57 (MDR 57, 234), BGH 29.11.56 (BGHZ 22, 226 ff), 30.1.56 (BGHZ 20, 4 ff), SozG Düsseldorf 23.11.55 (BB 56, 308), BGH 21.11.55 (BGHZ 19, 108 f), OLG Celle 31.10.55 (NJW 55, 1789 f), OLG Nürnberg 26.5.55 (WM IV B 55, 1566*). Keinen Durchgriff auf das Substrat der jP stellt die Annahme einer Unternehmenseinheit zwischen Tochter- und Muttergesellschaft nach Steuerrecht, insb. UmsStG dar. Beispiele: BFH 26.2.59 (BB 59, 442 f), FG Freiburg 21.4.58 (GmbHR 58, 197), FG Hamburg 12.4.57 (BB 58, 262 f).

[40] *Burkhard*, GrünhutsZ 1891, 1–41 passim, insbes. 7/8, *Emge*, AWRphil 12, 384–386, *Hallis*, a.a.O. 163–164, 184, 231, 240 f, *Krückmann*, AcP 114, 143–198 passim, *Otto Mayer*, Festgabe für Laband I, Tübingen 1908, 17, *Binder*, a.a.O. 144–145, *F. Gény*, a.a.O. III, Paris 1921, 212 ff, insb. 217–228, *Planiol-Ripert-Savatier*, Traité pratique de droit civil I, 2. Aufl., Paris 1952, 84 f, *Colin-Capitant-Julliot de la Morandière*, Traité de droit civil I, Paris 1957, 365 f, *Mazeaud*, Leçons de droit civil I, Paris 1955, 579 f, u.a.m. Ähnliche Redewendungen weist gelegentlich auch die ältere Fiktionstheorie auf.

§ 2, II vertretenen Standpunktes und zu dessen Verhältnis mit diesen Theorien ist hier folgendes zu bemerken: a) Alle Begriffe haben nicht dieselbe Seinsweise. Sie teilen die ontologische Seinsweise der Kategorie, innerhalb deren sie verwendet werden. Die Parallele somit zur Universalienfrage, die eben die Seinsweise der „Begriffe" allgemein erklären wollte, ist unhaltbar. b) Die „Abstraktion" ist kein ausreichendes Merkmal für die Kennzeichnung der Seinsweise der jP, weil die jP auch einen konkreten Begriff darstellen kann. c) Die juristischen Begriffe sind also nach ihrer kategorialen Zugehörigkeit zu prüfen. Sie sind entweder Tatbestandsbegriffe oder Rechtsfolgenbegriffe. Auch die Tatbestandsbegriffe haben zwar im Recht eine normative Prägung und unterscheiden sich darin von den wertneutralen Begriffen der Naturwissenschaften, aber die Unterscheidung der Tatbestands- und Rechtsfolgenbegriffe bleibt im Recht trotzdem von praktischer Bedeutung. Diese Unterscheidung haben die hier behandelten Theorien nicht berücksichtigt. d) Die Abstraktion oder gedankliche Seinsweise der jP kann somit nur etwas negatives zum Ausdruck bringen, nämlich die Nichtgegenständlichkeit der jP. Sie kann weder die konkrete jP genau erfassen noch die negative Aussage über die Nichtgegenständlichkeit der jP mit positiven Merkmalen ausfüllen. – Das Denken und seine Begriffe sind jedoch kategorial zu subsumieren und erst dann zu erfassen. Das haben diese Theorien nicht erkannt und haben zwar den richtigen Weg geahnt, sind dabei aber auf halbem Wege stehen geblieben. Die Verwandtschaft zum hiesigen Standpunkt ist allerdings offensichtlich.

Als eine Abart dieser Theorien ist die Formulierung Kelsens[41] zu bezeichnen, daß die jP einen gedachten Zuordnungspunkt darstellt. Dieses „Gedachtsein" als Seinsweise der jP wird zwar direkt von Kelsen nicht erläutert. Nach der Rechtsgeltungstheorie Kelsens kann es aber nur dahin verstanden werden, daß es eben die allgemeine kategoriale Seinsweise des Sollens – des abstrakten einerseits und des konkreten Sollens andererseits – bedeutet. Unter diesen Voraussetzungen erscheint die vorliegende Auffassung vom Wesen der jP als eine Weiterbildung und Präzisierung dieser neukantianischen Betrachtungsweise.

V. Die neuhegelianische Theorie.

Neben der neukantianischen Betrachtungsweise kann in Folgerichtigkeit und in der Erfassung der kategorialen Zusammenhänge des Problems der jP nur die neuhegelianische Theorie der jP[42] erwähnt werden. Sie geht von der dialektischen Überwindung des Gegensatzes des Sollens und des Seins, die sie auch im Bereich der Trennung der Tatbestände und der Rechtsfolgen in der Rechtsordnung anwendet, aus und schreibt der jP folgerichtig eine metaphysische Seinsweise zu. Die neuhegelianische Theorie hat – über die Grenzen der Problematik der jP hinaus – für die Rechtsfähigkeit schlechthin richtig erkannt, daß sie als Bildung einer räumlichen und zeitlichen Einheit aufzu-

---

[41] *H. Kelsen*, a.a.O. 52–58.
[42] Insb. *K. Larenz*, Logos 20 (1931) 196–242.

fassen ist. Diese letztere Erkenntnis ist auch ausserhalb einer neuhegelianischen Betrachtungsweise verwertbar und wurde tatsächlich in der Stellungnahme zum Wesen der Rechtsfähigkeit oben, § 1 und § 2 entsprechend verwertet.

Die Kritik der neuhegelianischen Auffassung kann hier nicht vorgenommen werden. Zweierlei ist hier nur zu vermerken. Ihre dialektische Überwindung des Gegensatzes von Sein und Sollen scheint mir mit der Struktur des positiven Rechtes unvereinbar. Andererseits steht es fest, daß eine Tatbestandshaftigkeit dieser neuhegelianischen Theorie deshalb nicht vorgeworfen werden kann, weil sie eben auf die Tatbestands- und Rechtsfolgentrennung bewußt durch ihre Rechtsgeltungstheorie[43] verzichtet. An Folgerichtigkeit fehlt es nun, wie gesagt, dieser Theorie nicht. Ihre Kritik kann nur dann Erfolg haben, wenn sie sich mit den allgemeinen Prämissen dieser Theorie, praktisch also mit der ganzen neuhegelianischen Rechtstheorie auseinandersetzt. Diese Auseinandersetzung kann im Rahmen dieser Arbeit nicht vorgenommen werden.

VI. Negationstheorien.

Manche Theorien sind im Bereich der kritischen Auseinandersetzung mit dem Wesen der jP herkömmlich als „negative Theorien“ bekannt. Da sie keine Stellungnahme zum Problem der Trennung von Tatbestand und Rechtsfolge enthalten, ist es schwer, sie rechtstheoretisch richtig zu lokalisieren.

Verneinen diese Theorien nur die menschenartige Existenz der jP im Tatbestandsbereich, so erscheint diese Negation durchaus gerechtfertigt. Verneinen sie die sozialpsychologische oder metaphysische, beidesmal vorjuristische Existenz der jP, so erscheint diese Negation ebenfalls diskutabel. Sowohl die erstere als auch die letztere Negation lassen die Frage offen, ob diese Theorien auch die jP als Rechtsfolge verneinen – und da liegt eben das Problem. Tun sie das – wie etwa die Theorien, die ein Amtsvermögen in den Händen der Organe[44] oder ein Treuhandvermögen derselben Personen[45] oder eine Sonderform des Miteigentums der Mitglieder[46] annehmen –, so sind sie positiv-rechtlich schlechthin unannehmbar. Es ist zwar klar, daß die jP sowohl rechtsgeschichtlich als auch rechtsdogmatisch mit der Treuhand große Gemeinschaftszüge aufweist – insbesondere bei den Rechtsordnungen etwa der angelsächsischen Länder, die eine umfassende Treuhandsregelung haben –, aber das positive Recht trennt in der deutschen Rechtsordnung die beiden Institute scharf von einander. Diese Trennung ist auch im angelsächsischen Recht bekannt, wo die Rechtsfähigkeit von der Treuhand nicht verdrängt,

[43] Der Aufsatz von *K. Larenz* in Logos (vorige Anm.) ist demnach nur in Zusammenhang mit seiner Rechtsgeltungstheorie zu verstehen, vgl. *dens.*, Das Problem der Rechtsgeltung, Berlin 1929, passim. Neuerdings hat dieser Verf. jedoch anläßlich der Kritik des neuhegelianischen oder ähnlichen Ausgangspunktes der Erfassung der faktischen Vertragsverhältnisse von *S. Simitis* (Die faktischen Vertragsverhältnisse, Karlsruhe 1957) Zeichen der inneren Wandlung in diesem Punkt gezeigt, NJW 1957, 862 f. –

[44] *E. Hölder*, Natürliche und juristische Personen, Leipzig 1905, passim.

[45] *Rhode*, a.a.O.

[46] Angaben bei *H. J. Wolff*, a.a.O. 58 ff, 77 ff.

sondern entweder ergänzt oder ersetzt wird. Ergänzt wird sie etwa dann, wenn die Organe einer jP neben oder wegen der Organtätigkeit mit treuhänderischen Pflichten und Rechten belastet werden, ersetzt wird sie dann, wenn die Rechtsfähigkeit fehlt und ihre praktischen Ziele durch Errichtung einer Treuhand erreicht werden. In dieser Form löst die angelsächsische Rechtsordnung das Problem des nicht rechtsfähigen Vereins und der unselbständigen Stiftung, die in Trustform geführt werden. Da aber, wo die Rechtsfähigkeit vorhanden ist, braucht man die Treuhandfigur nur zur Ergänzung, nie zur Erklärung oder Verneinung der Rechtsfähigkeit der jP.

Zweites Kapitel

Die Typologie der juristischen Personen

§ 4. Das Substrat der juristischen Person.

I. Rechtsfähigkeit und Substrat.

1. Die soziologische Existenz der juristischen Person.

Während die Rechtsfolgen als Bestandteile der Rechtsordnung keine gegenständliche Existenz aufweisen, ist der Tatbestand einer Rechtsfolge zwangsläufig ein Wirklichkeitsmoment. Im Wege des Tatbestandes wird somit jede Rechtsfolge wirklichkeitsbezogen, wobei der neutrale terminus technicus „Wirklichkeitsbezogenheit“ das bekanntlich umstrittene Verhältnis zwischen Tatbestand und Rechtsfolge bezeichnen soll.

Demgemäß muß auch die juristische Person, die als Rechtsfolge nicht gegenständlich ist, wirklichkeitsbezogen werden können. Diese Wirklichkeitsbezogenheit würde dann wahrnehmbar und somit reell sein.

Der Gründungstatbestand reicht jedoch als Wirklichkeitsbezogenheit der juristischen Person nicht aus. Da er einmalig ist, vermag er uns nicht die dauernde Realitätsbasis zu liefern, die zwangsläufig der juristischen Person als einer dauernden Rechtsfolge zugrundeliegt. Diese dauernde Realitätsbasis der juristischen Person ist vielmehr die Summe der positiven Merkmale, die die juristische Person im Bereich der Wirklichkeit aufweisen muß oder kann, damit sie vom positiven Recht als ein tatsächlich bestehendes Rechtssubjekt anerkannt wird. Gesetzlich lassen sich diese Merkmale dadurch ermitteln, daß man nicht nur die Gründungs-, sondern auch die Bestehensvoraussetzungen (= das Gegenteil der Auflösungsgründe) berücksichtigt. So läßt sich das ermitteln, was geläufig, insbesondere in der Lehre vom „Durchgriff auf das Substrat der juristischen Person“ als „Substrat“ bzw. Wirklichkeitssubstrat der juristischen Person bekannt ist. Das Substrat ist die Summe der Elemente, in deren Regelung die „Organisation“ besteht, die sehr plastisch in jeder juristischen Person erblickt wird[47].

2. Erkenntniswert der Substratsforschung.

a. Als Rechtsfolgen sind die juristischen Personen einander gleich, weil sie eben alle „juristische Personen“ sind. Die Rechtsordnung unterscheidet

[47] Aus dem neueren Schrifttum z.B.: *Enneccerus-Nipperdey*, a.a.O. 608, *Lange*, Allg. Teil, München 1955, 169, *Würdinger*, Gesellschaften II, Hamburg, 1943, 9 ff. Diese Organisation ist allerdings mit dem Organismus der Theorie der realen Verbandsperson nicht zu verwechseln.

trotzdem „Vereine“, „Aktiengesellschaften“, „Gesellschaften mit beschränkter Haftung“, „Genossenschaften“, „Stiftungen“. Da die Rechtsfähigkeit dieser Gebilde keine nennenswerten Unterschiede aufweist, ist es unvermeidlich, die Kriterien dieser Typenbildung in der Funktion und in der Struktur des Substrats der juristischen Personen zu suchen. *Das Substrat und seine Regelung bedingen die Typologie der juristischen Personen*[48].

b. Der Typenzwang, der im Recht der juristischen Personen gilt, verlangt bei der Gründung, daß diese die Errichtung einer juristischen Person bestimmter Typenzugehörigkeit bezweckt (etwa einer AG oder GmbH, nicht aber einer „juristischen Person schlechthin“). Der Gründungstatbestand ist somit in seinem Inhalt dahin gebunden, daß *er eine gesetzmäßige Substratsstruktur zustandebringen muß.*

c. *Typenwidrige Substratsentartungen bedingen weiter einerseits die Auflösungsgründe* der juristischen Person, die gerade die Aufgabe haben, der juristischen Person ein Mindestmaß an Substrat zu erhalten, *andererseits die richterliche Nichtbeachtung der Rechtspersönlichkeit* in den Fällen, die in Lehre und Rechtsprechung als Durchgriff auf das Substrat der juristischen Person bekannt sind.

d. Die zwingenden oder dispositiven Substratsgestaltungsprinzipien bzw. die gesetzlichen Substratsgestaltungsmöglichkeiten lassen noch erkennen, ob der Gesetzgeber bei jeder juristischen Person an eine bzw. an welche bestimmte Funktion gedacht hat. *Die Substratsforschung dient somit der Erfassung der gesetzlichen Zielsetzungen im Recht der juristischen Personen*, der Erfassung des Wertinhalts organisatorischer Rechtssätze.

e. Die tatsächliche Substratsgestaltung, die das Gesetz fordert oder ermöglicht, schafft Interessenlagen, die faktisch einen Druck auf die weitere Normierung der juristischen Person ausüben. *Die Subtratsforschung dient somit der Erfassung der „normativen Kraft des Faktischen“ im Recht der juristischen Personen.*

3. Substratsmomente.

Unter Berücksichtigung der Theorien, die das Wesen der juristischen Person gegenständlich erfaßt haben, sowie der soziologisch-wirtschaftlichen Untersuchungen über das Wesen der juristischen Person und insbesondere der Aktiengesellschaft (insb. *A. A. Berle – G. C. Means,* The Modern Corporation and private property, New York 1932, mit mehreren Neudrucken, zuletzt 1956, *A.B. Levy,* Private Corporations and their Control, London 1950, beides passim), sind drei Substratsmomente zu unterscheiden:

a) Interessen, zu deren Verbindung, Wahrnehmung und Förderung die juristische Person gegründet wird und besteht,

b) Sachwerte, zu deren Bildung, Erhaltung und Förderung die juristische Person gegründet wird und besteht, und

c) Macht, deren Bildung die juristische Person ermöglicht.

Die Theorie der realen Verbandsperson und die Destinatäretheorie haben die Interessenwahrnehmungselemente für Verbände bzw. Stiftungen richtig erkannt. Die Machtseite der juristischen Person, genauer gesagt die Bil-

---

[48] *M. Weber,* a.a.O. 447 f.

dung einer Machtinstanz in der juristischen Person ist eine Erkenntnis der Theorien, die darin einen Organismus oder ein Amtsvermögen erblickten. Diese Machtzentrenbildung ist zwar erst Produkt der Rechtsfähigkeit, das hindert aber nicht ihre Erfassung als eine soziale Gegebenheit, da soziale Faktoren durchaus rechtlichen Ursprungs sein können[49]. Die Sachwerterhaltungs-, -förderungs- und -bildungsaspekte haben bei den juristischen Personen besonders die Anhänger der Zweckvermögenstheorie in den Vordergrund gestellt.

Die erwähnte Dreiteilung entspricht der amerikanischen Teilung der soziologischen Problematik der juristischen Person in a) „ownership" (= wirtschaftliches Eigentum der „Interessenträger" nach der Terminologie dieser Arbeit), b) „Assets" (= Sachwertsubstrat) und c) „Control" (= Machtträgerschaft innerhalb der juristischen Person). Wir wollen nunmehr diese soziologischen Grundgegebenheiten bei den juristischen Personen genauer verfolgen. Dabei wird sich auch die bisher knappe und daher recht abstrakte Darstellung dieser Fragen konkretisieren.

II. Das Interessensubstrat.

Interessen- oder Interessentensubstrat weist eine juristische Person dann auf, wenn ihre Tätigkeit satzungsmäßig den Zweck verfolgt, bestimmten oder bestimmbaren Personen zugute (zunutzen) zu kommen. Das ist der Fall, wenn diese Personen (Interessenträger) zur Benutzung der Verbandseinrichtungen und/oder zur Teilnahme am jährlichen Erlös der Verbandstätigkeit und/oder zur Teilnahme am Liquidationserlös satzungsmäßig berechtigt sind. Subjekte des Vermögens der juristischen Person sind natürlich diese Interessenträger (Mitglieder, Destinatäre) nicht. Ein Interessentensubstrat ist in allen seinen drei Formen bei allen juristischen Personen möglich. Nur das Wesen des Idealvereins ist mit der Beteiligung der Mitglieder an einem jährlichen Erlös unvereinbar.

Mittelbar zwingt das Gesetz zur Schaffung eines Interessentensubstrats bei den Kapitalgesellschaften, da es dort die Begründung der Interessentenstellung von vermögensmäßigen Leistungen (Einlagen usw.) abhängig macht. Wirtschaftspsychologisch bedeutet das, daß niemand zu diesem Vermögenseinsatz, der für die Entstehung der juristischen Person (AG, GmbH) gesetzlich erforderlich ist, bereit sein wird, wenn ihm keine entsprechende Interessentenstellung als Gegenleistung gewährt wird. Die Wirkung dieser austauschähnlichen Grundlage der Mitgliedschaft ist bei der Genossenschaft dadurch minimalisiert, daß hier ein Mindestbeitrag bzw. eine Mindestbeitragssumme ziffernmäßig weder für die Entstehung der Mitgliedschaft (Interessentenstellung) noch für diejenige der juristischen Person gesetzlich vorgeschrieben ist.

Im Vereins- und Stiftungsrecht kann die Interessentenstellung da sein oder auch fehlen, sie erfordert auf jeden Fall nicht von Gesetzes wegen einen vermögensmäßigen Einsatz seitens der Interessenträger. Auch im Stiftungsrecht wird ja die Vermögenswidmung – wenn überhaupt – nur vom Stifter,

---

[49] *E. Lask,* a.a.O. 312 f.

nicht aber von den Destinatären verlangt. Die Grundlage der Interessentenstellung kann also durchaus karitativ sein. Abweichungen davon sind der Satzung überlassen (vgl. § 58 Ziff. 2 BGB).

Die Interessentenstellung kann kapitalistischen, wirtschaftlichen oder ideellen Einschlag aufweisen (Kapitalgesellschaften, Wirtschaftsvereine und Genossenschaften, Idealvereine). Im Recht des Idealvereins ist allerdings möglich, daß die Satzung den Mitgliedern eine Anfallberechtigung gewährt (§ 45 Abs. 3 BGB), die solchenfalls den ideellen Einschlag mit wirtschaftlichen Aspekten verbindet.

III. Sachwertsubstrat.

1. Formen.

Neben dem Interessentensubstrat oder auch ohne es – man denke an eine Stiftung ohne Destinatäre, an einen Verein mit rein altruistischen Zwecken zugunsten von Nichtmitgliedern – kann die juristische Person ein Vermögen, ein Sachwertsubstrat aufweisen, das durch Leistungen der Interessenten (z.B. Stifter zugunsten der Destinatäre) oder auch durch die Erwerbstätigkeit der juristischen Person gebildet sein kann.

Das Sachwertsubstrat kann entweder eine zusammenhanglose Summe von Sachwerten oder auch eine volks- und betriebswirtschaftliche Einheit, etwa ein Unternehmen[50] sein. In diesem letzteren Fall erweist sich die juristische Person (insbes. der rechtsfähige Verband) als das rechtstechnische Mittel der Bildung von großen Vermögensmassen, deren Erwerbs- und/oder Erhaltungskosten sowie Unterhaltungsrisiken die Kräfte oder den Willen des Einzelnen übersteigen. Die juristische Person erweist sich zugleich als ein Mittel der Erhaltung der zeitlichen Kontinuität solcher Vermögensmassen, wenn Mitgliedschaftsübertragungen bzw. -Austritte sowie Finanzdispositionen und sonstige Ereignisse in der privaten Sphäre des einzelnen Miglieds (Konkurs, Zwangsvollstreckung, Tod) die Zugehörigkeit des Vermögens zur juristischen Person nicht beeinträchtigen.

2. Sachwertsubstratsverbände.

Das Sachwertsubstrat ist typisch bei den Kapitalgesellschaften und der Stiftung sowie auch bei bestimmten Genossenschaftsarten, insbesondere Produktions- oder Transportgenossenschaften. Zur Kategorie der typischen Sachwertsubstratsverbände gehört nicht der Idealverein. Bei AG, GmbH und Genossenschaft wird das Sachwertsubstrat meistens ein Unternehmen sein, aber auch die Stiftung kann ein Unternehmen in eigenem Namen führen (sog. Unternehmen in Stiftungsform[51]. Typische Unternehmensverbände sind demgemäß die AG – insbes. für große Finanz- und Industrieunternehmen –,

---

[50] Das Vorhandensein eines Unternehmens in diesem Sinne kann nicht als typisch für die juristische Person schlechthin oder sogar als notwendig bezeichnet werden, wie O. *Mayer*, Festschrift für Laband I, Tübingen 1908, 1 ff (passim), tut.

[51] *G. Strickrodt*, Die Stiftung als neue Unternehmungsform, 1951, *ders.*, Unternehmen unter frei gewählter Stiftungssatzung, 1956, *Goerdeler*, ZHR 113, 145 (Unternehmensstiftung).

die GmbH und die Genossenschaft, beide letztere meistens auf mittlere und leichte Industrie sowie auf Handel i.e.S. beschränkt. Das typische Stiftungs- und ein eventuelles Vereinsvermögen werden hingegen meistens bürgerliche Vermögen sein, die nur verwaltet, aber nicht unternehmerisch eingesetzt werden[52].

3. Rechtliche Berücksichtigung des Sachwertsubstrates.

a. Die wichtigste Berücksichtigung des Sachwertsubstrates im Gesetz ist *die Sorge für die Substratserhaltung* bei Verbänden, die schon von Gesetzes wegen typische Sachwertsubstratsverbände, insbes. typische Unternehmensverbände sind. So kennt das Vereinsrecht eine grundsätzliche Austrittsfreiheit der Mitglieder, ohne daß dem austretenden Mitglied von Gesetzes wegen ein Abfindungsanspruch verweigert wird. Im Vereinsrecht ist ferner weder die Umwandlung noch die Verschmelzung besonders geregelt[53], so daß solchenfalls die Liquidation des Vereinsvermögens unvermeidlich wird.

Anders ist die Lage bei den Kapitalgesellschaften. Der Verzicht auf Mitgliederrechte ist hier möglich; die Mitglieder können aber weder ausstehende Mitgliederpflichten kündigen noch beim Austritt Abfindung verlangen. Umwandlung und Verschmelzung sind geregelt und die liquidationslose Gesamtrechtsnachfolge vermeidet die Vermögenszersplitterung, die eine Liquidation mit sich bringen würde. Umwandlung und Verschmelzung sind auch bei Genossenschaften geregelt (§§ 93 a ff., 143 ff. GenG) und der Substratserhaltung dienen hier die Beschränkung des Abfindungsanspruches austretender Mitglieder sowie die Wirkung des Austritts auf bestehende Pflichten, § 73 Abs. 3 S. 3, § 115 c GenG.

Diese Maßnahmen der Substratserhaltung im Interesse der Vermögenseinheit und Vermögenskontinuität laufen meistens parallel mit Maßnahmen der Vermögenserhaltung im Interesse der Gläubiger der juristischen Person. Beide Gruppen von Maßnahmen erfahren ihre höchste Steigerung bei der AG (weniger bei der GmbH), die somit von Gesetzes wegen zur Vermögenskonzentration großen Stils prädestiniert erscheint (Gedanke des Unternehmens für sich[54]).

b. Das typische Sachwertsubstrat erklärt ferner die *rechtstechnische Perfektion des Aktienrechtes* sowie auch, aber in geringerem Maße des GmbH- und Genossenschaftsrechtes. Diese Perfektion dient der Sicherstellung der Mitglieder und dem guten Funktionieren solcher sachwertschwerer juristischer Personen. Die rechtstechnische Perfektion des Aktienrechtes ermöglicht die Beanspruchung des Kapitalmarktes, dem diese Perfektion garantiert, daß das Gesellschaftsvermögen nach fachmännischen Gesichtspunkten von verantwortungsvollen, schwer haftenden, zugleich unabhängigen Organen verwaltet wird, daß diese Verwaltung einer strengen Kontrolle unterliegt und daß die Schicksale der AG und die Beweglichkeit der Unternehmensleitung nicht übermäßig den oft wechselnden Aktionären überlassen bleiben. Die AG kann da-

---

[52] Zum Unterschied zwischen Erwerbsbetrieb und Vermögensverwaltung vgl. *M. Weber*, a.a.O. 52 f, BFH 17. 12. 57 (BB 58, 223), RG 26.4.37 (RGZ 154, 343 ff).

[53] Ausnahme bei Prüfungsvereinen für Genossenschaften, §§ 63 e ff GenG.

[54] *Netter*, Festschrift Pinner III, 1932, 105 ff.

durch das Vertrauen des anlagesuchenden Publikums gewinnen und zur Unternehmensbildung großen Stils kommen.

c. Trotz des Sachwertsubstrats kann in der juristischen Person keine Vermögenspersonifizierung erblickt werden, wie dies die Zweckvermögenstheorie bisweilen behauptet hat. Diese Theorie hat jedoch richtig die *Fragwürdigkeit von substratlosen juristischen Personen* erkannt, wenn sie von Gesetzes wegen als Sachwertsubstratsverbände gedacht sind. Ferner ist eine indirekte Übernahme des Gedankengutes dieser Theorie darin zu erblicken, daß das Gesetz die Vermögenslosigkeit und den Konkurs als Beendigungsgründe für die juristische Person betrachtet[55] oder die aufgelöste juristische Person auch nach Liquidationsbeendigung und Registerlöschung als existent behandelt, wenn noch Vermögen da ist[56]. Eine ähnliche Übernahme solchen Gedankengutes stellt auch die Rechtsprechung über den Fortbestand der enteigneten juristischen Person außerhalb des Enteignungsstaates dar, wenn sie dort Vermögen besitzt. Dieser Fortbestand wird ja allein auf das Vorhandensein von Vermögen abgestellt[57].

4. Verhältnis zum Interessensubstrat.

a. Bei typischen Sachwertsubstratsverbänden verlangt das Gesetz, daß bei der Gründung ein Mindestvermögen da ist. Die Aufbringung dieses Mindestvermögens belastet diejenigen, die an der Gründung teilnehmen, also die künftigen Interessenträger. Bei typischen Sachwertsubstratsverbänden ist deshalb die Interessentenstellung von der Teilnahme an der Aufbringung des Sachverhaltsubstrates abhängig.

---

[55] Das Gesetz über die Auflösung und Löschung von Gesellschaften und Genossenschaften v. 9.10.1934, sowie die frühere gleichlautende Rechtsprechung finden keine Anwendung auf Verein und Stiftung. Die Vermögenslosigkeit kann hier nur über den Weg der Unmöglichkeit der Zweckerreichung oder der Pflicht einer Konkursanmeldung bei Überschuldung zur Auflösung der jP führen, § 87, § 53 Abs. 1, § 42 Abs. 2 BGB. Vgl. zur Auflösung wegen Vermögenslosigkeit aus der Rechtsprechung: BGH 4.6.57 (GmbHR 57, 151 f), 17.11.55 (BGHZ 19, 51 ff, Vermögenslosigkeit eines Vereins grundsätzlich irrevelant für sein Fortbestehen), LG Hamburg 14.11.51 (GmbHR 52, 92), 29.11.50 (GmbHR 51, 94), RG 12.10.37 (RGZ 156, 23 ff), 27.4.37 (RGZ 155,42 ff), 8.2.37 (RGZ 153, 338 ff), 12.11.35 (RGZ 149, 293 ff), 9.1.92 (RGZ 28, 358 ff), KG 28.3.27 (JW 27, 1383).

[56] § 2 Abs. 3 LöschG. Die Eintragung der Beendigung der Liquidation einer jP erweist sich somit – im Gegensatz zur Gründungs- und Satzungsänderungseintragung – nicht mehr als konstitutiv. Vgl. die Rechtsprechung der vorigen Anm. und: BGH 23.10.58 (DB 59, 110), 28.5.58 (MDR 58, 756), KG 16.9.57 (NJW 57, 1722 f), OLG Nürnberg 9.4.57 (GmbHR 59, 28), RG 25.10.05 (JW 06, 40), OLG Hamburg 5.7.06 (OLGR 14, 369), OLG Karlsruhe 24.11.24 (Bad. Rpr. 1925, 3), RG 2.3.25 (JR 25 Nr. 495). Die Eintragung der liquidationslosen Beendigung einer jP (Umwandlung einer AG) wirkt ebenfalls nicht konstitutiv, falls sie Nichtigkeitsmängel aufweist, z. B. auf einem nichtigen Umwandlungsbeschluß beruht, RG 11.6.40 (RGZ 164, 220 ff). Hier auch das Gegenteil zur Gründung, wo die Eintragung die jP ins Leben ruft, obwohl die Gründung nichtig sein kann, vgl. Anm. 104.

[57] LG Hamburg 11.6.1958 (AWD 58, 152 f), KG 28.4.58 (NJW 58, 1926 f), BG Zürich 12.3.58 (AWD 58, 80 ff), AG Basel 7.3.58 (Die AG 1958, 266 ff), BGH 5.2.58 (Die AG 58, 56 ff), 11.7.57 (BGHZ 25, 134 ff), 27.5.57 (GmbHR 57, 132 f), 21.11.55 (BGHZ 19, 108 f), 12.4.54 (BGHZ 13, 106 ff), frühere Rechtsprechung bei *Seidl-Hohenveldern*, Intern. Konfiskation- u. Enteignungsrecht, Berlin–Tübingen 1952.

b. Ist ein Sachwertsubstrat da, so bekommt die Interessentenstellung bei einem solchen Verband einen betont wirtschaftlichen Charakter, sie hat nunmehr Vermögenswert. Vermögenswerte drängen nun in der heutigen Wirtschaft nach rechtlichem Bestandsschutz bzw. eine Position wird erst dann richtig in der Wirtschaft als Vermögenswert anerkannt, wenn sie Bestandsschutz genießt.

Typische Sachwertsubstratsverbände, die aus Vermögenserhaltungsgründen schon den Austritt oder wenigstens den Abfindungsanspruch austretender Mitglieder ausschließen, müssen also einen Bestandsschutz der Mitgliedschaft zukommen lassen, der den Abfindungsanspruch ersetzt. Einen solchen Bestandsschutz stellt die Übertragbarkeit der Mitgliedschaft dar (AG, GmbH). Da der Verein kein typischer Sachwertsubstratsverband ist, bleibt der Satzung überlassen, die Abfindungsansprüche und die Übertragbarkeit der Mitgliedschaft zu regeln. Bei der Genossenschaft sind sowohl die Übertragung als auch der Abfindungsanspruch schon gesetzlich dermaßen beschränkt, daß von einem Bestandsschutz keine Rede sein kann.

Die wichtigste Form des Bestandsschutzes, die die Interessentenstellung zu einem echten Vermögenswert werden läßt, ist nicht die Übertragbarkeit und somit Verwertbarkeit, sondern die rechtliche Sicherung einer gewissen Festigkeit des wirtschaftlichen Inhalts dieser Interessentenstellung. Den Wert dieser Interessentenstellung befestigen bei Kapitalgesellschaften die Maßnahmen zur Erhaltung des status quo der Beteiligungen (geschlossene Mitgliederzahl, feste, kapitalmäßige Anteile an Substanz und Ertrag, Bezugsrecht bei Kapitalerhöhung, ausschließliche Zuständigkeit der Mitglieder für Satzungsänderungen). Die Mitgliedschaft bei der AG und der GmbH hat somit einen festen inneren Wert. Sie stellt ein Wirtschaftsgut dar, das wegen seines inneren Wertes erworben werden kann.

Beim Verein ist in dieser Hinsicht keine gesetzliche Regelung vorhanden. Die Satzung kann also obiges status quo bis auf die Austrittsfreiheit der Mitglieder durchaus vorsehen. Anders ist es bei der Genossenschaft, wo der Gesetzgeber dafür sorgt, daß die Mitgliedschaft keinen selbständigen Vermögenswert darstellen kann. Neu eintretende Mitglieder schmälern den Liquidationserlös, d.h. Substanzanteil der alten Mitglieder, die kein Bezugsrecht haben und beim Austritt höchstens ihren Geschäftsanteil an einen anderen Genossen übertragen (§ 76 GenG) und somit verwerten können. Diese Übertragung ist jedoch keine volle Verwertung, da die genaue Beteiligungsquote des Erwerbers am Liquidationserlös immer noch nicht feststeht. Dieser Erlös wird ja nach Köpfen verteilt (§ 91 Abs. 2 GenG) und die Genossenzahl ist wegen des freien Aus- und Eintritts nicht vorhersehbar. Die genossenschaftliche Mitgliedschaft stellt somit keine Vermögensanlage zum Zweck der Werterhaltung dar, sondern nur ein Mittel der Inanspruchnahme der genossenschaftlichen Organisation. Sie ist für den Genossen kein selbständiger, neuer Vermögenseinsatz, sondern nur eine Erweiterung des Risikos, das er durch den Betrieb seiner eigenen Erwerbs- oder Hauswirtschaft schon läuft.

IV. Das Machtsubstrat.

1. Die Machtträger.

Die Sachwerte, die das Sachwertsubstrat im obigen Sinne ausmachen, treten nun ins Kräftespiel der Wirtschaft erst dann, wenn sie menschlichen Drahtziehern in die Hände gelegt werden. Machtträger (Machtsubstrat) sind eben die Personen, die Entscheidungszuständigkeit über die Handhabung der wirtschaftlichen Macht haben, die das Sachwertsubstrat als Produktionsfaktor und Arbeitsstätte darstellt.

Die Machtträger können mit den Interessenträgern zusammen- oder auch auseinanderfallen. Es ist insbesondere nicht so, daß Machtträger allein und immer die Vertretungsorgane sind, wie die Amtsvermögenstheorie behauptet hat. Diese Behauptung trifft nur da zu, wo die Vertretungsorgane keiner höheren, effektiven internen Instanz unterstellt sind, weil eine solche nicht vorhanden (Stiftung) oder nicht funktionsfähig ist (unorganisierter Streubesitz bei AG, GmbH). Verwaltungssonderrechte, Stimmenmehrheit oder Stimmrechtsbindungen können die Mitgliederversammlung zu einer solchen Instanz werden lassen.

Das Normale ist die Koppelung des Macht- und Interessensubstrats, da ja die Interessenträger naturgemäß nach Erlangung einer Machtposition drängen, die ihnen erlauben wird, ihre Interessen wahrzunehmen. Allerdings sind die Machtträger nicht immer Interessenträger, z.B. wenn der Verein altruistische Zwecke zugunsten von Nichtmitgliedern verfolgt. Dem Drang der Interessenträger nach Macht wird sonst auch die Tatsache entgegenstehen, daß sie – bis auf die eGmuH – beschränkt haften wollen. Beschränkt haftenden Personen kann aber keine absolute Macht gewährt werden. Da jedoch eine Machtinstanz trotzdem notwendig ist, so führt die beschränkte Haftung der Interessenträger dazu, daß andere Personen (Organe) als Machtträger fungieren (Drittorganschaft) und daher auch verschärfte Verantwortung tragen, § 84 Abs. 4 S. 2, § 99 AktG, § 43 GmbHG, § 34 GenG. Diese verschärfte Verantwortung fehlt im Vereins- und Stiftungsrecht, da dieses keine unbeschränkbare Vertretungs- und Geschäftsführungsbefugnis des Vorstandes kennt, § 26 Abs. 2 S. 2, § 86 S. 1 BGB.

2. Rechtliche Berücksichtigung.

Eine erste Berücksichtigung des Machtsubstrats liegt in der Bedeutung der Machtträgerschaft bei der Einmanngesellschaft, wo der entscheidende Wert auf den Machtträger gelegt wird. Der Alleinmachtträger wird als Alleingesellschafter behandelt, wenn er auch nur zum Teil Interessenträger ist[58].

Die zweite und wichtigste Berücksichtigung des Machtsubstrats liegt jedoch im Konzernrecht und überhaupt im Bereich des Minderheitenschutzes, dessen Unterfall letzten Endes auch die Konzernproblematik ist[59].

---

[58] BGH 8. 1. 58 (BB 58, 351), RG 22.1.35 (RGZ 146, 385 ff). Das KG 23.6.11 (R 12 Nr. 1669) hat eine Sonderprüfung nach § 192 HGB angeordnet, weil im Aufsichtsrat und Vorstand Organe einer Gründerin AG saßen.

[59] *H. Würdinger*, Referat am 42. DJT.

§ 5. Funktion und Struktur der einzelnen juristischen Personen.

I. Systematischer Überblick.

1. Allgemeines.

Wenn der vorige § der Arbeit davon ausgegangen ist, daß das Substrat als etwas Faktisches die Normierung der juristischen Person weitgehend bedingt[60] (vgl. § 4, I, 2, e), so wird in diesem § der Ausgangspunkt der umgekehrte sein. Wir wollen hier die rechtspolitischen Zweckvorstellungen verfolgen, die die gesetzlichen Funktions- und Strukturbestimmungen im Recht der juristischen Personen im einzelnen tragen. Wenn der Ausgangspunkt im § 4 bewußt soziologisch-faktisch war, soll der jetzige bewußt normativ-teleologisch sein.

Dabei wird es immer zu berücksichtigen sein, daß die juristischen Personen nicht immer schon von Gesetzes wegen funktions- und strukturgebunden sind. Das Gesetz beschränkt sich oft in der Aufstellung dispositiver Rechtssätze oder überläßt in diesem oder jenem Punkt die Funktions- und Strukturregelung ganz der Parteiautonomie.

Allerdings können die erwähnten rechtspolitischen Zweckvorstellungen nicht systematisch dargestellt werden wie etwa die einzelnen Substratselemente. Während sich nämlich jedes Substratselement in dieser oder jener Form bei allen juristischen Personen verfolgen läßt, sind die rechtspolitischen Zweckvorstellungen bei jeder juristischen Person grundsätzlich verschieden, so daß die Unterschiede von Kategorie zu Kategorie nicht Stufen- oder Tonabweichungen, sondern meistens Gegensätze sind. Die gesetzlichen Zweckvorstellungen sind also für jede juristische Person getrennt darzustellen.

2. Die Grundvorstellungen des Gesetzgebers.

Obwohl ein Verzicht auf die systematische Darstellung der tragenden rechtspolitischen Prinzipien der Typenbildung angekündigt wurde (zu 1), ist ein kurzer Abriß der gesetzgeberischen Grundvorstellungen doch unvermeidlich.

a) Grundlegend ist der Gegensatz, ob die juristische Person auf Teilnahme an der gewerblichen Wirtschaft (AG, GmbH, Gen) oder auf bürgerliche Tätigkeit, d.h. auf reine Verwaltung bürgerlichen Vermögens[61] bzw. Betätigung im Bereich von Idealzwecken abgestellt ist.

b) Grundlegend ist weiter der Gegensatz, ob die Mitgliedschaft einen festen Vermögenswert, d.h. ein schutzbedürftiges Wirtschaftsgut oder eine Rechtsposition, die nicht für den wirtschaftlichen Verkehr bestimmt ist und auch nicht bestimmt sein soll, darstellt.

c) Dem Gegensatz zu a und b entspricht die Grundtendenz des Gesetzgebers, juristische Personen, die am Verkehr teilnehmen und eine wirtschaftliche Notwendigkeit darstellen, also die handelsrechtlichen jPen (AG,

---

[60] *M. Weber*, a.a.O. 443–448.

[61] Vgl. auch Anm. 52. – Verwaltung bedeutet Selbstkostendeckung und Substanzerhaltung ohne Gewinnzwecke. Bei Idealzwecken liegt eine Verwaltung in diesem Sinne dann nicht vor, wenn die Selbstkostendeckung und/oder die Substanzerhaltung fehlen.

GmbH, Gen[62]) streng zu regeln, um die Teilnahme an ihnen durch Garantien zu fördern und um den Verkehr (die Dritten) im allgemeinen zu schützen. Garantien dieser Art scheinen demgegenüber im Vereins- und Stiftungsrecht nicht wirtschaftlich notwendig zu sein. Das Gesetz überläßt somit diese Fragen der Satzung und sorgt eben nur dafür, daß wirtschaftliche Unternehmen tatsächlich die für die gewerbliche Wirtschaft geschaffenen Formen der Rechtsfähigkeit benutzen.

Als Mitgliedergarantie ist der Bestandsschutz der Mitgliedschaft gemeint, als Verkehrsgarantie z.B. die Unbeschränkbarkeit der Vertretungsmacht der Organe, die Publizität, die Abhängigkeit der Gründung von einem Grund- oder Stammkapital u.a.m. Die Vermögenswidmung bei der Stiftungsgründung hat demgegenüber nicht den Zweck der Bildung eines Garantiefonds für die Gläubiger, sondern soll nur die Erreichung des konkreten Stiftungszweckes ermöglichen. An Hand dieser verschiedenen Zielsetzung ist z.B. die Streitfrage[63], ob zur Stiftungsgründung die Widmung eines Vermögens erforderlich ist, dahin zu beantworten, daß jeweils diejenige Vermögenswidmung erforderlich ist, die die Erreichung dieses Zweckes ermöglicht oder wenigstens in Aussicht stellt. Die rein nominelle Widmung *einer* Währungseinheit ist somit trotz der Tatsache, daß das Gesetz eine bestimmte Mindestvermögenswidmung nicht verlangt, nicht ausreichend. Bei den juristischen Personen der gewerblichen Wirtschaft ist das Vermögen sowohl Mittel zur Erreichung des Satzungszweckes als auch Gläubigergarantie.

d) Während die Bemerkungen zu a–c die Funktion der juristischen Person und der Mitgliedschaft betreffen, ist im Bereich der Struktur der juristischen Personen grundlegend der Unterschied, ob die juristischen Personen als offene oder geschlossene Verbände gedacht sind. Dieser Zweiteilung folgt die Darstellung zu II und III. Die AG und die GmbH bilden die eine Gruppe als Kapitalgesellschaften oder Verbände mit geschlossener Mitgliederzahl (II). Verein und Genossenschaft bilden als offene Verbände die andere Gruppe (III). Die Stiftung allein ist als Rechtsfähigkeitstyp weniger problematisch und wird in der folgenden Typologie nicht mehr berücksichtigt.

II. Kapitalgesellschaften.

1. Die Aktiengesellschaft.

Direkt zwingt das Gesetz der AG keine besondere Außenbetätigungsform auf, etwa Beteiligung an der gewerblichen Wirtschaft auf Gewinnbasis. Die AG ist zwar immer Handelsgesellschaft (§ 3 AktG), sie braucht aber nicht unbedingt eine Handelstätigkeit zu entfalten. Indirekt jedoch wird der AG

---

[62] *Passow,* Die Aktiengesellschaft, Jena 1922, *Schmalenbach,* Die AG, Köln-Opladen 1950, *C. E. Fischer,* Die GmbH, Berlin–Heidelberg 1948, O. *Glass,* Genossenschaftskunde, Berlin–München 1949, *Henzler,* Die Genossenschaft, Essen 1957 und die allgemein bekannten lehrbuch- und kommentarmäßigen Darstellungen des Aktien-, GmbH- und Genossenschaftsrechtes.

[63] Keine bewußte Stellungnahme zu dieser Frage scheint RG 9.9.42 (RGZ 170, 22 ff, österreichisches Recht) zu sein. Der Stand der Frage ist *Staudinger-Coing* 4 vor §§ 80–89, 4 u. 9 zu § 80 BGB zu entnehmen.

vom Gesetz doch eine bestimmte Funktion aufgezwungen. Diese Funktion ist die Teilnahme an der gewerblichen Wirtschaft großen Stils und am Kapitalmarkt. Dieses Ziel erreicht das Gesetz durch eine strenge Regelung der Struktur der AG. Die AG ist demnach eine „strukturgebundene" juristische Person.

Durch die Bestimmung der Mindesthöhe des Kapitals, des Nennwertes und des eingezahlten Teils der Aktien wird die AG zu dem ausgesprochenen Sachwertsubstratsverband des heutigen Privatrechtes geprägt. Die Aktionäre stellen andererseits ein voll berechtigtes Interessensubstrat dar, indem sie sowohl am jährlichen Gewinn als auch am Liquidationserlös beteiligt sind. Diese Interessenstellung wird durch Beteiligung an der Aufbringung des Aktienkapitals erkauft und verfolgt die Schicksale des Verbandes im ganzen.

Ist die AG ein Unternehmensverband, wozu sie durch ihr gesetzlich vorgeschriebenes Sachwertsubstrat gezwungen wird, so ist die aktienrechtliche Mitgliedschaft eine mittelbare Übernahme des unternehmerischen Risikos gegen Zusicherung der Beteiligung am etwaigen Erlös. Durch Bezugsrecht, Abhängigkeit des Eintritts neuer Mitglieder von einem entsprechenden Satzungsänderungsbeschluß der HV, Dividenden- und Liquidationserlösbeteiligung und Veräußerbarkeit der Aktie genießt die Mitgliedschaft einen vollständigen Bestandsschutz. Ihr innerer Wert ist somit – bis auf das unternehmerische Risiko – gegen Verwässerung (durch Änderung der gegenseitigen Interessen- und Machtpositionen der Mitglieder) geschützt. Dieser Schutz zeigt, daß für die AG ein monopolistisches Interessensubstrat gedacht ist. Ihre Tätigkeit kommt grundsätzlich nur einem bestimmten, nicht durch Eintritt, sondern nur durch Übertragung wechselnden Personenkreis zugute. Da allerdings die Mitglieder beschränkt haften[64], ist ihr Machtanteil innerhalb der AG gering. Diese Verbandsform gelangt daher zwangsläufig zur Drittorganschaft. Wir haben schon gesehen, daß dies eine Konsequenz davon ist, daß das Recht Macht ohne Verantwortung nicht anerkennt[65].

Die Machtlosigkeit des Aktionärs beruht noch auf folgendem. Die Mitgliedschaft ist das Mittel der Deckung des gesetzlich bedingten großen Kapitalbedarfs, die Grundlage der Kapitalbeschaffuung der AG. Das bringt mit sich, daß die Finanzierung der AG einen Appell an breite Publikumsschichten voraussetzt und somit zur Entstehung von quantitativ kleinen Migliedschaften führt. Diese Mitgliedschaften können gewichtsmäßig in der Hauptversammlung innerhalb des für ihre Funktionsfähig-

---

[64] Die Haftungsbeschränkung der Mitglieder von juristischen Personen ist eine Schuldbeschränkung, keine echte Haftungsbeschränkung. Die Schuld der Aktionäre besteht in den Einlage- und Nebenpflichten, dafür haftet aber der Aktionär wie für alle Schulden mit seinem ganzen Vermögen. Die Frage daher, ob die Nebenpflichten einen Durchbruch des Prinzips der Haftungsbeschränkung darstellen (*K. Lehmann*, Das Recht der AG I, Berlin 1898, 224–227), ist zu verneinen. Unbestimmte Nebenpflichten kennt weder das AktG, § 50, Abs. 1 Satz 2, noch das GmbHG § 3 Abs. 2, noch das GenG, § 7 Abs. 1 Ziff 2, § 131 Abs. 2. Nur wenn die Mitgliedspflichten bestimmt sind, kann der für alle Verbandsarten – bis auf die eGmuH, § 120 GenG – geltende § 707 BGB angewandt werden.

[65] Der Interessenjurisprudenz und dem kausalen Rechtsdenken ist die Erkenntnis zu verdanken, daß Macht verpflichtet – und daß ohne Haftungsbereitschaft eine Machtposition nicht gerechtfertigt ist.

keit notwendigen Mehrheitsprinzips leicht verschwinden. Diese Machtlosigkeit führt zum erhöhten Schutzbedürfnis der Aktionäre, dem der Bestandsschutz, aber auch die Publizitäts-, Rechnungslegungs- und Prüfungsperfektion und die Gründer-, Prospekt- und Organhaftung Rechnung tragen.

Durch alle diese Garantien wird die aktienrechtliche Mitgliedschaft nicht nur zu einem spekulativen Risikogeschäft, sondern auch zu einer Vermögensanlageform. Das Gesetz begnügt sich nicht mit einer normalen Veräußerbarkeit der Mitgliedschaft, sondern steigert sie durch Erhebung der Aktie zu einer Ware des Kapitalmarkts. Dieses Ziel wird nicht nur durch die Verbriefung der Mitgliedschaft, sondern auch durch die Objektivierung ihres Wertes erreicht, da erst diese die Voraussetzung zur Bildung eines Marktpreises (Börsenkurses) liefert. Die Objektivierung erfolgt dadurch, daß als Berechtigung für die Beteiligung am jährlichen Gewinn, am Liquidationserlös und an der Willensbildung der Hauptversammlung nur Kapitalleistungen, also in Geld schätzbare Objekte zugelassen werden und allein zur Berechnung der Beteiligungsquote (Nennwert/Aktienkapital) führen. Nebenpflichten sind nur beschränkt zugelassen und lassen den inneren Wert der Aktie unberührt, da sie für die Dividende und die Beteiligung am Liquidationserlös unberücksichtigt bleiben.

Aktien, die mit Nebenpflichten belastet sind, müssen vinkuliert sein, § 50 AktG. Frei übertragbar sind somit nur die pflichtenleeren Mitgliedschaften, da ja auch nicht voll einbezahlte Aktien Namensaktien sein müssen (§ 10 Abs. 1 AktG) und die Zahlungspflicht der Vormänner trotz Übertragung bestehen bleibt, § 59 AktG. Das Aktienrecht sorgt durch diese Abhängigkeit der Übertragbarkeit von der Pflichtenleere der Aktien dafür, daß eine am Umlauf ihrer Aktien interessierte AG eben pflichtenleere Mitgliedschaften hat.

Der Grundsatz der Übertragbarkeit nur pflichtenleerer Mitgliedschaften erklärt dogmatisch den Mitgliederwechsel bei den Kapitalgesellschaften: Übertragung einer pflichtenleeren Mitgliedschaft bedeutet Übertragung nur einer Gläubigerposition. Gläubigerpositionen sind aber schon im allgemeinen Zivilrecht übertragbar, soweit sie nicht personenbezogen sind. Personenbezogenheit bei solchen objektivierten Rechten und Pflichten wie bei der AG und auch der GmbH ist auch nach den allgemeinen zivilrechtlichen Prinzipien abzulehnen. Die Übertragbarkeit pflichtenleerer Mitgliedschaften bedeutet also Abweichung vom Recht der Personalgesellschaften, sonst aber Rückkehr zum allgemeinen Zivilrecht. Die andere Abweichung vom Recht der Personalgesellschaften ist das Fehlen einer Kündigungsmöglichkeit oder eines Austrittsrechts der Mitglieder im Recht der Kapitalgesellschaften.

Mit den Nebenpflichten hängt noch die Drittorganschaft in der AG zusammen, da Tätigkeitspflichten der Aktionäre auch nicht in der Form von Nebenpflichten möglich sind. Die Mitglieder liefern der AG somit nur das Kapital, nie aber die Führungskräfte, die erst auf individualrechtlicher Grundlage gefunden werden müssen. Das „Managertum" ist somit eine zwangsläufige Erscheinung des Aktienrechtes. Diese inhaltliche Beschränkung der Nebenpflichten in § 50 AktG („wiederkehrende, nicht in Geld bestehende Leistungen") sowie die Ausschließung von Dienstleistungen als Einlage sichern der AG eine *rein* kapitalistische Struktur. „Kapitalgesellschaft" ist die AG somit nicht nur deshalb, weil sie ein Mittel der Vermögenskonzentration ist, sondern auch, weil die Grundlage ihrer Struktur rein kapitalistisch ist. Vinkulierte Aktien geben zwar der AG leichte personalistische Züge, weil ja – trotz eventueller Nachprüfbarkeit der Zustimmungsverweigerung der AG vom Standpunkt der Ermessenskontrolle nach §§ 315 ff. BGB – die Aktionäre an die AG so sehr gebunden sind, daß sie weder austreten noch veräußern können, diese Bindung sind die Aktionäre aber freiwillig eingegangen. Die kapitalistische Struktur der AG ist sonst unabhängig davon, ob Groß- oder Kleinaktionäre vorhanden sind. Für die ersteren besteht die Möglichkeit, die AG vom Aufsichtsrat her zu überwachen, für die letzteren besteht die Möglichkeit einer günstigen Anlage ohne eigenen Arbeitseinsatz und zugleich weitgehend mit der Garantie einer sachkundigen Gesellschaftsverwaltung. Die Publizitätskontrolle der AG führt nämlich auf lange Sicht zu einer Auslese von großen ertragsfähigen Publikumsgesellschaften, die auch für den Kleinanleger interessant sein können. Diese Auslese erfolgt durch die strenge Kontrolle der Ertrags- und Substanzlage der AG an der Börse.

2. Die GmbH.

Wir haben zu 1 gesehen, wie die strenge Strukturgebundenheit bei der AG zu einer indirekten Funktionsgebundenheit führt, die die fehlende *direkte* Funktionsgebundenheit ersetzt. Die Strukturgebundenheit der GmbH ist so gering, daß sie auch nicht indirekt eine Funktionsbindung zur Folge hat. Eine direkte solche Bindung fehlt ja, da die GmbH, obwohl sie immer Handelsgesellschaft ist (§ 13 Abs. 3 GmbHG), nicht immer Handelsgeschäfte zu betreiben braucht. Die geringe Höhe des Mindestkapitals der GmbH macht sie nicht nur für Unternehmen kleineren wirtschaftlichen Ausmasses, sondern sogar auch für nicht gewerbliche Betätigung brauchbar (Forschungsteams ohne gewerblichen Einschlag, Studiengesellschaften usw.). Da allerdings eine Beschränkung des Kapitals nach oben nicht besteht, ist die Form der GmbH auch Großunternehmen zugänglich. Einer kapitalintensiven bzw. gewerblich tätigen GmbH kommt das Gesetz dadurch entgegen, daß es Sachwertsubstratserhaltungsvorschriften erlassen hat, obwohl es keine nennenswerte Sachwertsubstratsbildung fordert.

Eine große symptomatische Bedeutung für die gesetzlichen Zweckvorstellungen im Recht der GmbH haben noch a) der Umfang der zulässigen Mitgliederpflichten und b) die Art des Bestandsschutzes der Mitgliedschaft.

Zu a): Von der Mitgliedschaft hängt nicht allein die Kapitalausstattung der GmbH ab. Durch die Geringfügigkeit des Mindeskapitals und die unbeschränkte Zulassung von Nebenpflichten (§ 3 Abs. 2 GmbHG) kann eine Gewichtsverlagerung in der Struktur der GmbH auftreten, wie dies bei der AG gesetzlich unmöglich ist. Es kann so sein, daß die Mitglieder nicht objektivierte, kapitalistische, sondern personenbezogene sonstige Leistungen an die GmbH zu erbringen haben. Die Existenz der GmbH kann somit mehr auf diesen als auf den Kapitalleistungen der Mitglieder beruhen (Kartell-GmbH, personalistische GmbH mit OHG- oder KG-Struktur). Diese Nebenpflichten haben dreierlei zur Folge:

aa) Das Vorhandensein von Nebenpflichten wird meistens mit der Vinkulierung der Mitgliedschaft zusammenhängen. Nun wird in § 3 Abs. 2 und §15 Abs. 5 GmbHG solchenfalls die Vinkulierung nur ermöglicht, nicht aber vorgeschrieben. Es wäre also denkbar, daß die Mitgliedschaft übertragbar ist, obwohl sie mit Nebenpflichten belastet ist. Berücksichtigt man jedoch, daß schon die Übertragung des Geschäftsanteils an einer GmbH keine Befreiung des Vormannes bewirkt (§ 22 GmbHG) und daß überhaupt jede privative Schuldübernahme der Gläubigerzustimmung nach § 414 BGB bedarf, so muß man für die Nebenpflichten sagen, daß die Übertragung einer mit Nebenpflichten belasteten Mitgliedschaft den Veräußerer nicht befreit, es sei denn, daß die GmbH zustimmt, d. h. daß hier auch wie in der AG, § 50 AktG der Grundsatz der Übertragbarkeit nur pflichtenleerer Mitgliedschaften gilt. Die Nebenpflichten heben also die Übertragbarkeit der Mitgliedschaft an der GmbH auf.

bb) Die Nebenpflichten sind ferner nicht objektiviert wie etwa Kapitalleistungen, die in Stammkapitalquoten ausgedrückt werden können. Sie können rein subjektivistisch sein und somit die Übersichtlichkeit des Wertes der Mitgliedschaft und somit die Verwertbarkeit im Wege der Veräußerung auch dann erschweren, wenn mit der Zustimmung der GmbH zu rechnen wäre. Die Substanz- und Ertragsbeteiligung der Mitglieder beruht in diesen Fällen nicht allein auf Kapitalleistungen, sondern auf unübersehbaren, schwer schätzbaren Nebenpflichten, die sowohl für den Erwerber einer mit solchen Nebenpflichten belasteten Mitgliedschaft, aber auch für den Eintritt in eine solche GmbH schlechthin, d.h. wenn auch die eigene Mitgliedschaft nicht mit Nebenpflichten belastet ist, hemmend wirken.

cc) Die Nebenpflichten können zuletzt der GmbH Verwaltungsleistungen der Mitglieder selbst sichern und somit faktisch die Drittorganschaft aufheben, die sonst bei den Kapitalgesellschaften eine notwendige Konsequenz einerseits der beschränkten Mitgliederhaftung und andererseits der Ausschließung der Dienstleistungen aus dem Bereich der zulässigen Mitgliederleistungen ist.

Zu b): Der Bestandsschutz der Mitgliedschaft umfaßt die Übertragbarkeit der Mitgliedchaft sowie die Befestigung des status quo der Substanz-, Ertrags- und Machtbeteiligungsverhältnisse. In beiden Richtungen geht der Schutz jedoch nicht so weit wie bei der AG.

aa) Die Übertragbarkeit erfolgt ohne Verbriefung, ohne Beteiligung des Kapitalmarkts, sie setzt somit meistens direkten Kontakt des Veräußerers und des Erwerbers voraus. Nebenpflichten stehen, wie schon gesagt, der leichten Schätzung des Wertes der Mitgliedschaft im Wege. Es fehlen auch die sonstigen Garantien, die den Umlauf der Mitgliedschaft grundsätzlich erleichtern, nämlich die Garantien bei ihrem Erwerb (Prospekt- oder Gründerhaftung) und während des Bestehens der GmbH (Publizität, Pflichtprüfung, Kapitalmarktwarencharakter der Mitgliedschaft). Die Mitgliedschaft bei der GmbH ist keine Ware, keine Gattungssache und weist keine institutionellen Garantien auf. Sie kommt daher in Frage nur für Personen, die sie selbst überwachen wollen und können, also für Unternehmer und nicht für das anlagesuchende Publikum. Die Mitgliedschaft an der GmbH hat also Vermögenswert, der aber nur unter Unternehmern verwertbar und brauchbar ist. Sie ist keine Anlageform.

bb) Eine volle Befestigung des inneren Wertes der Mitgliedschaft an einer GmbH ist einerseits gesetzlich nicht vorhanden (es fehlt das Bezugsrecht), andererseits auch nicht im ganzen erreichbar. Hat die GmbH eine rein kapitalistische Struktur, so ist eine solche Befestigung möglich, da sie auf die Kapitalanteile abstellen kann. Die unternehmerische Leistung würden dann die Organe (Nichtmitglieder) aufbringen. Sind aber auch Nebenpflichten und zwar Dienstleistungsnebenpflichten vorgesehen, so kann die Vermögenslage im voraus nicht ganz übersehen werden. Sie hängt von der Arbeitsfähigkeit und vom guten Willen der Mitglieder ab. Der Substanz- und Ertragsbeteiligungsschlüssel wird durch die Zulassung dieses labilen Beteiligungsgrundes (Einlagen + Nebenpflichten) selbst labil. Die Mitgliedschaft bei der GmbH ist nicht das, was die Organe daraus machen, sondern das, was die Gesellschafter selbst daraus machen.

Das Ergebnis lautet, daß die GmbH sich selbst ihre Aufgaben stellen kann, indem sie die entsprechende Struktur (kapitalistische, personalistische GmbH) aufnimmt.

III. Offene Verbände.

1. Die Genossenschaft.

Die Grundfunktion der Genossenschaft, eigennützig an der gewerblichen Wirtschaft teilzunehmen, weist der AG und der GmbH gegenüber die wesentliche Besonderheit auf, daß sie nicht auf Gewinnbasis beruht, obwohl ein gewinnbringendes Nichtmitgliedergeschäft nicht ausgeschlossen ist. Das Nichtmitgliedergeschäft darf aber eben nicht zum Hauptzweck der Genossenschaft werden (§ Abs. 2 Ziff. 2, § 8 Abs. 1 Ziff. 5 GenG). Ob die Genossenschaft ein bedeutendes Sachwertsubstrat haben wird oder nicht, hängt davon ab, ob sie eine Produktions- bzw. Transportgenossenschaft oder eine Vermittlungsgenossenschaft ist (Konsum- oder Verkaufsgenossenschaft). Im ersteren Fall ist sie auf einen eigenen Kapitalapparat angewiesen. Dem eventuell vorhandenen Sachwertsubstrat trägt das Recht insofern Rechnung, als es Sachwertsubstratserhaltungsvorschriften kennt, die wir schon gesehen haben, nicht aber Sachwertsubstratsbildungsvorschriften. Es legt nämlich die Mindestbeiträge der Mitglieder nicht fest und somit ermöglicht auch mehr oder weniger sachwertsubstratslose Genossenschaften. Nebenpflichten sind ohne gesetzliche Beschränkung zugelassen.

Die Genossenschaft bleibt dabei in ihrem Mitgliederbestand ein offener Verband. § 65 GenG läßt ja nur zeitliche, aber keine sachliche Bindung des Austrittsrechts zu. Die Regelung des Eintritts neuer Mitglieder ist der Satzung überlassen, die somit mittelbar den Zustand einer quasi-geschlossenen Mitgliederzahl herstellen kann, wenn sie z. B. den Eintritt neuer Mitglieder von der Zustimmung der Mitgliederversammlung abhängig macht oder eine geschlossene Mitgliederzahl vorsieht. Der Austritt aus der Genossenschaft ist allerdings nur juristisch frei, wirtschaftlich jedoch dadurch erschwert, daß er

u. U. schwerwiegende mittelbare Vermögensverluste für das austretende Mitglied mit sich bringt. Diese Wirkung des Austritts tritt ein, wenn die Genossenschaft ein bedeutendes Reservevermögen hat. Der Austretende hat nämlich einen Abfindungsanspruch nur in Höhe des Saldos seines Geschäftsguthabens (§ 73 GenG) und entsprechend beschränkt ist die Übertragungsmöglichkeit. Der Austritt aus einer vermögenden Genossenschaft führt also zum Verlust des Anteils des austretenden Mitglieds an der Substanz der Genossenschaft. Zwar werden die Genossen bei Liquidation der Genossenschaft nach Köpfen berücksichtigt, der Substanzanteilverlust beim Austritt ist aber trotzdem gegeben (§ 91 Abs. 2 GenG). Der Austritt hat also nur dann einen wirtschaftlichen Sinn, wenn die Vermögenssubstanz der Genossenschaft unbedeutend ist oder wenn der Austritt zur Kündigung bestehender nennenswerter Pflichten führt.

Das alles zeigt die Absicht des Gesetzes, der genossenschaftlichen Mitgliedschaft einen geringen Bestandsschutz zukommen und sie nicht zu einem selbständigen Vermögenswert (Wirtschaftsgut) werden zu lassen. Die genossenschaftliche Mitgliedschaft soll nur eine Legitimation zur tatsächlichen Ausnutzung (Benutzung) der genossenschaftlichen Organisation und Nebenwerk der eigenen Tätigkeit der Genossen sein, nicht aber eine Vermögensanlage oder ein selbständiger unternehmerischer Vermögenseinsatz. Die Ertragsbeteiligung (§ 19 GenG) und die Anfallberechtigung ändern daran nichts, weil eben die volle Ausnutzung (Substanzbeteiligung) nur beim Verbleiben in der Genossenschaft möglich ist. Die Unsicherheit über den inneren Wert und die beschränkte Verwertbarkeit der Mitgliedschaft, die an und für sich die Genossenschaften grundsätzlich zu einer Gewinnverteilungs- und nicht zu einer Gewinnthesaurierungspolitik führen müssen, sind zugleich die Garantie, daß der Erwerb der genossenschaftlichen Mitgliedschaft frei von spekulativen Überlegungen bleibt. Danach erscheint das Hauptmerkmal (Hauptfunktion) der Genossenschaft die persönliche, unübertragbare, nicht anders verwertbare Förderung der Mitglieder zu sein, für die die Teilnahme an der Genossenschaft kein neues, zusätzliches Risiko, sondern eine Ergänzung der eigenen, schon beim Eintritt in die Genossenschaft bestehenden wirtschaftlichen Betätigung zu sein. Die entsprechende Schutzlosigkeit der Mitglieder legitimiert die strenge Kontrolle der Genossenschaften, die geschichtlich als Schutzvereinigungen kleiner, privater oder gewerblicher Wirtschaften erschienen sind und dank der unabdingbaren Regelung des GenG noch bleiben. Alles in allem zeigt sich die Genossenschaft sowohl als funktions-, hauptsächlich aber als strukturgebunden.

2. Der Verein.

a. Der Verein ist als Idealverein dahin funktionsgebunden, als er ohne diesen Zweck nicht eingetragen werden darf und als er mit Entziehung der Rechtsfähigkeit bedroht ist, wenn er sich wirtschaftlich betätigt. Bis zu dieser Entziehung bleibt allerdings eine etwaige wirtschaftliche Betätigung gültig und kann z. B. dem Verein die Kaufmannseigenschaft zukommen lassen.

Die Struktur des Idealvereins ist – bis auf die Austrittsmöglichkeit der Mitglieder und die Unvereinbarkeit einer Beteiligung der Mitglieder am jährlichen Vereinsertrag mit dem Wesen des Idealvereins – so frei geregelt, daß der Satzung praktisch keine Grenzen gestellt sind. Sie kann eine offene oder geschlossene Migliederzahl, übertragbare oder unübertragbare Mitgliedschaft, einmalige oder laufende vermögensmäßige Mitgliederpflichten oder auch keine vermögensmäßigen Mitgliederpflichten, volle, beschränkte oder keinerlei kopf- oder kapitalmäßige Substanzbeteiligung (= Anfallberechtigung, Abfindungsanspruch) und Nutzungsbeteiligung der Mitglieder, hauptberufliche Drittorgane oder nebenberufliche Mitgliederorgane, Verwaltungs- und/oder Aufsichtsorgane, Sach- oder Arbeitsleistungspflichten der Mitglieder frei anordnen. Die dispositive Gesetzesregelung enthält jedoch ein Strukturmodell, wo der Verein und die vereinsrechtliche Mitgliedschaft frei von Erwägungen der gewerblichen Wirtschaft bleiben (Mitgliedschaft ohne Bestandsschutz und ohne festen Vermögenswert, also kein typisches Interessentensubstrat und ebenfalls kein typisches Sachwertsubstrat).

b. Der Wirtschaftsverein hängt in seiner Struktur von der Konzession ab (§ 22, § 23 BGB), die normativ nicht gebunden ist und somit nach Ermessen der Aufsichtsbehörde von einem bestimmten Satzungsinhalt abhängig gemacht werden kann. Das Verbot der jährlichen Ertragsbeteiligung der Mitglieder muß dem Wesen des Wirtschaftsvereins nach wegfallen. Ein Interessentensubstrat ist somit hier voll und ganz möglich. Praktisch nicht wichtig ist die m. E. zu bejahende Frage, ob ein Austritt der Mitglieder auch im Recht des Wirtschaftsvereins als zwingend vorgeschrieben zu gelten hat.

§ 6. Rechtsfähige und nicht rechtsfähige Verbände.

I. Die Zweckgemeinschaften im allgemeinen.

1. Rechtsfähige und nicht rechtsfähige Zweckgemeinschaften.

Die rechtsfähigen und nicht rechtsfähigen Verbände des Privatrechtes sind in der neueren Terminologie als Zweckgemeinschaften zu bezeichnen[66]. Dieser Charakter der menschlichen Verbände ist eindeutig, wenn man den Gründungsprozess der Gesellschaften und der rechtsfähigen Verbände betrachtet. Die Gründung der Gesellschaft und der rechtsfähigen Verbände hat das Ziel, die Kräfte einzelner (Mitglieder) zur Erreichung des selbstgestellten, gemeinschaftlichen Zweckes zu vereinigen. Die Gemeinsamkeit des Zweckes besteht darin, daß dem Verband bzw. den übrigen Verbandsmitgliedern gegenüber für alle Mitglieder inhaltsmäßig gleichgeartete Rechtsverhältnisse bestehen. Die Gemeinsamkeit des Zweckes spiegelt sich in der Gleichbehandlung der Mitglieder und in der Gleichheit der Mitgliedschaften. Der Charakter eines Verbandes als Zweckgemeinschaft scheitert nicht etwa daran, daß die Mitgliedschaft an ihm übertragbar ist oder daß die Mitglieder an ihn nur gering, durch kapitalmäßige Pflichten gebunden sind. Es ist vielmehr eine Stärkung des Zweckgemeinschaftscharakters, wenn die Übertragbarkeit der Mitgliedschaft den Bestand des Verbandes von den Ereignissen der Privatsphäre der Mitglieder (Konkurs, Tod, wichtige Kündigungsgründe) unbetroffen läßt. Es

[66] *Würdinger*, Gesellschaften I, Hamburg 1937, 9 ff, *ders.*, Theorie der schlichten Interessengemeinschaft, Stuttgart 1934.

ist andererseits nicht ersichtlich, aus welchem Grunde Zweckgemeinschaft nur eine Arbeits-, nicht aber eine Kapitalgemeinschaft sein sollte. In beiden Fällen liegt eine Kräftevereinigung zur Erreichung gemeinsamer Zwecke vor. Das zeigt sich besonders klar an der Gesellschaft bürgerlichen Rechts, die Zweckgemeinschaft ist, ohne daß eine bestimmte Mindestbindung der Mitglieder gesetzlich verlangt wird.

Der Zweck, den also der Verband verfolgt, kommt danach gleichmäßig allen Mitgliedern zugute. Die Gemeinsamkeit dieses Zweckes ist nicht etwa naturbedingt, weil z.B. die Art des Zweckes eine solche ist, daß die Kräfte einzelner dazu nicht ausreichen. Die Gemeinsamkeit des Zweckes ist vielmehr gewollt, indem niemand allein – es sei denn im Stiftungsfall oder im Fall der natürlichen Person, die im eigenen Namen handelt – diese Zweckverfolgung unternehmen will.

Von den rechtsfähigen Personenverbänden sind mehr oder weniger alle direkt oder indirekt funktionsgebunden, indem der Idealverein für Idealzwecke, die AG, die GmbH, die Gen und der Wirtschaftsverein für wirtschaftliche Zwecke gedacht sind. Bei den nicht rechtsfähigen Verbänden sind nur die Handelsgesellschaften funktionsgebunden und für wirtschaftliche Betätigung gedacht, während die Gesellschaft bürgerlichen Rechts völlig funktionsneutral und sowohl für Ideal- als auch für Wirtschaftszwecke zugänglich ist. Die Mitgliedschaftsfunktion folgt der Funktion des Verbandes im ganzen und hat ebenfalls je nachdem Ideal- oder wirtschaftliche Zwecke.

2. Juristische und außerjuristische Typologie der Verbände.

Die Ideal- oder wirtschaftlichen Zwecke werden besonders in der außerjuristischen Literatur dahin betont, daß die sozialpsychologische Figur der Gesamtperson, wenn sie überhaupt angenommen wird, nur Idealverbänden[67] vorbehalten bleibt.

Diese außerjuristische Typologie der Verbände hat keinen streng juristischen Niederschlag in der rechtlichen Typologie der Verbände gefunden. Das Recht hat entweder auf die Regelung der sozialpsychologisch bzw. sozialphilosophisch angenommenen Verbände verzichtet oder auf ihre angebliche Besonderheit bei etwaiger Regelung keine Rücksicht genommen. Insbesondere die in der Sozialpsychologie und Sozialphilosophie vielfach vertretene Unterscheidung der Gemeinschaft und der Gesellschaft ist im Verbandsrecht unberücksichtigt geblieben[68]. Das Verbandsrecht hat seine typenmäßig differenzierte Verbandsregelung auf typisch juristische Wertungserwägungen abgestellt, nämlich auf teleologische Wertungserwägungen. Diese teleologischen

---

[67] Vgl. Anm. 75.

[68] Das Verbandsrecht hat die Entstehung der „Gemeinschaft" durch „gefühlte Zusammengehörigkeit" kaum berücksichtigt und für alle Verbände eine Vereinbarung als Gründungsvoraussetzung verlangt. In der Sozialpschologie, Sozialphilosophie und verstehenden Soziologie ist die Vereinbarung ausgerechnet die Entstehungsart der „Gesellschaft". Diese soll die wert- oder zweckrational motivierte Interessenverbindung sein. Somit behandelt das private Verbandsrecht die Verbände ausnahmslos als Gesellschaften in diesem Sinne. Die Problematik der Gemeinschaft und der Gesellschaft geht auf *F. Tönnies* zurück („Gemeinschaft und Gesellschaft") und ist von *M. Weber*, a.a.O. 21–23, 187–188 übernommen. Vgl. auch *M. Scheler* a.a.O. –

Wertungserwägungen bestehen hauptsächlich in der Anpassung überlieferter Rechtsformen an die Bedürfnisse und Vorstellungen der Gegenwart. Die Bedeutung der Rechtsgeschichte auf die Typenbildung im Verbandsrecht kann deshalb gar nicht genug betont werden. Die Personalgesellschaften und die Idealvereine haben somit einen römisch-rechtlichen Ursprung und die ihnen zugrundeliegenden Zweckvorstellungen und Lebensbedürfnisse können kaum als erheblich gewandelt angesehen werden. Die AG ist ein Produkt des kapitalintensiven Handels des Mittelalters und der industriellen Revolution des 19. Jahrhunderts, also mehr ein Produkt gewandelter Lebensbedürfnisse als neuer Zweckvorstellungen. Neuen Zweck- und Wertvorstellungen entspricht die GmbH, die der Vorstellung der Zweckmäßigkeit einer Haftungsbeschränkung auch für kleine und mittlere Handels- und Industrieunternehmen entspringt. Die Genossenschaft bildet privatrechtlich eine Sonderform des Vereins und die Stiftung ist ebenfalls ein geschichtliches Produkt der römisch- bzw. byzantinischrechtlichen piae causae. Bei der ganzen Entwicklung des Verbandsrechts und des Rechtes der jPen ist der Beobachter Zeuge einer langsamen wechselseitigen Zusammenwirkung von neuen Wertungen, von neuen rechtstechnischen Vorstellungen und von neuen Lebensbedürfnissen mit überlieferten Rechtsformen und überlieferten Wertungen. Deshalb ist auch das heutige Recht der jPen und der Verbände ganz verschieden in den Ländern, wo die Verbindung mit den kontinentalen Ideen und mit der kontinentalen Rechts- und Wirtschaftsentwicklung aufgehört hat. Der angelsächsische Rechtskreis hat sein ausgeprägtes, anstaltähnliches Korporationssystem ohne dogmatische Trennung der öffentlich- und privatrechtlichen Verbände und ohne Stiftungsrecht entwickelt[69], das französische Recht steht Idealvereinen und Stiftungen sehr mißtrauisch gegenüber[70], sozialistisch-marxistische Rechte kennen richtig weder private Wirtschaftsverbände noch Idealvereine[71]. Im Bereich des Verbands- und Gesellschaftsrechtes weist in dieser Beziehung Deutschland eine geschichtliche Doppelspurigkeit auf, indem es die romanistischen Rechtsinstituten mit germanischen solchen verbunden hat bzw. parallel laufen ließ[72].

In diesem System des heutigen Verbandsrechtes hat die Typologie der Zweckgemeinschaften einen relativen Wert. Die oft dispositive Regelung läßt Gestaltungsmöglichkeiten für jede Verbandsart zu, die die soziale bzw. wirtschaftliche Reinheit der juristischen Verbandstypen verschwinden läßt. Soweit die dispositive Regelung Abweichungen erlaubt, sind diese juristischen Verbandstypen auch nicht mehr „Idealtypen“ im Sinne der sog. verstehenden Soziologie[73]. Dem „wirtschaftenden Verband“, dem „Wirtschaftsverband

[69] Vgl. *Kunkel*, a.a.O.

[70] *Michoud*, a.a.O. I, 404 ff, *Saleilles*, La personnalité juridique, Paris 1922, 5–35.

[71] *Kleine*, Das Zivilrecht der DDR, Allg. Teil, Berlin 1958, 168 ff, *Genkin*, Sowj. Zivilrecht I, Berlin 1953, 171 ff.

[72] Gesamthand für die Handelsgesellschaften und im Zweifel auch für die Gesellschaft bürgerlichen Rechts, § 718 BGB.

[73] *M. Weber*, a.a.O. 9–10, *ders.*, Arch. f. SozWiss. 19, 43. Die Rechtssicherheit erfordert eine streng am positiven Recht angelehnte Begriffsbildung, die weder Durchschnitts- noch Idealtypen ohne weiteres annehmbar macht. Die Bildung von „Normaltypen“ im positiven Recht hat *C. Schmitt*, Über die drei Arten des rechtswissenschaftlichen Denkens 1934, 21–23 gefordert, der Abweichungen davon nach

i. e. S.", dem „wirtschaftsregulierenden Verband" und dem „Ordnungsverband"[74] entsprechen im Privatrecht keine reinen juristischen Verbandstypen. Man kann nur sagen, daß Idealverbände grundsätzlich *wert*rational, Wirtschaftsverbände grundsätzlich *zweck*rational abgestellt sind[75]. – Die Offenheit oder Geschlossenheit des Verbandes ist soziologisch gesehen sowohl bei zweck- als auch bei wertrationalen Verbänden möglich und hängt davon ab, ob der Verband monopolistischen oder propagierenden Charakter hat. Sollen Ideen (Idealverein) oder Wirtschaftsregulierungen (Kartell) verbreitet, propagiert werden, so ist der Verband offen. Werden im Idealverein persönliche Gefühle oder Glaubensbeziehungen gepflegt (z. B. religiöser Verein) oder hat ein Wirtschaftsverband i. w. S. des Wortes monopolistischen Charakter, so werden diese Verbände geschlossen sein. Dem offenen oder geschlossenen Verband[76] trägt die juristische Typologie der Verbände keine ausschließliche Rechnung. – Die Aufbringungsart der ökonomischen Güter und Leistungen für das Gesellschaftshandeln läßt die Verbände in Naturalleistungs- und Geldleistungsverbände einteilen. Bis auf die Kapitalgesellschaften und die Genossenschaft, die von den Naturalleistungen die Arbeitsleistung grundsätzlich ausschließen, ist diese Trennung[77] im positiven Verbandsrecht bei der Typenbildung nicht berücksichtigt. – Das positive Verbandsrecht hat z. B. erst neuerdings durch das KartellG, aber ohne Bildung einer neuen, juristisch selbständigen Verbandsform die wirtschaftsregulierenden Verbände berücksichtigt. Das Kündigungsrecht des § 13 KartellG durchbricht zwar den Grundsatz der festen Mitgliedschaftsverhältnisse bei AG und GmbH und die Unkündbarkeit der dortigen Mitgliedspflichten, ist aber nicht als strukturelle Änderung nur für bestimmte Verbände gedacht, sondern gilt für jede Art von erlaubten Kartellabreden. § 13 KartellG führt also eine Sonderstruktur für Kartellverbände ein, ohne ansonsten einen besonderen Verbandstyp für Kartellzwecke vorzusehen. Der § 13 KartellG gilt ja – trotz Überschneidung mit § 39, § 723 BGB, § 132 HGB – für alle Verbandsarten, gleich ob sie Personal- oder Kapitalgesellschaften, rechtsfähig oder nicht rechtsfähig sind.

Im Gegensatz also zu den Rechtsformen der Austauschwirtschaft – Kauf, Tausch, Miete usw. sind sowohl juristische als auch wirtschafts-soziologische Kategorien – stellen die Rechtsformen der Verbandsbildung *rein juristische Formen* dar, die einen anderen Sinn als die Rechtsformen der Austauschwirtschaft haben. Wegen des numerus clausus der Verbandsformen hat der sog. Typenzwang im Verbandsrecht den Sinn, daß den Parteien bestimmte juristische Verbandsformen zur Verfügung stehen, die sie frei wählen können. Haben sie diese oder jene Verbandsform gewählt, dann können sie sich inner-

---

der Natur der Sache beurteilt wissen will. Hiergegen und für eine klassifikatorische, also nicht idealisierende Begriffsbildung zutreffend *G. Radbruch,* Intern.Z. für die Theorie des Rechtes, 12, 46–54.

[74] Einteilung *M. Webers,* a.a.O., 37 f, 181 ff, 191 ff.

[75] Zum Unterschied des zweck- und wertrationalen sozialen Handels bei Verbänden – allerdings ohne Trennung der privatrechtlichen und öffentlichrechtlichen Verbände – *M. Weber,* a.a.O. 12. Auf S. 425 wird dort die AG ausdrücklich als Zweckverband bezeichnet.

[76] Zu diesem Aspekt der Verbandsbildung *M. Weber,* a.a.O. 23–25, 183–187.

[77] Dazu ebenfalls *M. Weber,* a.a.O. 189–190.

halb der juristischen Gestaltungsmöglichkeiten des gewählten Verbandstypus bewegen. Die Typenbildung im Verbandsrecht ist m. a. W. eine rein juristische, zweckgebundene, somit „künstliche“ und willkürliche Kategorienbildung für den Rechtsverkehr. Das gilt für das Recht sowohl der rechtsfähigen, als auch der nicht rechtsfähigen Verbände. Deshalb ist diese Verbandsbildung je nach Rechtsordnung verschieden trotz der internationalen Angleichung des Gesellschaftsrechtes, während ja das Recht der Austauschwirtschaft in seiner Kategorienbildung (nicht unbedingt auch in deren inhaltlichen Regelung) universell ist. Der Sinn dieser „künstlichen Kategorienbildung“ im privaten Verbandsrecht ist, daß den Parteien Typen zur Verfügung stehen und daß sie unter ihnen diejenigen wählen sollen, die ihren Interessen am besten dienen. Sie müssen nur bei jedem Verbandstyp die jeweilige zwingende Strukturregelung in Kauf nehmen. Deshalb ist letzten Endes die Kennzeichnung des Verbandes nicht von der wirtschaftlich-soziologischen Struktur, sondern von der juristischen Bezeichnung des Verbandes abhängig. Die AG, die GmbH, der Idealverein und die Gen sind von der Eintragung in das entsprechende Register abhängig und ähnlich verhält es sich auch bei der OHG und KG, die keine Grundhandelsgeschäfte betreiben, § 123 Abs. 2 HGB. Abgesehen also von der OHG im Fall der Grundhandelsgeschäfte sind die privatrechtlichen Verbandsformen eine zweckgebundene Rechtsschöpfung und die Unterordnung des konkreten Verbandes unter eine dieser Formen ist nicht vom wirtschaftlich-soziologischen Wesen des Verbandes, sondern vom Willen der Partner abhängig. Betreiben sie unter gemeinsamer Firma keine Grundhandelsgeschäfte, – dann wären sie eo ipso OHG –, so können sie die juristische Form des Verbandes frei wählen; wenn sie das nicht tun, dann bleiben sie Gesellschaft bürgerlichen Rechtes. Das ist die einzige positive Verbindung der rechtlichen und wirtschaftlich-soziologischen Aspekte der Verbandstypenbildung, während die Bindung des Idealvereins an eine nicht wirtschaftliche Zielsetzung negativ ist.

II. Rechtsfähigkeitsbedingte Unterschiede der Zweckgemeinschaften.

In der bisherigen Auseinandersetzung mit der Typenbildung im Verbandsrecht hat die Diskussion[78] die rechtsfähigkeitsbedingten Unterschiede der einzelnen Verbandsformen nicht gebührend beachtet. Diese Unterschiede sollen nun geklärt werden, bevor die Stellung der Kapitalgesellschaften im System der Verbandsformen präzisiert wird.

1. Die Organe.

a. Die jP braucht verantwortliche Organe, die die Geschäftsführung und die Vertretung übernehmen, weil die Rechtsfähigkeit der jP die Haftung der Mitglieder ausschließt und weil danach die Entscheidungszuständigkeit über

[78] Hauptsächlich in der Prüfung der Unterschiede zwischen Verein und Gesellschaft in Zusammenhang mit dem Begriff des nicht rechtsfähigen Vereins, insb. OLG Oldenburg, 3.6.55 (BB 55, 713), RG 26.5.06 (JW 06, 452), vgl. unten Anm. 222.

Fragen der Geschäftsführung und Vertretung den nichthaftenden Mitgliedern nicht anvertraut werden kann. Für Verschulden bei ihrer Tätigkeit haften diese Organe intern der jP gegenüber, diese Haftung können aber auch die Gläubiger u. U. geltendmachen. Insofern ersetzt die unbeschränkte Organehaftung bei der jP die unbeschränkte Mitgliederhaftung bei nichtrechtsfähigen Verbänden. Mitglieder, die Organstellungen einnehmen, haften aus ihrer Organtätigkeit unbeschränkt.

Die Drittorganschaft bei den juristischen Personen ist eine Folge der Rechtsfähigkeit und der beschränkten Mitgliederhaftung. Sie ist zugleich Folge der Beschränkung der Mitgliederpflichten. Wenn die Aktionäre zur Verwaltung der AG nicht verpflichtet werden können (§ 50 Abs. 1 AktG), so ist doch offensichtlich die Drittorganschaft die einzige mögliche Verwaltung der AG.

Haften die Gesellschafter einer Personalgesellschaft unbeschränkt (OHG), so ist es unvermeidlich, daß sie zwecks Wahrnehmung ihrer Haftungsinteressen die Verwaltung der OHG haben müssen. Ist die Beschränkung der Haftung möglich – z. B. bei der Gesellschaft bürgerlichen Rechtes und der KG – so muß die Drittorganschaft zulässig sein. Bei der KG ist dies der Fall, indem von der Geschäftsführung die beschränkt haftenden Kommanditisten ausgeschlossen sind, § 164 HGB. Den Kommanditisten gegenüber kommt ja die Geschäftsführungsbefugnis der Komplementäre einer Drittorganschaft gleich. Haften bei der Gesellschaft bürgerlichen Rechtes alle Gesellschafter beschränkt, so muß die Drittorganschaft hier auch zulässig sein[79].

b. Die Haftung des Verbandes für die Organe bzw. die Mitgliedsvertreter ist eine Frage der Solidarität des Verbandes bzw. der Mitglieder mit den Organen bzw. den Vertretern[80]. Deshalb kann eine weitgehende Solidarität auch bei der OHG angenommen werden und es ist nicht ersichtlich, warum dieser Solidaritätsgrad bei der Gesellschaft bürgerlichen Rechts unannehmbar sein sollte. Der Unterschied, der hierbei zu machen ist, liegt nur darin, daß die Vertretungsverhältnisse bei der Gesellschaft bürgerlichen Rechtes nicht zwingend geregelt, sondern der individuellen Vertragsgestaltung überlassen sind. Aus diesem Grund ist die Haftung der Gesellschaft bürgerlichen Rechts für die „Organe" nicht allgemein abzulehnen oder zu bejahen, es muß vielmehr nach den Umständen des einzelnen Falles beurteilt werden, wie weit die Solidarität der Gesellschaft mit ihren Vertretern und Geschäftsführern geht bzw. nach allgemeinen Grundsätzen zwecks Schutzes der Öffentlichkeit gehen muß[81].

---

[79] So ist m.E. der Streit der Zulässigkeit der Drittorganschaft bei Personalgesellschaften zu lösen. Die Drittorganschaft wird beim nrfV trotz der Verweisung des § 54 S. 1 BGB zugelassen, RG 23.1.12 (R 12 Nr. 967).

[80] Vgl. Anm. 12.

[81] Die Anwendung des § 31 BGB auf die Gesellschaft bürgerlichen Rechts ist also auf die Umstände der einzelnen Gesellschaft abzustellen. Gegen die Anwendung des § 31 BGB auf die Gesellschaft bürgerlichen Rechtes und auf den nicht rechtsfähigen Verein: OLG Schleswig 19.6.53 (SchlHA 53, 200), LAG Frankfurt 20.2.53 (RdA 53, 195 ff), RG 18.1.32 (RGZ 135, 242 ff), 18.10.17 (RGZ 91, 72 ff), RG 24.9.32 (JW 33, 423), 5.5.30 (JW 30, 3473), OLG Hamburg 29.6.27 (JW 27, 2817, Anm. Stoll, 28, 1069, Anm. Stoll, 242, Anm. Weigert), RG 12.4.13 (JW 13, 737), LG Köln RheinARV 1913, 80*, RG 22.11.15 (LZ 16, 303), OLG Hamburg 4.12.09

2. Das Verhältnis der Mitglieder zueinander.

Die Rechtfähigkeit des Verbandes schließt direkte Beziehungen der Mitglieder untereinander aus, diese stehen vielmehr allein mit dem Verband, mit der jP in Rechtsverhältnissen. Diese Ausschließung der direkten Beziehungen der Mitglieder untereinander hat darin ihren Grund, daß nach Entstehung der jP die Satzung der jP zugerechnet wird und daß die Mitgliederverhältnisse eben in der Satzung geregelt sind. Ist die jP nicht da, so stehen die Verbandsmitglieder, wenn überhaupt, dann zwangsläufig in direkten Rechtsbeziehungen, gleichgültig ob der Mehrheitsgrundsatz gilt oder nicht. Die formelle Ausschließung der direkten Mitgliederbeziehungen hat keinen Einfluß auf den Zweckgemeinschaftscharakter des Verbandes. Die Rechtsfähigkeit des Verbandes ist ja nichts anderes als ein rechtstechnisches Mittel zur Erreichung des gemeinsamen Zweckes der Mitglieder, wie dies an der Gleichstellung und in der Gleichbehandlung der Mitglieder zu sehen ist. Der Mehrheitsgrundsatz ändert daran nichts, weil er sowohl bei rechtsfähigen als auch bei nicht rechtsfähigen Verbänden gelten kann.

Das Fehlen oder das Bestehen persönlicher Beziehungen der Mitglieder hat mit der Intensität der Mitgliederbindung am Verband nichts zu tun. Kapitalistische Personalgesellschaften und personalistische Kapitalgesellschaften beweisen, daß die Bindungsintensität eine Frage der satzungs- oder vertragsmäßigen Verbandsorganisation ist. Es geht also bei dieser Gestaltung der Mitgliederbindung nur darum, ob eine personalistische oder eine kapitalistische Verbandsgestaltung rechtlich zugelassen ist.

Die Bindungsintensität der Mitglieder – bei rechtsfähigen Verbänden dem Verband gegenüber, bei nicht rechtsfähigen Verbänden den übrigen Mitgliedern gegenüber – ist an zwei Punkten zu untersuchen: Einerseits bei der inhaltlichen Pflichtenintensität der einzelnen Mitgliedschaft und sodann bei den Befreiungsmöglichkeiten von der Bindung an dem Verband.

Die inhaltliche Pflichtenintensität ist ihrer Höchstgrenze nach nur bei der AG gesetzlich beschränkt, indem Nebenpflichten nicht unbeschränkt zulässig sind. Ihrer Mindestgrenze nach ist sie gesetzlich festgelegt sowohl bei der AG und GmbH (Mindestnennwert der Beteiligung, d. h. Mindesteinlage) als auch bei der OHG (unbeschränkte Haftung). Bei dem Verein, der Gen, der Gesellschaft bürgerlichen Rechts und der KG ist wohl eine Einlage erforderlich – sonst wird die Zweckverfolgung nicht mit gemeinsamen Leistungen angestrebt –, diese Einlagepflicht ist aber gesetzlich nicht festgelegt.

Die Möglichkeiten der Befreiung der Mitglieder von ihren Pflichten sind

---

(OLGR 20, 295), OLG Stettin 17.12.01 (OLGR 4, 201), RG 25.9.13 (R 13 Nr. 2961), OLG Köln 15.2.11 (R 11 Nr. 963), OLG Karlsruhe 4.1.06 (Bad. Rpr. 06, 121). § 31 BGB auf nrfV bejaht: LAG Frankfurt 29.4.53 (RdA 53, 354 ff, 357), 18.9.50 (RdA 50, 427 ff), OLG Hamburg 8.4.24 (JW 24, 1882), OLG Düsseldorf 8.3.10 (OLGR 22, 115), OLG Hamburg 3.2.28 (HansRGZ 28 B 604), 4.12.09 (HansGZ 10 B 17). Wenn aber schon § 31 BGB analog auf die OHG anwendbar ist, scheint inkonsequent eine weitere analoge Anwendung – etwa auf Gesellschaft bürgerlichen Rechtes und nicht rechtsfähige Vereine – grundsätzlich auszuschließen. Das Solidaritätsmaß, das die Anwendung von § 31 BGB rechtfertigt, wird an der Vertretungsbefugnis der Organe zu messen sein. Zur Anwendung des § 31 BGB auf die OHG und KG vgl. OLG Kiel 7.5.57 (BB 58, 787), OLG Hamburg 6.3.52 (DB 52, 368), BGH 8.2.52 (L–M 1 zu § 126 HGB), RG 28.10.24 (RGZ 109, 272 ff).

ebenfalls unterschiedlich. Rückwirkende Befreiungsmöglichkeit besteht bei den rechtsfähigen Verbänden gesetzlich nicht, es sei denn, daß das Austrittsrecht, das grundsätzlich für die Zukunft (ex nunc) wirkt, mit einem Abfindungsanspruch – wie dies gesetzlich u. U. bei der Gen vorgesehen ist, während dies beim Verein der Satzung überlassen ist – verbunden ist, der zur Rückgewährung der Einlage und Rückerstattung sonstiger Leistungen führt. Rückwirkende Befreiung ist auch bei den Personalgesellschaften nicht gegeben, da das Kündigungsrecht – auch bei sog. faktischen Gesellschaften – ebenfalls ex nunc wirkt. Die Befreiung für die Zukunft ist bei der Gen und dem Verein in Form eines zwingenden Austrittsrechts gegeben, während bei den Personalgesellschaften dies an die Kündigungsvoraussetzungen gebunden ist. Gesetzlich unvermeidlich ist also da nur die Kündigung aus wichtigem Grunde, vertraglich möglich auch die beliebige Kündigung. Bei den Kapitalgesellschaften ist weder Kündigung noch Austritt gesetzlich oder satzungsmäßig möglich und stattdessen besteht eine – satzungsmäßig abdingbare – Übertragungsmöglichkeit, die von den Pflichten nur bei privativer Schuldübernahme befreit, soweit diese Schuldübernahme keine Schmälerung der Vermögensbasis der Gesellschaft und keine unentgeltliche Befreiung der Mitglieder von den Einlagepflichten bewirkt. Der Aktionär und der GmbH-Gesellschafter haben insbesondere während des Bestehens der AG keinen Abfindungsanspruch, es sei denn, daß die AG eine Kapitalherabsetzung vornimmt.

Im Ergebnis ist also festzustellen, daß die Bindungsintensität nicht vom Körperschafts- oder Gesellschaftscharakter dieses oder jenes Verbandes abhängig, sondern für jeden Verband selbständig geregelt ist. Die Befreiungsmöglichkeiten haben auf die inhaltliche Bindungsintensität einen Einfluß dahin, daß bei gesetzlich unabdingbaren Befreiungsmöglichkeiten die Pflichtenintensität illusorisch wird (z. B. beim Verein, bei der Gen, wegen wichtigen Grundes auch bei der BGBG). Unbeschränkte Pflichtenbelastungsmöglichkeit ist also am gefährlichsten dort, wo die Befreiungsmöglichkeit ausgeschlossen ist – also bei der GmbH. *Sie kann den höchsten Intensitätsgrad bei der Bindung der Mitglieder erreichen.* Die Vinkulierung einer mit umfangreichen Nebenpflichten belasteten GmbH-Beteiligung bewirkt die im Gesellschaftsrecht größtmögliche Bindung an einen Verband. Die analoge Anwendung der Vorschriften über die Kündigung einer Gesellschaft bürgerlichen Rechts aus wichtigem Grund ist daher hinsichtlich der Nebenpflichten nur notwendig.

3. Der Inhalt der Satzung.

Die Rechtsfähigkeit eines Verbandes bedingt weiter den Inhalt der Satzung. Weil der Verband rechtsfähig ist, muß er einen Namen, einen Sitz und Organe haben. Die nicht rechtsfähige Gesellschaft hat keinen Namen, keinen Sitz und keine Drittorganschaft, weil Subjekt des Gesellschaftsvermögens die Mitglieder selbst sind, sie können klagen und verklagt werden, verteten werden oder persönlich handeln usw. Der rechtsfähige Verband braucht m. a. W. eine Individualisierung im Rechtsverkehr, da er ein neues, mit den Mitgliedern nicht identisches Rechtssubjekt ist.

4. Verbandsidentität beim Wechsel der Mitglieder.

a. Die sog. Identität des Verbandes trotz Mitgliedswechsels ist ebenfalls eine Folge der Rechtsfähigkeit und nicht etwa der körperschaftlichen Organisation. Die Identität bedeutet nämlich nur, daß die Rechtsverhältnisse der jP – Rechte und Pflichten – ihr zugeordnet bleiben, obwohl die Mitglieder oder die Organe wechseln. Der Wechsel der Mitglieder und der Organe ändert an dieser Zuordnung deshalb nichts, weil die Rechte und Pflichten der jP dieser und weder den Mitgliedern noch den Organen zustehen. Identität bedeutet in diesem Sinne nur *Zuordnungskontinuität* und ist eine andere Formulierung für die schon dargestellte zeitliche Sichselbstgleichheit der jP.

Sind die Rechte und Pflichten den Mitgliedern zugeordnet, weil der Verband nicht rechtsfähig ist, so ist es unvermeidlich, daß jeder Aus- oder Eintritt von Mitgliedern und jede Mitgliedschaftsübertragung eine Änderung der Zuordnungsverhältnisse für das Verbandsvermögen herbeiführen. Deshalb müssen §§ 130, 173 HGB für die OHG ausdrücklich bestimmen, daß eintretende Gesellschafter auch für alte Schulden haften, was ohne diese Bestimmung nur im Wege der Schuldübernahme möglich wäre. Austretende Mitglieder haften für die alten Schulden auch nach dem Ausscheiden, § 128 HGB. Bei Personalgesellschaften bedeutet deshalb jeder Ein- und Austritt von Mitgliedern eine entsprechende Änderung der Zuordnungsverhältnisse, weil Träger des Gesellschaftsvermögens die Gesellschafter selbst sind. Die OHG und die KG können unter ihrer Firma Rechte erwerben und Verbindlichkeiten eingehen, § 124, § 161 Abs. 2 HGB, wie jedoch § 128 und § 130 HGB zeigen, ändern die §§ 124 und 161 Abs. 2 HGB an der gesamthänderischen Zuordnung des Gesellschaftsvermögens nichts. Nur das Prinzip der Anwachsung bei der Gesamthand hindert daher daran, daß austretende Gesellschafter einen dinglichen Anteil am Gesellschaftsvermögen geltend machen. Sie haben stattdessen nur Abfindungsansprüche. Der Austritt des Gesellschafters, sofern er zulässig ist, führt deshalb bei Personalgesellschaften zwangsläufig zur Auflösung der Gesellschaft und diese Auflösung wird nur dann vermieden, wenn sich der Austretende kraft Gesetzes, §§ 138–141 HGB, oder kraft Vereinbarung mit dem Abfindungsanspruch ohne Liquidation zu begnügen hat. Seine Haftung für alte Schulden wird dadurch nicht betroffen.

Die Zuordnungsidentität ist also eine Denkkategorie im positiven Recht, die eine bestimmte Ordnungsaufgabe hat. Sie bedeutet Zuordnungskontinuität für bestimmte Rechtsverhältnisse und wird automatisch dort ausgeschlossen, wo keine Zuordnungskontinuität, sondern eine Gesamt- oder Einzelrechtsnachfolge gesetzlich vorgesehen ist. Wenn das positive Recht eine Gesamtrechtsnachfolge anordnet, dann bedeutet diese Rechtsnachfolge, daß in diesem konkreten Fall eben keine Identität vorliegt. Das ist der Fall bei der Erbnachfolge im Recht der natürlichen Personen und der Gesamtrechtsnachfolge wegen Verschmelzung, Umwandlung oder Vermögensübernahme seitens des Staates bei jPen. Hier hat man einen Subjektswechsel, der eine Gesamrechtsnachfolge hinsichtlich der Rechtsverhältnisse der untergehenden jP oder des Erblassers erforderlich macht. Bei jPen ist dies an zwei Hauptargumenten klar, einerseits daran, daß die Gesamtrechtsnachfolge liquidationslose Beendigung, also Auflösung der alten jP bedeutet, und andererseits daran, daß eine „Wesensidentität“ der aufgelösten jP mit derjenigen jP, die ohne Liquidation das Vermögen der ersteren übernimmt, dann unannehmbar ist, wenn die übernehmende jP keine ad hoc neu gegründete jP bei einer sog. Neugründungsumwandlung, sondern eine schon bestehende jP bei Übernahmeverschmelzung bzw. Übernahmeumwandlung ist oder die neugegründete jP aus der Verschmelzung mehrerer EinzeljPen entstanden ist. In den Fällen der Übernahmeverschmelzung bzw. Übernahmeumwandlung ist es logisch unmöglich, die Identität zu bejahen, weil ja die übernehmende jP bis zur Umwandlung bzw. Verschmelzung schon besteht. Sie muß also nach der Verschmelzung oder Umwandlung entweder mit sich selbst identisch sein oder mit der übernommenen jP – mit beiden identisch kann sie aber nicht sein. Bei Verschmelzung durch Neugründung kann die neugegründete jP ebenfalls nicht mit allen verschmolzenen jPen identisch sein.

Andererseits ist die Identität eine Denkkategorie des positiven Rechts, die nicht in allen Zweigen dessen dasselbe bedeutet. Die zivilrechtlich angenommene Identität einer jP trotz Mitglieds-, Gegenstands- und Firmawechsels ist demnach steuerrechtlich etwa bei Mantelverwertung hinsichtlich dieser oder jener steuerrechtlichen Bestimmung abgelehnt worden[82]. Im Steuerrecht ist andererseits die Unternehmensidentität eine Denkkategorie, die auch bei Personalgesellschaften Anwendung findet. Sie wird im Einkommensteuerrecht (nicht aber auch im Gewerbesteuerrecht) nur bei „tiefgreifendem Gesellschafterwechsel" abgelehnt[83].

b. Wird die „Identität" eines Verbandes beim Mitgliederwechsel als *Kontinuität der dem Verband zugrundeliegenden Vereinbarung* (Satzung oder Vertrag) aufgefaßt, so hängt es vom Inhalt der ursprünglichen Vereinbarung ab, ob der Ein- und Austritt der Mitglieder eine Inhaltsänderung dieser Vereinbarung bedeutet. Diese Kontinuität hat mit der Identität des Rechtsträgers nichts zu tun. Sie betrifft nur den Inhalt dieser Vereinbarung und – bis auf das zwingend vorgesehene Austrittsrecht von Vereins- und Genossenschaftsmitgliedern und auf das ebenfalls zwingend vorgesehene Kündigungsrecht von Personalgesellschaftern – ist es eine Frage der Bestimmungen des ursprünglichen Satzungs- bzw. Gesellschaftsvertragstextes, ob der Eintritt neuer Mitglieder im Wege der originären oder derivativen Mitgliedschaftsübernahme erlaubt ist oder nicht. Ist der Eintritt in diesem oder jenem Sinne erlaubt, so hat die Identitätsfrage nur dahin einen Sinn, ob die neuen Mitglieder am bisherigen Satzungs- oder Gesellschaftsvertragsinhalt gebunden sind. In dieser Beziehung ist die Lage bei rechtsfähigen und nicht rechtsfähigen Verbänden dieselbe. Die eintretenden Mitglieder werden dem Gesellschaftsvertrag bzw. der Satzung so unterworfen, wie diese im Zeitpunkt des Eintritts gestaltet sind. Bei Mitgliedschaftsübertragung gilt ebenfalls das gleiche für beide Verbandsgruppen. Die Mitgliedschaft wird so übertragen, wie sie beim früheren Mitglied war. Man muß weiter berücksichtigen, daß der Eintritt neuer Mitglieder sowohl beim Verein als auch bei den Personalgesell-

---

[82] FG Karlsruhe 18.6.58 (BB 58, 762), BFH 8.1.58 (NJW 58, 967), KG 18.12.24 (JW 25, 635–639), einschränkend OLG Dresden 6.1.31 (JFG 8, 157).

[83] BFH 14.1.58 (BB 58, 182 f), 23.7.58 (DB 58, 1117 f), 19.12.57 (DB 58. 473), 10.9.57 (BStBl 57 III 396), 24.8.54, I 37/54 (BStBl 54 III 323), 24.8.54, I 27/54 (BStBl 54 III 323), 26.8.52 (Slg. 56, 681 ff), u. ö. – Das RG 20.6.03 (RGZ 55, 126 ff) hat die „Identität der Gesellschaft" bei Umwandlung einer OHG in KG für steuerrechtliche Fragen bejaht.

schaften in der Satzung bzw. im Gesellschaftsvertrag geregelt sein muß, so daß der originäre bzw. derivative Eintritt neuer Mitglieder nur so möglich ist, wie er in der Satzung oder im Gesellschaftsvertrag vorgesehen ist[84]. Darin besteht also zwischen jPen und Personalgesellschaften kein Unterschied.

c. Mit der Identität im ersteren oder letzteren Sinne hat die *Dauerhaftigkeit* des Verbandes nichts zu tun. Es ist zwar positivrechtlich und rechtspolitisch richtig, daß die jP für eine längere Existenz gedacht ist, während die Gesellschaft bürgerlichen Rechtes auch als Gelegenheitsgesellschaft auftritt. Die Dauerhaftigkeit ist jedoch kein Begriffsmerkmal dieses oder jenes Verbandes. Die Praxis kennt sowohl dauerhafte Personalgesellschaften als auch kurzlebige jPen. Der faktische, strukturelle Unterschied des Dauerverbandes vom Gelegenheitsverband ist allerdings von einem anderen Gesichtspunkt her wichtig. Die heutige Dogmatik des Gesellschaftsrechtes bezeichnet nämlich sowohl die Satzung der jPen als auch den Gesellschaftsvertrag bei Personalgesellschaften mehr oder weniger einheitlich als sozialrechtlichen oder – zutreffender – Organisationsvertrag. Das Merkmal des Organisationsvertrages setzt nun eine Dauerhaftigkeit des Verbandes voraus, indem es schwierig ist, sich eine momentane Organisation vorzustellen. Der Vertrag einer Gelegenheitsgesellschaft ist deshalb in diesem Sinne kein echter Organisationsvertrag. Das hindert aber nicht daran, auch die Satzung einer jP dann als keinen typischen Organisationsvertrag zu bezeichnen, wenn es sich um eine mehr oder weniger momentane, vorübergehende, kurzlebige jP handelt. Tatsache bleibt allerdings, daß der Mußinhalt der Satzung von einer längeren Organisationsdauer ausgeht.

5. Austritt von Mitgliedern und Liquidation.

Rechtsfähigkeitsbedingt ist auch die Tatsache, daß der Austritt aus einer Personalgesellschaft die Auflösung und Liquidation der Gesellschaft zur Folge hat. Da jedes Mitglied am Gesellschaftsvermögen dinglich beteiligt ist, ist es selbstverständlich, daß es, soweit nicht mehr an der Zusammenarbeit mit den anderen Mitgliedern des Verbandes wegen zulässiger Kündigung verpflichtet ist, seinen dinglichen Anteil von der gesellschaftlichen Bindung befreien können muß.

Bei rechtsfähigen Verbänden entspricht der Mitgliedschaft keine dingliche Beteiligung am Verbandsvermögen. Diese Beteiligung hat hier eine quasischuldrechtliche Natur[85], sie ist kein dinglicher Anteil, sondern ein Wertanteil in Form eines eventuellen – wenn vorgesehenen – Anspruches auf den Liquidationserlös in Form einer sog. Anfallberechtigung. Tritt nun ein Mitglied aus dem rechtsfähigen Verband aus, so hat es höchstens einen Abfin-

[84] § 58 Ziff. 1 BGB. Bei Personalgesellschaften ist der Eintritt neuer Mitglieder an die Zustimmung der bisherigen Gesellschafter gebunden, der Gesellschaftsvertrag kann aber auch andere Eintrittsmöglichkeiten vorsehen.

[85] Die Beteiligungsverhältnisse haben zwar eine Sonderstellung sowohl dinglichen als auch obligatorischen Rechten gegenüber, lassen sich aber trotzdem in zwei Hauptgruppen einteilen. Die eine Gruppe umfaßt die dinglich gestaltete Beteiligung bei Bruchteils- und Gesamthandsverbänden. Die andere Gruppe umfaßt die obligatorisch gestaltete Beteiligung bei juristischen Personen und stillen bzw. Innengesellschaften. Weiter kann hier die allgemeine Problematik der Beteiligung nicht verfolgt werden.

dungsanspruch – so beschränkt bei der Genossenschaft, während beim Verein dieser Anspruch der Satzungsregelung überlassen ist –, ohne daß sein Austritt die dingliche Verteilung des Verbandsvermögens zur Folge zu haben braucht. Deshalb hat der Austritt des Vereins- oder Genossenschaftsmitgliedes die Auflösung weder des Vereins noch der Genossenschaft zur Folge und aus diesem Grunde ist auch der Austritt bei rechtsfähigen Verbänden ohne Folgen für den Vermögensbestand des Verbandes. Es ist vielmehr eine Frage der Verfassung des Verbandes, ob dem austretenden Mitglied ein Abfindungsanspruch zusteht.

III. Körperschaft (Verein) und Gesellschaft.

1. Funktions- und Strukturvergleich.

Wird nun von diesen rechtsfähigkeitsbedingten Unterschieden der rechtsfähigen Personenverbände abgesehen, so fragt es sich, ob und in welchem Sinne die herkömmliche Gegenüberstellung von Gesellschaft und Verein sich aufrechterhalten läßt.

Während nun der Verein eine strenge Funktionsgebundenheit aufweist, indem er nur Idealzwecke verfolgen kann, ist die Gesellschaft bürgerlichen Rechtes völlig funktionsneutral. Ob sie Idealzwecke, wirtschaftliche Erwerbszwecke oder sonstige Zwecke verfolgt, ist dem Gesetz völlig gleichgültig. Insofern hat die Gesellschaft eine größere Gestaltungsbreite als der Verein.

Eine Strukturgebundenheit ist beim Verein bis auf das Austrittsrecht unbekannt, während die Gesellschaft bürgerlichen Rechtes eine zweifache Strukturgebundenheit aufweist. Erstens ist das Austrittsrecht bei ihr nur als Kündigung gesetzlich vorgesehen, der Gesellschaftsvertrag kann aber die Kündigung zu einem Austrittsrecht mit Abfindungsanspruch gestalten und sie von einem wichtigen Grund unabhängig machen. Insofern besteht die Strukturgebundenheit der Gesellschaft bürgerlichen Rechtes darin, daß mindestens die Kündigung aus wichtigem Grunde möglich sein muß. Zweitens besteht die Strukturgebundenheit darin, daß die sog. Sozialansprüche der Gesellschafter zu höchstpersönlichen Ansprüchen erklärt werden, § 717 BGB, wodurch nicht nur die Mitgliedschaftsübertragung im ganzen, sondern auch die Abtretung einzelner Sozialansprüche ausgeschlossen wird. Diese Bestimmung ist für die einzelnen Verwaltungsrechte des Gesellschafters unabdingbar. § 717 BGB gilt daher als Ausdruck des Vertrauenscharakters des Gesellschaftsverhältnisses.

Der Unterschied zu den rechtsfähigen Personenverbänden ist trotzdem nicht so groß, wie es prima facie erscheinen könnte. – Das Stimmrecht verträgt zwar bei AG und bei GmbH nach § 114 Abs. 3 AktG, § 47 Abs. 3 GmbHG die Vertretung, die sonstigen abtretbaren Ansprüche der Aktionäre und der GmbH-Gesellschafter sind jedoch solcher Art, daß ihre Korrelate im Recht der Personalgesellschaften nach § 717 Satz 2 BGB ebenfalls abtretbar sind (Gewinnansprüche, Liquidationserlösansprüche). – Das Auskunftsrecht und die Minderheitsrechte sind auch im Recht der Kapitalgesellschaften unabtretbar, während im Vereinsrecht auch das Stimmrecht unabtretbar ist.

Der Unterschied beschränkt sich also auf das Stimmrecht bei Kapitalgesellschaften – sonst ist das Recht der Personal- und Kapitalgesellschaften in diesem Punkt nicht unterschiedlich. Die Ähnlichkeit ist umso größer, als man bedenken muß, daß den Sozialansprüchen gegen Gesellschafter bei Personalgesellschaften die Ansprüche der jP gegen die Mitglieder aus der Mitgliedschaft bei den rechtsfähigen Personenverbänden entsprechen – und diese sind gerade bei der AG und GmbH u. U. auch unabtretbar.

Die Gesellschaft bürgerlichen Rechtes kann demgemäß in ihrer Funktion und in ihrer Struktur dem Verein völlig angeglichen werden. Die Mitgliedschaft kann in beiden Gebilden übertragbar sein oder nicht, die Mitgliederzahl kann geschlossen oder offen sein, die Mitgliedschaft kann eine volle, eine geminderte oder gar keine Nutzungsberechtigung enthalten, sie kann an Beitragsleistungen vermögensmäßiger Art oder an Dienstleistungen der Mitglieder angeknüpft sein, sie ermöglicht im Wege der Beschränkung der Vertretungsmacht der vertretungsberechtigten Gesellschafter die Beschränkung der Mitgliederhaftung, kurz die Gesellschaft bürgerlichen Rechtes hat Funktions- und Strukturgestaltungsmöglichkeiten, die sie zu einem weiteren Begriff als den Verein machen. Bis auf das Austrittsrecht der Vereinsmitglieder erweist sich somit der Verein nicht als Gegensatz, sondern als Unterart der Gesellschaft bürgerlichen Rechtes. Dieser Schluß bekräftigt sich noch dadurch, daß die sonstigen angeblichen Unterschiede der beiden Gebilde Begriffsmerkmale weder für den Verein noch für die Gesellschaft sind (z. B. Dauerzweck des Vereins). Eine Gesellschaft bürgerlichen Rechtes ist danach durchaus als Verband mit Idealzwecken konstruierbar und solchenfalls kann sie auch ein freies Austrittsrecht der Gesellschafter vorsehen und auch den Abfindungsanspruch der austretenden Gesellschafter in diesem oder jenem Sinne regeln. Man kann zwar eine solche Gestaltung der Gesellschaft bürgerlichen Rechtes als körperschaftlich bezeichnen, dies ändert aber an unserem obigen Schluß doch nichts, da ja dies eben das Ziel der vorstehenden Darlegung war – die Körperschaft *positivrechtlich* gerade als Unterart der Gesellschaft bürgerlichen Rechtes darzustellen. Die dispositive Regelung des Vereins und der Gesellschaft bürgerlichen Rechts weisen zwar Unterschiede auf, die die beiden Verbandsarten zu Gegensätzen erscheinen lassen. Entscheidend sind jedoch nicht die (dispositiven) Gesetzesbestimmungen, sondern die tatsächlichen Gestaltungsmöglichkeiten.

2. Der nicht rechtsfähige Verein.

Im Lichte dieser Ausführungen bekommt der Streit um die Rechtsnatur eines nicht rechtsfähigen Verbandes als Gesellschaft bürgerlichen Rechtes oder als „nicht rechtsfähigen Vereins“ einen neuen Sinn. Er kann nur ein Streit darum sein, ob auf einen solchen nicht rechtsfähigen Verband erstens die zwingenden Vorschriften des Vereinsrechtes und zweitens ob die dispositiven Vorschriften des Vereinsrechtes oder des Rechtes der bürgerlichrechtlichen Gesellschaft Anwendung finden. Daß die rechtsfähigkeitsbedingten Bestimmungen des Vereinsrechts keine Anwendung finden können, ergibt sich schon aus dem Fehlen der Rechtsfähigkeit. Die Nichtanwendung dieser Bestimmungen ist heute in der Rechtsprechung über die sog. Vorgesellschaft weitgehend anerkannt[86]. Da nun die Anwendung der zwingenden Vereinsrechtsvorschriften ebenfalls einen eingetragenen Verein voraussetzt, scheiden die Bestimmungen über das Austrittsrecht der Vereinsmitglieder ebenfalls aus. Es bleibt also das Problem, welche dispositiven Bestimmungen auf den nicht rechtsfähigen Verband Anwendung finden – diejenigen des Vereins oder der Gesellschaft bürgerlichen Rechtes.

Die Anwendung dispositiver Rechtsvorschriften auf ein Rechtsverhältnis setzt eine Lücke im Willen der Parteien voraus. Die Parteien können also in die Verbandsverfassung nach Belieben diejenigen vereins- oder gesellschaftsrechtlichen Bestimmungen aufnehmen, die sie angewandt wissen wollen. § 54 BGB hat in dieser Beziehung einen doppelten Sinn: Erstens werden solche Bestimmungen ausgeschlossen, die zwingenden gesellschaftsrechtlichen Bestimmungen widersprechen, also dem § 717 BGB zuwiderlaufende Bestimmungen. Zweitens werden im Zweifel die Bestimmungen der bürgerlichrechtlichen Gesellschaft angewandt, wenn kein anderer Wille der Parteien ersichtlich ist. Dieser Wille braucht nicht ausdrücklich festgelegt zu sein. Es ist daher durchaus möglich, daß aus dem Gesamtbild des Gesellschaftsvertrages ein Wille der Parteien dahin ersichtlich ist, daß die etwaigen Lücken nach Vereinsrecht auszufüllen sind[87]. Es handelt sich allerdings in solchen Fällen stets und immer um diejenigen Vereinsvorschriften, die nicht rechtsfähigkeitsbedingt sind. In solchen Zweifelsfällen den Vorrang der gesellschaftsrechtlichen Bestimmungen anzuordnen, kann eine plausible, rechtspolitisch völlig annehmbare Erwägung des Gesetzgebers sein. Es ist zwar in überzeugender Weise der Beweis erbracht worden, daß § 54 BGB als eine polemische Maßnahme des Gesetzgebers gegen die nicht eingetragenen Vereine gedacht war[88]. Diese Absicht kann jedoch die allgemeine dogmatische und rechtspolitische Begründung, geschweige den tatsächlichen Sinn von § 54 BGB nicht aufheben. Der Grund der Verweisung auf das Gesellschaftsrecht ist eben der, daß die Gesellschaft bürgerlichen Rechtes der Oberbegriff für alle nicht rechtsfähigen Zweckgemeinschaften ist. So ist eine dem § 54 BGB entsprechende Bestimmung nicht nur im „vereinsfeindlichen" BGB, sondern auch im liberalen Art. 62 schweiz. ZGB und Art. 107 griech. ZGB zu finden. § 54 BGB hindert den nicht rechtsfähigen Verband nicht daran, zwingende oder dispositive Vereinsrechtliche Bestimmungen in die Verbandsverfassung aufzunehmen und dadurch die dispositiven Vorschriften des Gesellschaftsrechtes auszuschließen. Die Schranken, die wegen § 54 BGB der Verbandsverfassung durch die zwingenden gesellschaftsrechtlichen Vorschriften gezogen werden, sind somit nicht bedeutend.

Das, was die Verfassung des nicht rechtsfähigen Verbandes nicht erreichen kann, ist eine Anerkennung der Rechtsfähigkeit des Verbandes ohne Einhaltung der Gründungsvorschriften für einen der gesetzlich zugelassenen Typen der Rechtsfähigkeit. Wegen der numerus clausus der juristischen Personen werden die Rechte und Pflichten des Verbandes nicht einer den Mitgliedern gegenüber selbständigen jP zugerechnet, sondern den Ver-

---

[86] BGH 23.4.56 (BGHZ 20, 281 ff), OLG Königsberg 19.11.12 (PosMschr 1913, 12), RG 5.1.04 (JW 04, 123). Entsprechend hat das RG 8.11.22 (RGZ 105, 305 ff) die Anwendung des Stiftungsrechtes auf unselbständige Stiftungen abgelehnt.

[87] Das Problem hinsichtlich der Vorgesellschaft vgl. unten § 22, II.

[88] Neuerdings *Habscheid*, AcP 155, 375 ff, *ders.*, MDR 52, 653 ff, 53, 728 ff.

bandsmitgliedern in Gesamthand bzw. Bruchteilsgemeinschaft oder Innengesellschaft, deren Vermögen einige der Mitglieder oder Dritte in eigenem Namen, aber für Rechnung der Innengesellschaft besitzen. Es wird auch eine Frage der Beurteilung der Umstände des einzelnen Falles sein, ob die Mitglieder des nicht rechtsfähigen Verbandes so solidarisch mit den Organen des Verbandes sind, daß die Anwendung des § 31 BGB gerechtfertigt erscheint. Durch Beschränkung der Vertretungsmacht dieser Organe kann sich der Fall ereignen, daß diese Solidarität unannehmbar ist. Ist diese Vertretungsmacht der Art der Geschäfte nach unbeschränkt, aber mit einer Beschränkung der Mitgliederhaftung Dritten gegenüber kombiniert[89], so wird meistens diese Solidarität anzunehmen sein.

IV. Die Stellung der Kapitalgesellschaften.

Wenn nun Verein und Gesellschaft keine Gegensätze sind, sondern der Verein Unterart der Gesellschaft bürgerlichen Rechtes ist, fragt man sich nach der Stellung der Kapitalgesellschaften im System des deutschen Verbandsrechtes. Außer Betracht müssen hier auch die rechtsfähigkeitsbedingten Bestimmungen des AktG und des GmbHG bleiben, die selbstverständlich nur im Verein, nicht aber in der Gesellschaft bürgerlichen Rechtes eine Parallele finden können. Der Vergleich mit dem Verein und mit der Gesellschaft bürgerlichen Rechtes wird also nur die inneren Organisationsbestimmungen des Rechtes der Kapitalgesellschaften berücksichtigen können.

Danach erweisen sich die Kapitalgesellschaften als Sondergebilde des Verbandsrechtes, denen gegenüber wegen ihrer großen Gestaltungsbreite nur die Gesellschaft bürgerlichen Rechtes, nicht aber der Verein als Oberbegriff in Frage kommen kann[90]. Soweit die Kapitalgesellschaften Erwerbszwecke verfolgen, kommt für sie die funktionsgebundene Figur des Idealvereins als Oberbegriff nicht in Frage. Aber auch die Strukturunterschiede sind dem Verein gegenüber so stark, daß eine Unterordnung der Kapitalgesellschaften unter den Verein unmöglich erscheint. Sie sind sogar auch der Gesellschaft bürgerlichen Rechtes gegenüber so bedeutend, daß die durch die große Gestaltungsbreite dieses Verbandes ermöglichte prinzipielle Unterordnung illusorisch erscheint.

Die Kapitalgesellschaften kennen dem Verein gegenüber kein Austrittsrecht der Mitglieder, bei ihnen ist höchstens nur eine Übertragung der pflichtenleeren Mitgliedschaft oder ein Verzicht auf die Mitgliedsrechte möglich. Ist die Mitgliedschaft mit Pflichten belastet, so kann das Mitglied weder austreten wie im Verein, noch seine Mitgliedschaft und den ganzen Verband kündigen wie im Gesellschaftsrecht. Das Mitglied kann sogar seine pflichtenbelastete Mitgliedschaft ohne Zustimmung der jP, d. h. der Gläubigerin der Mitgliedspflichten mit befreiender Wirkung auch nicht übertragen. In diesem

---

[89] Über die Voraussetzungen der Beschränkung der Haftung der Mitglieder des nrfV vgl. Anm. 223.

[90] Durch das Sachwertsubstrat hat die Kapitalgesellschaft eine Ähnlichkeit mit der Stiftung, vgl. § 4, III, 2, § 5, I, 2.

Punkt ähnelt die Lage derjenigen der Gesellschaft bürgerlichen Rechtes, wo die Mitgliedschaftsübertragung grundsätzlich – d. h. ohne abweichende Satzungs- bzw. Vertragsbestimmung – die Zustimmung aller übrigen Gesellschafter, d. h. der Gläubiger der Mitgliedspflichten braucht. Die Regelung des Rechtes der Kapitalgesellschaften ist sogar noch strenger als diejenige der Personalgesellschaften, da die pflichtenbelastete Mitgliedschaft auch nicht durch Satzungsbestimmung ohne Zustimmung der AG bzw. der GmbH mit befreiender Wirkung für das alte Mitglied übertragbar erklärt werden kann. Strenger ist auch die Regelung der Aufnahme neuer Mitglieder in Kapitalgesellschaften sowohl dem Verein als auch den Personalgesellschaften gegenüber. Während der Verein eine offene Mitgliederzahl haben kann und der Gesellschaftsvertrag bei Personalgesellschaften Mitglieder oder Dritte zur Aufnahme neuer Mitglieder unbeschränkt bevollmächtigen kann, haben die Kapitalgesellschaften einerseits stets und immer eine im Aktien- bzw. Stammkapital und in seiner Stückelung ausgedrückte geschlossene Mitgliederzahl und andererseits können bei Kapitalgesellschaften neue Mitglieder durch Schaffung neuer Mitgliederposten nur im Wege der Kapitalerhöhung aufgenommen werden. Die Entscheidung über eine Kapitalerhöhung ist den alten Mitgliedern vorbehalten und kann von ihnen nur in beschränktem Umfang im Wege des genehmigten Kapitals an Dritte und zwar nur an den Vorstand delegiert werden. Ob ein genehmigtes Stammkapital bei der GmbH zulässig ist, kann dahingestellt bleiben. Die Mitgliedschaft an den Kapitalgesellschaften kann übertragbar oder unübertragbar je nach Satzung sein und nur der dispositive Grundsatz der Übertragbarkeit weicht vom dispositiven Grundsatz der Unübertragbarkeit der Mitgliedschaft an einem Verein oder einer Gesellschaft bürgerlichen Rechtes ab. Bei der Gesellschaft bürgerlichen Rechts und dem Verein sind dem Plichtenbestand der Mitgliedschaft keine besonderen Anforderungen gestellt, während bei den Kapitalgesellschaften kapitalistische Leistungen als Hauptpflichten zugelassen und erfordert werden. Die Nebenpflichten sind bei der GmbH unbeschränkt, die in dieser Beziehung der Gesellschaft bürgerlichen Rechtes und dem Verein angeglichen werden kann, während die AG nur wiederkehrende Nebenleistungs-, also keine Dienstleistungspflichten den Mitgliedern auferlegen kann. Die Nachfolge in der Mitgliedschaft beim Tode des Mitgliedes kann bei den Personalgesellschaften vom Gesellschaftsvertrag vorgesehen sein, beim Verein auch, während sie bei den Kapitalgesellschaften nur im Falle einer Vinkulierung problematisch werden kann. Die Drittorganschaft bei den Kapitalgesellschaften und dem Verein ist eine Folge der beschränkten Mitgliederhaftung und der beschränkten Betätigungspflichten der Mitglieder. Bei der Gesellschaft bürgerlichen Rechtes wird sie auch erforderlich und unvermeidlich sein, falls die Mitglieder keine entsprechenden Betätigungspflichten übernommen haben. Für Delikte der Organe haften auf alle Fälle die Organe selbst und bei Anwendung des § 31 BGB auch die vertretene jP oder die Mitglieder des nicht rechtsfähigen Verbandes. Ob die letzteren allerdings dafür beschränkt haften, ist eine andere Frage. Bei ihrer Beantwortung muß berücksichtigt werden, daß die Haftung für Organdelikte wohl eine Zurechnung fremden Handelns, nicht aber eine Vertretung ist. Eine umfangsmäßige Beschränkung der Vertretungsmacht der Mitgliedervertreter bei nicht rechtsfähigen Verbänden braucht also für die Haftung für Vertreter-(Organ-)delikte nicht direkt zu gelten. Sie kann also nur analog gelten, wenn und soweit eine Analogie im einzelnen Fall gerechtfertigt erscheint (z. B. bei der KG wird die Analogie gerechtfertigt erscheinen).

Dieser Vergleich der Kapitalgesellschaften mit dem Verein und mit der Gesellschaft bürgerlichen Rechtes bestätigt somit die ursprüngliche Behauptung, daß die Kapitalgesellschaften eine Sonderstellung im Verbandsrecht innehaben. Unter dem Verein können sie nicht subsumiert werden, weil die Austrittsmöglichkeit der Mitglieder fehlt, die Eintrittsmöglichkeit neuer Mitglieder eingeschränkt ist und die Figur des Idealvereins der wirtschaftlichen Funktion der AG oder GmbH nicht paßt. Unter der Gesellschaft bürgerlichen Rechtes können sie auch nicht subsumiert werden, weil die Kündigungsmöglichkeit fehlt. Die Bindung der Mitglieder an die AG oder GmbH durch die Ausschließung des Austritts- und Kündigungsrechtes erscheint zwar bei pflichtenbelasteten Mitgliedschaften unbillig, ist jedoch positives Recht. Der feste Mitgliedschaftsbestand, die Funktion der Mitgliedschaft und die Festigung der Mitgliedschaftsverhältnisse durch Erklärung des Eintritts neuer Mitglieder zu Satzungsänderung, die nur von den alten Mitgliedern beschlossen werden kann, rechtfertigen, wenn überhaupt, dann nur den Schluß, daß die Kapitalgesellschaften sich mehr der Personalgesellschaften als dem Verein nähern. Von einer Subsumption kann jedoch keine Rede sein, weil zwingende Vorschriften des Vereins- und Gesellschaftsrechtes mit ebenfalls zwingenden Vorschriften des Rechtes der Kapitalgesellschaften unvereinbar sind.

Auf Grund der Ergebnisse dieses Vergleichs der juristischen Personen miteinander und mit den nicht rechtsfähigen Verbänden kann also die Ansicht, daß der Verein die allgemeine Körperschaftsfigur des geltenden Rechtes ist, nicht geteilt werden. Auch die Konsequenz dieser Ansicht, daß die AG und die GmbH Unterarten des Vereins sind[91], ist demgemäß abzulehnen. Die angeblich vereinsrechtlichen Vorschriften, die auf die AG und die GmbH Anwendung finden, haben mit der Vereinsstruktur nichts zu tun. Sie sind – anwendbar sind insb. die §§ 31, 48 ff BGB[92] – nicht typische Vorschriften des *Vereinsrechtes,* sondern *des Rechtes der juristischen Personen im allgemeinen* und nur deshalb können sie bei der AG oder der GmbH herangezogen werden. Der Versuch überhaupt, diese Anwendung durch eine allgemeine Subsumierung der Kapitalgesellschaften unter den Verein zu erklären, vergißt, daß die Ausfüllung von Regelungslücken eines Rechtsinstituts durch Bestimmungen aus der Regelung eines anderen Rechtsinstituts nicht die begriffliche Unterordnung der beiden Rechtsinstitute, sondern die Ähnlichkeit der kon-

[91] KG 2.12.01 (KGJ 23 A 105), RG 19.2.04 (JW 04, 167), RG JW 03, Beil. 93 Nr. 213*, OLG Hamburg 8.10.06 (OLGR 14, 368), RG 23.1.03 (DJZ 03, 223). Im Sinne des Art. 10 EGBGB ist die ausländische AG allerdings kein Verein, OLG Kiel 21.3.02 (OLGR 5, 101), a.M. RG 9.3.04 (JW 04, 231). Dem entspricht die Erfassung der VorAG, VorGmbH oder Vorgenossenschaft als nrfV: AG Naila 16.7.53 (MDR 55, 234, stillschweigende Beschränkung der Mitgliederhaftung nach nrfV-Recht bei VorGen bejaht), RG 9.3.04 (JW 04, 231: ausländische Aktiengesellschaft war nach § 22 BGB nicht rechtsfähig und stattdessen als nrfV beurteilt).

[92] Vgl. Anm. 229.

kreten jeweiligen Interessenlage voraussetzt. Auch die analoge Anwendung aktienrechtlicher Vorschriften auf die GmbH – etwa im Bilanzrecht, in der Gründerhaftung[93], in der Regelung der Anfechtung und Nichtigkeit von Mitgliedermehrheitsbeschlüssen[94], in der Anfechtung und Nichtigkeit von Beitrittserklärungen u.a.m. – bedeutet ja nicht, daß die GmbH eine Unterart der AG ist.

[93] BGH 16.2.59 (MDR 59, 372 f), RG 7.11.20 (RGZ 100, 175 ff), a.A.KG 6.2.20 (OLGR 41, 210).

[94] BGH 26.10.55 (BGHZ 18, 334 ff), 16.12.53 (BGHZ 11, 231 ff).

Drittes Kapitel

Die Gründung der juristischen Person

§ 7. Der Gründungstatbestand.

I. Privatautonomie im Recht der juristischen Personen.

Gründung der juristischen Person ist der Tatbestand, an den die Rechtsordnung die Entstehung der juristischen Person als Rechtsfolge im Sinne des § 2, II dieser Arbeit anknüpft. Die Gründung gehört somit zwangsläufig nicht der Welt des Sollens, sondern derjenigen des Seins an.

Da die Entstehung einer privatrechtlichen juristischen Person eine menschliche, zweckgebundene Rechtsschöpfung ist, ist die Verwirklichung des Gründungstatbestandes der Privatautonomie und der menschlichen Initiative überlassen. Diese menschliche Initiative bei der Gründung der juristischen Person wird nicht etwa dadurch aufgehoben, daß die Willensäußerung der Gründer oder Stifter erst nach einer bestimmten staatlichen Mitwirkung (Eintragung, Genehmigung) ihre volle Wirkung entfaltet.

Die Privatinitiative bei der Gründung der juristischen Personen des Privatrechts bedeutet allerdings nur, daß das „ob" der Gründung und die Auswahl der Gründungspartner der Privatinitiative überlassen sind. Der Grundsatz des „numerus clausus" der privatrechtlichen juristischen Personen hat zur Folge, daß den Parteien nur bestimmte Gründungstatbestände zur Verfügung stehen, nämlich diejenigen, die für jeden Typ von juristischer Person gesetzlich vorgeschrieben sind. Der Sinn dieses sog. Typenzwanges im Recht der jP, der etwa dem Typenzwang im Sachenrecht entspricht, ist somit ein doppelter. Einerseits können die Parteien nicht nach Belieben den Gründungsvorgang bestimmen, sondern sie sind an die gesetzlichen Gründungstypen gebunden, andererseits können sie nicht allgemein die Gründung einer juristischen Person, sondern nur einer typenmäßig bestimmten jP vornehmen. Wie schon die Darstellung der Typen der juristischen Personen gezeigt hat, ist der Gründungswille der Gründer oder Stifter an einen Mindestinhalt gebunden, und bei jeder Art von juristischen Personen gelten bestimmte Vorschriften kraft Gesetzes, gleichgültig ob sie ausdrücklich gewollt sind oder nicht. Der Typenzwang berührt somit nicht die Abschlußfreiheit und Partnerwahlfreiheit, wohl aber den Inhalt der beabsichtigten und zulässigen Rechtsfolgen. Die Inhaltsgestaltungsfreiheit im Recht der jP ist danach der Privatautonomie im Schuldrecht gegenüber erheblich eingeschränkt.

II. Die sog. Gründungssysteme.

1. Staatliche Mitwirkung bei der Gründung.

Weitere Einschränkungen der Privatautonomie im Recht der jPen sind der eventuell vorgeschriebene Formzwang für die Willenserklärung der Gründer oder Stifter und besonders das Erfordernis einer staatlichen Mitwirkung bei der Gründung. Die dogmatische Erfassung dieser staatlichen Mitwirkung kann allerdings nur dann richtig sein, wenn die staatliche Mitwirkung mit dem Typenzwang in Verbindung gebracht wird[95].

Die staatliche Mitwirkung kann nur dann für die Gründungstatbestände relevant sein, wenn sie nicht deklaratorisch ist. Sie ist deklaratorisch – das deutsche Recht der jPen kennt eine solche deklaratorische staatliche Mitwirkung nicht –, wenn sie zur Entstehung der juristischen Person nicht tatbestandsmäßig erforderlich ist, wenn sie also die schon entstandene jP nur kundgibt. Eine deklaratorische staatliche Mitwirkung – eine Parallele hat sie im Gesellschaftsrecht, wo die Eintragung einer OHG im Handelsregister deklaratorisch ist, wenn die OHG Grundhandelsgeschäfte betreibt – ist also diejenige staatliche Mitwirkung, die kraft Gesetzes nicht zum Gründungstatbestand gehört. Das ist der Fall, wenn der Gründungstatbestand auch ohne die Mitwirkung des Staates vollständig und somit ausreichend für den Eintritt der beabsichtigten Rechtsfolge ist.

In den übrigen Fällen, wo die staatliche Mitwirkung Tatbestandteil ist, liegt eine sog. konstitutive staatliche Mitwirkung in dem Sinne vor, daß ohne sie der Gründungstatbestand unvollständig und demgemäß nicht ausreichend für den Eintritt der beabsichtigten Rechtsfolge ist. Die gerichtliche Beurkundung des Gründungswillens, die Eintragung der Gründung, die Konzession, die Oktroierung der jP können solche konstitutiven Staatsakte sein, falls sie gesetzlich für die Entstehung der jP gefordert werden[96].

Die Verbindung der konstitutiven staatlichen Mitwirkung mit dem Typenzwang im Recht der jPen ergibt folgendes: Die staatliche Mitwirkung kann zunächst eine reine Form für den Gründungswillen sein, den sie nur beurkundet, ohne eine materielle Prüfung des übrigen Gründungstatbestandes zu sein. Die staatliche Mitwirkung bei der Beurkundung der Willenserklärungen der Gründer ist ein Formerfordernis, wie dies auch sonst im

---

[95] *Beitzke*, ZHR 108,32–62. Die sog. Gründungssysteme können nur dann richtig erfaßt werden, wenn die staatliche Mitwirkung vom Standpunkt des Gründungstatbestandes und der Verbindung mit dem Typenzwang geprüft wird. Auch das Konzessionssystem des ADHGB bzw. preuß. EisenbahnG. v. 1838, später des G. v. 9.11.1843 und des G. v. 15.2.64 waren durch eine weitgehende Statutentypisierung abgemildert. Vgl. die Fundstellen der damals zahlreichen Mustersatzungen, die die preußischen Verwaltungsstellen zwischen 1843 und 1864 veröffentlicht haben, in ROHG 9.1.74 (ROHG 11, 375 ff).

[96] Das Wesen der jP als Rechtsfolge hat zur Folge, daß die jP eine gesetzliche oder gewohnheitsrechtliche Norm voraussetzt. Gewohnheitsrechtliche jPen kennt heute nur noch das öffentliche Recht und das Bergrecht. Das Erfordernis einer objektivrechtlichen Grundlage der jP hat die Fiktionstheorie als Konzessionserfordernis mißdeutet. Vom Grundsatz des Konzessionserfordernisses war schon unter dem ALR die Rechtsprechung abgegangen, RG 21.1.86 (RGZ 15,237ff), ROHG 13.4.75 (ROHG 17,80 ff), u.ö.

Privatrecht bekannt ist. Sie macht die Gründung formgebunden, ohne daß dies ein besonders „Gründungssystem" ist. Die Formgebundenheit der Gründung ist mit jedem Gründungssystem vereinbar, auch mit der freien Körperschaftsbildung. So ist die Vereinsgründung im Art. 60 des schweiz. ZGB an eine schriftliche Satzungsaufstellung gebunden, ohne daß dadurch die freie Körperschaftsbildung aufgehoben wird. Die Körperschaftsbildung bleibt frei, obwohl sie formgebunden ist. Gleichgültig ist dabei, ob die Form eine privatschriftliche, notarielle oder gerichtliche (also staatliche) ist.

2. Die einzelnen Gründungssysteme.

Von „Gründungssystemen" kann erst da gesprochen werden, wo die staatliche Mitwirkung über eine passive, teilnahmslose Beurkundung hinausgeht. Hierbei sind grundsätzlich drei Möglichkeiten gegeben. Die eine Möglichkeit besteht darin, daß die staatliche Mitwirkung in der Kontrolle der Typenmäßigkeit der beabsichtigten juristischen Person besteht. Dieser Fall setzt voraus, daß das Gesetz den Typenzwang eingeführt hat und daß es einer Verwaltungsstelle die Kontrolle überlassen hat, ob der jeweils in Anspruch genommene Typ der Rechtspersönlichkeit gesetzmäßig ist. Diese Kontrolle ist eine Rechtskontrolle, keine Ermessenskontrolle, indem den Gründern der Anspruch zuerkannt wird, daß einer typenmäßigen Gründung die staatliche Tatbestandsvervollkommnung nicht verweigert wird. Dieses System ist als *System der Normativbedingungen* bekannt. Es setzt, wie gesagt, den Typenzwang und die Bindung der staatlichen Mitwirkungsstelle an die gesetzmäßigen Rechtspersönlichkeitstypen voraus. Der Typenzwang hat aber nicht immer das System der Normativbedingungen zur Folge. Die staatliche Kontrolle der Typenmäßigkeit kann eine Ermessenskontrolle sein, indem – abgesehen von den allgemeinen Bindungen der Kontrolle bei der Ausübung des Ermessens – den Parteien kein Anspruch auf die staatliche Vervollkommnung des Gründungstatbestandes zusteht. Dieser letztere Fall ist als *Konzessionssystem* bekannt und gilt im deutschen Recht etwa bei Wirtschaftsvereinen, Stiftungen und Versicherungsvereinen auf Gegenseitigkeit. Das Eintragungssystem hat im deutschen Recht (AG, GmbH, Gen, Idealverein) die Form des Systems der Nomativbedingungen. Der Unterschied der beiden Systeme liegt darin, daß beim Konzessionssystem der Anspruch auf die staatliche Mitwirkung trotz eventueller Typenmäßigkeit nicht besteht und daß die staatliche Mitwirkung – in den jeweils öffentlichrechtlich zugelassenen Grenzen – von Auflagen abhängig gemacht werden kann, etwa von einer Änderung der Satzung oder des Geschäftsplans der beabsichtigten jP.

Das reine Konzessionssystem kennt jedoch seine volle Entfaltung außerhalb der typengebundenen juristischen Personen. Die Typenbindung der juristischen Personen hat nämlich für das Konzessionssystem die Folge, daß die staatliche Mitwirkung, wenn sie auch frei nach Ermessen stattfindet, wenigstens negativ dahin gebunden ist, daß sie typenwidrige jPen nicht konzessionieren kann und darf. Die Typenbindung läßt also einen Spielraum beim Konzessionssystem dahin, daß typenmäßige jPen *nicht* immer zugelassen werden. Fehlt aber die Typenbindung, so ist die Konzessionsbehörde nicht nur negativ, sondern auch positiv frei. Sie kann typenmäßige Gründungen ablehnen, auch typenwidrige zulassen. Bei eventueller Typenbindung kann sie letzteres nicht, wenn auch Konzessionssystem herrscht. Keine Typenbindung ist die interne, nicht nach außen hin wirkende Einschränkung der Entscheidungsfreiheit der Behörde. Ob das System der Normativbedingungen eine Verwaltungsbehörde oder eine Gerichtsstelle bindet, ist für das System gleichgültig.

Das Konzessionssystem gilt in dieser reinen Form, d. h. ohne Typenbindung kaum. Wirtschaftsverein, Versicherungsverein auf Gegenseitigkeit und Stiftungen sind im Gesetz schon weitgehend typisiert, und der jeweiligen Behörde steht demgemäß nur eine eingeschränkte Konzessions-, d. h. Entscheidungsfreiheit zu. Da nämlich die Mitwirkung von Verwaltungsbehörden bei der Erzeugung privatrechtlicher Rechtsfolgen ihrerseits eine Gesetzesbestimmung voraussetzt, so wird die Bestimmung, die die Konzessionsbefugnis einer Behörde begründet, zugleich die Ausübung dieser Befugnis meistens sachlich binden.

Das *Oktroisystem* unterscheidet sich vom Konzessionssystem dadurch, daß die staatliche Mitwirkung nicht von einer Verwaltungsbehörde, die an das Gesetz gebunden ist, sondern vom Gesetzgeber selbst herkommt. Die staatliche Mitwirkung besteht also hier nicht in einem Verwaltungsakt, sondern in einem Individualgesetz. Die praktische Bedeutung des Oktroisystems besteht dort, wo eine allgemeine typenmäßige Regelung der Gründung von jPen fehlt und wo zugleich kein System der freien Körperschaftsbildung (genauer gesagt: der freien Gründung von typengebundenen oder nicht typengebundenen jPen) vorhanden ist. Deshalb war das Oktroisystem das einzige denkbare Gründungssystem in der Zeit und in den Ländern, die keine allgemeine Regelung der juristischen Personen kannten und zugleich die freie Gründung von juristischen Personen ausschlossen. Heute hat das Oktroisystem eine praktische Bedeutung dort, wo eine typenwidrige privatrechtliche jP geschaffen werden soll. Die Typenwidrigkeit kann dahin gehen, daß ein neuer Typ in einem Einzelfall entstehen soll oder eine neue jP als einem gesetzlich festgelegten Typ angehörend gegründet und behandelt werden soll, obwohl sie die Mußerfordernisse dieses Typs nicht aufweist. Diese Fälle dürften zwar keine große zahlenmäßige Bedeutung haben, wirtschaftlich und politisch sind sie aber oft sehr wichtig. Die sog. internationalen Gesellschaften des Rechts der Europäischen Wirtschaftsgemeinschaft sind das jüngste Beispiel oktroiierter jPen, während solche Beispiele früher hauptsächlich die öffentlichen Unternehmen in privatrechtlicher Form[97] waren. Diese jPen, die AG oder GmbH heißen und daher als solche zu behandeln sind, beruhen auf Gesetzen, sind also Oktroigründungen, damit das Gründungsgesetz von Mußvorschriften des AktG oder GmbHG abweichen kann, ohne daß dadurch die AG- oder GmbH-Form in Frage gestellt werden kann oder ohne daß daran die Gründung scheitert.

Die Konzessions- und Oktroisysteme, die im Privatrecht keine große

---

[97] Deutsche Rentenbank, Deutsche Golddiskontbank, Bank für deutsche Industrieobligationen, Saarbergbau AG u.a.m. (*Huber*, Wirtschaftsverwaltungsrecht I, Tübingen 1953, 524, 527).

Bedeutung mehr haben, überwiegen im Recht der öffentlichrechtlichen juristischen Personen. Gesetzlich typisierte jPen des öffentlichen Rechts entstehen i. d. R. durch Genehmigung, die nur aus bestimmten Gründen verweigert werden kann und darf, während die gesetzlich nicht typisierten jPen des öffentlichen Rechtes durch Sondergesetze oktroiiert werden. Typisiert sind etwa die Industrie- und Handelskammern, Handwerkskammern, Landwirtschaftskammern, Innungen, Innungsverbände, Privatversicherungsanstalten des preußischen Rechtes u. a. m. Die Körperschafts- oder Anstaltsnatur dieser öffentlichrechtlichen jPen spielt auch bei der Gründung eine Rolle. Die Gründungsproblematik der öffentlichrechtlichen juristischen Personen kann in der vorliegenden Darstellung nicht berücksichtigt werden.

§ 8. Der Gründungsvorgang (Überblick).

1. Gründungs- und Beendigungstatbestände.

Der Gründungsvorgang umfaßt nun die Voraussetzungen der Entstehung der juristischen Person. Wie auch bei anderen Rechtsfolgen, die eine gewisse Dauer haben, ist hier auch der Gründungstatbestand kein Dauertatbestand, bei dessen Wegfall die jP aufhört. Die Gründungsvoraussetzungen sind m. a. W. keine Bestehensvoraussetzungen. Es werden vielmehr andere Gründe bestimmt, die die Beendigung der jP herbeiführen. Nur das Gegenteil dieser Beendigungsgründe kann als Bestehensvoraussetzung für die jP bezeichnet werden. Wie der Gründungstatbestand sind auch die Beendigungsgründe je nach Art der jP verschieden. Die Beendigungsgründe interessieren hier bei der Gründungsproblematik nicht weiter.

2. Gründungsablauf im allgemeinen.

Der Gründungstatbestand ist zwar kein Dauertatbestand, wohl aber ein zusammengesetzter, „sukzessiver“[98] Tatbestand. Da er nicht allein aus privaten Willenserklärungen besteht, sondern auch einen Staatsakt umfaßt, gehört er zu den sog. doppelten Tatbeständen[99]. Er umfaßt insbesondere folgendes:

a) Eine Willenserklärung, daß die jP entstehen soll. Wegen des Typenzwanges lautet dieser Wille auf Entstehung einer bestimmten jP.

b) Die Verfassung einer Satzung, die die jP funktionsfähig macht.

c) Bei Personenverbänden müssen noch die gesetzlich oder satzungsmäßig vorgesehenen Mitgliedschaften übernommen werden. Die Praxis unterscheidet dabei Einheits- und Stufengründung danach, ob alle Mitgliedschaften von denjenigen Personen, die die Satzung verfaßt haben, übernommen werden oder nicht. Die Unterscheidung zwischen Einheits- und Stufengründung ist allerdings nur bei Kapitalgesellschaften möglich, weil nur bei ihnen die Übernahme sämtlicher Mitgliedschaften zum Gründungstatbestand gehört. Beim Verein und Genossenschaft ist nach Satzungsfeststellung und Entstehung der jP der Eintritt neuer Mitglieder auch ohne Satzungsänderung möglich.

---

[98] *K. Peter,* AcP 132,9.
[99] *K. Peter,* AcP 132,10.

d) Der jP müssen noch die Mittel verschafft werden, die ihr eine echte Betätigungschance geben (Vermögenswidmung).

e) Die Gründung entfaltet nur dann ihre Wirkung, wenn sich alle gesetzlichen Tatbestandserfordernisse verwirklicht haben. Dabei genügt die obige private Initiative also nicht, wenn dazu eine staatliche Mitwirkung erforderlich ist. Inhaltlich kann diese Mitwirkung Beurkundung, Veröffentlichung, Ermessenskontrolle, Typenmäßigkeitskontrolle oder Mitgestaltung des privaten Teils des Gründungstatbestandes sein. Das System der Normativbedingungen kennt eine Kontrolle, die mit einer Veröffentlichung kombiniert ist (Eintragung), während das Konzessionssystem in Deutschland sowohl Kontrolle als auch Mitgestaltung erlaubt, jedoch nicht zwangsläufig Publizität der Gründung bedeutet. Der Wirtschaftsverein, die Stiftung und der VVaG entstehen kraft Gesetzes mit der Genehmigung, ohne daß Eintragung oder Veröffentlichung notwendig sind. Das Oktroisystem wegen der Publizität der Gesetze kombiniert sowohl Mitgestaltung des Gründungstatbestandes als auch Publizität.

Mit der staatlichen Mitwirkung beim Gründungstatbestand nicht zu identifizieren ist die gewerbe- oder sonstige polizeirechtliche Gründungskontrolle, die grundsätzlich nicht die Entstehung der Rechtspersönlichkeit, sondern die Aufnahme der Geschäftstätigkeit der jP betrifft. Die Versicherungs-AG unterliegt somit sowohl der Kontrolle des Registerrichters bei der Eintragung als auch des Versicherungsaufsichtsamtes für die Betriebsaufnahme (§ 5 Abs. 1 i. V. m. § 7 VAG). Gleiches gilt nach §§ 3 ff. KreditwesenG, § 1 Abs. 1 und 3 HypothekenbankG, § 1 SchiffsbankenG für Kreditinstitute, Hypothekenbanken und Schiffsbanken, während beim VVaG die Gründungs- und Betriebskonzession in einem Akt vereinigt werden (§ 15 VAG). Diese Betriebskonzession scheidet also in der vorliegenden Darstellung aus.

Dem schon geschilderten Gründungsvorgang: Satzungsfeststellung, Mitgliedschaftsübernahme, Vermögensaufbringung, staatliche Mitwirkung folgt der Aufbau der folgenden Kapitel und Paragraphen der vorliegenden Arbeit. Konsequent zur obigen Feststellung, daß die Verschmelzungs- und Umwandlungsgründung nicht nur die Auflösung der alten, sondern auch die Entstehung einer neuen jP betrifft, wurde die Problematik der Verschmelzungs- und Umwandlungsneugründung in die vorliegende Untersuchung einbezogen.

Besonderer Teil

Die Gründung der Aktiengesellschaft

Viertes Kapitel

Der Inhalt der Satzung

§ 9. Inhalt und Funktion der Satzung im allgemeinen.

I. Funktion und Begriff der Satzung.

1. Satzungsbegriff und Satzungstext.

Die Satzung wird hier nicht im optischen, gegenständlichen Sinne eines geschriebenen Textes, sondern im Sinne einer Normensumme verstanden, deren Seinsweise im Sinngehalt und in der Verbindlichkeit, nicht aber in der Schriftlichkeit dieser Normen besteht. Auf die Schriftlichkeit der Satzung verzichtet zwar auch nicht das liberalste System einer freien Körperschaftsbildung, aber die Möglichkeit einer formfreien Satzung ist wie bei allen Willenserklärungen im Privatrecht offensichtlich. Die deutsche Rechtsprechung hat wiederholt im Bereich des dem eingetragenen Verein trotz der Verweisung auf das Gesellschaftsrecht im § 54 BGB weitgehend angeglichenen nicht rechtsfähigen Vereins „Satzungen" zu beurteilen gehabt, die eine Schriftlichkeit entbehrten[100]. Das ist zwar vom Standpunkt der Rechtssicherheit zu weitgehend, weil ja auch der Gesetzgeber des schweiz. ZBG trotz freier Körperschaftsbildung eine schriftliche Satzung für den Vereinsbegriff verlangt, bildet aber festen Bestandteil der richterlichen Fortbildung des Rechts des nicht rechtsfähigen Vereins.

Die prinzipiellen Einwände gegen diese *form*freie Körperschaftsbildung sind trotzdem um so berechtigter, wenn man bedenkt, daß die formfreie Gründung ein Merkmal des Rechts der bürgerlichrechtlichen Gesellschaft darstellt. Die Rechtsprechung, die sonst die Verweisung des § 54 Satz 1 BGB möglichst zu vermeiden ver-

---

[100] Gemeint sind die Entscheidungen über Schiffskantinen, Gepäckträgervereinigungen an Bahnhöfen u.ä.: OLG Kiel 12.3.18 (LZ 18,1090), OLG Hamburg 28.9.22 (OLGR 43,84), OLG München 13.11.20 (OLGR 42,252), RG 24.11.21 (LZ 22, 114), OLG Kiel 28.9.20 (SchlHA 20,246), 28.2.11. (SchlHA 11,107), OLG Hamburg 4.12.06 (HansGZ 07 Bbl. 61). Die Möglichkeit einer nicht schriftlichen Satzung beim nrfV nimmt auch RG 29.10.40 (RGZ 165,140 ff) und 22.10.82 (RGZ 8,121ff) an.

sucht, ist in diesem Punkt inkonsequent, da sie ja durch die Formfreiheit der Körperschaftsgründung zum Recht der bürgerlichrechtlichen Gesellschaft zurückkehrt, das sie vermeiden will.

Es scheint zwar wegen der Verweisung des § 54 Satz 1 BGB auf die §§ 705 ff. BGB, daß nach diesen Bestimmungen die Gründung des nichtrechtsfähigen Vereins formfrei wie diejenige einer Gesellschaft sein sollte. Die Verweisung auf die §§ 705 ff. BGB ist jedoch nicht so gedacht, daß auf den nicht rechtsfähigen Verein keinerlei vereinsrechtliche Normen Anwendung finden. Der richtige Sinn dieser Verweisung liegt vielmehr darin, daß das Recht der bürgerlichrechtlichen Gesellschaft insoweit zum Zuge kommt, als das Vereinsrecht keine Bestimmungen für die Voreintragungszeit des Vereins hat. Das Vereinsrecht bestimmt, daß die Vereinsgründung schriftlich erfolgt. Vor dieser vereinsrechtlichen Bestimmung tritt die Formfreiheit der Gesellschaftserrichtung zurück, und von einer nicht geschriebenen Satzung dürfte nicht die Rede sein. Ohne sie besteht der nrfV als *Sondergebilde* nicht. Das leuchtet besonders dann ein, wenn man sich vergegenwärtigt, daß die errichtete, aber nicht eingetragene AG oder GmbH ebenfalls eine formgerechte Satzung voraussetzt. Der nrfV kann aber nichts anderes als der *errichtete, aber nicht eingetragene Verein* sein.

Die Satzung der jP ist also eine Summe von grundsätzlich schriftlich niedergelegten Normen, die die innere und äußere Organisation der jP regeln. Während die Nichtschriftlichkeit der Satzung des nrfV keine echte Ausnahme davon ist, weil der nrfV keine jP ist, bleibt in einem anderen Punkt das deutsche Recht dem Grundsatz der Schriftlichkeit der Satzung nicht treu. Als Organe i. S. des § 31 BGB (bzw. § 30 BGB) werden auch Personen angesehen, deren Organstellung nicht ausdrücklich auf der schriftlichen Satzung beruht. Die Rechtsprechung[101] bejaht aber die Haftung der jP für diese Personen nicht allein durch Verzicht auf die Verfassungsmäßigkeit der Organe der jP, sondern auch durch Annahme eines Organisationsmangels der jP, der somit die Pflicht auferlegt wird, die organisationsmäßig wichtigen Führungsposten ihres Apparates auch verfassungsmäßig zu verankern, damit die Garantie der Haftung der jP aus § 31 BGB für den Verkehr nicht verloren geht.

2. Funktionsbedingtheit des Satzungsinhaltes.

Die Satzungsaufgabe, die innere und äußere Organisation der jP zu regeln, müßte an und für sich die große Ausführlichkeit der Satzungsnormen zur Folge haben. Von diesem funktionsbedingten Satzungsinhalt ist das positive Recht abgegangen, indem es funktionsfremde Satzungserweiterungen und funktionswidrige Satzungseinschränkungen statuiert.

Funktionswidrige Einschränkung des Satzungsinhaltes bewirken diejenigen Gesetzesbestimmungen, die die innere und äußere Organisation der jP zwingend regeln. Die Parteien können diese Bestimmungen nicht ändern, diese Bestimmungen gelten automatisch kraft Gesetzes, auch wenn sie nicht in der privat aufgestellten Satzung der jP enthalten sind. Der Umfang dieser gesetzlichen Organisationsbestimmungen für jPen ist je nach Art der jP verschieden, bei der AG auf jeden Fall am größten. Nur die Bergwerksgewerkschaft kennt eine noch strengere Regelung im preußischen Berggesetz, das eine so vollständige Organisationsregelung enthält, daß eine Satzungsaufstellung bei der Entstehung der Gewerkschaft gesetzlich nicht mehr un-

---

[101] RG 9.3.38 (RGZ 157,228 ff), 3.2.19 (RGZ 94,318 ff).

bedingt erforderlich ist. Auf jeden Fall darf die eventuell aufgestellte Satzung vom Gesetz nicht abweichen, § 94 Abs. 3 BergG.

Eine funktionsfremde Inhaltserweiterung der Satzung wird andererseits dadurch bewirkt, daß das Gesetz der Satzung nicht nur Organisations-, sondern auch Verlautbarungsaufgaben auferlegt. Die Satzung erfüllt z. B. bei der Verlautbarung der Sachgründung i. w. S. (Sachübernahmen, Gründungsaufwand) nicht Normierungs-, sondern Publizitätszwecke. Eine andere Frage ist es, daß diese Publizität zur Wirksamkeitsvoraussetzung für die verlautbarten Vorgänge gemacht wird.

II. Satzungsgestaltungsfreiheit.

Die Gestaltung des Satzungsinhalts unterliegt dem Grundsatz der Privatautonomie, ohne dass dabei grundlegende Unterschiede von der Privatautonomie bei sonstigen privaten Rechtsgestaltungsakten bestehen. Die Schranken, die diese Privatautonomie im Bereich der Satzungsgestaltung, also die Satzungsgestaltungsfreiheit kennt, sind im Abriß folgende:

1. Formzwang.

Die Satzungsfeststellung unterliegt einem je nach dem lockeren oder strengeren Formzwang. Das gilt für den Verein und die Genossenschaft (einfache schriftliche Form, § 59 Abs. 1 Satz 1 BGB, § 5 GenG), aber noch mehr für die AG und die GmbH (gerichtliche oder notarielle Beurkundung, § 16 Abs. 1 Satz 1 AktG, § 2 Abs. 1 Satz 1 GmbHG) und hinzu kommt der Eintragungszwang.

Der Beurkundungszwang betrifft den ganzen Satzungsinhalt und hierin äußert sich die praktische Bedeutung des Begriffs „Satzungsinhalt", indem nicht beurkundete Satzungsteile die Wirksamkeit entbehren, § 125 Satz 1 BGB. Was ist Satzungsteil, kann sich nur danach beurteilen lassen, ob die betreffende Abrede eine für die innere und äußere Organisation der jP relevante Regelung enthält. Dieses wichtige Problem äußert seine Bedeutung noch dahin, daß nicht beurkundete Abreden nur dann formfrei gelten, wenn sie nicht zur Satzung gehören. Im Vereinsrecht hat sich in diesem Sinne eine Rechtsprechung über die Geschäftsordnung der Organe, die Ordnungsstrafgewalt, die Ausschließung von Mitgliedern und die Schiedsklauseln in Vereinsangelegenheiten entwickelt, die hier nicht besonders dargestellt zu werden braucht. Ähnlich liegt die Frage der Gültigkeit von mündlichen Nebenabreden der Mitglieder bei Kapitalgesellschaften und insb. bei GmbH. Die Antwort lautet grundsätzlich so, daß für den Formzwang und die Satzungszugehörigkeit einer bestimmten Abrede die Satzungsfunktion entscheidet. Funktionsfremde Abreden gehören also nicht in die Satzung und unterliegen keinem Formzwang. Sie gelten allerdings nicht global gegen alle Mitglieder und Organe – wie normalerweise die Satzung –, sondern nur gegen diejenigen Personen, die diese Abreden eingegangen sind.

Den Umfang des Beurkundungszwanges regelt das positive Recht nicht durch eine allgemeine Bestimmung, die etwa in der Begriffsbestimmung der

Satzung in materiellem Sinne bestehen würde. Es wird nur gesagt, daß die Satzung formbedürftig ist und daß die formgerechte Satzung für Organe und Mitglieder verbindlich ist. Die inhaltlichen Mindesterfordernisse, die der Satzung auferlegt werden, betreffen nur die Gültigkeit der tatsächlich beurkundeten, restlichen Verfassungsnormen der jP (ohne diesen Mindestinhalt ist die Satzung, obwohl sie formgerecht sein mag, fehlerhaft), sie besagen also nichts darüber, welche Abreden dem Formzwang *zwecks eigener Wirksamkeit* (nicht um der Wirksamkeit der ganzen Satzung halber) unterliegen. Diesem Formzwang muß der ganze funktionsbedingte Satzungsinhalt unterliegen sowie diejenigen weiteren Vorgänge und Bestimmungen, die kraft Gesetzes aus Publizitätsgründen dazugehören, obwohl sie funktionsfremd sind. Funktionsbedingter Inhalt der Satzung ist insb. die ganze Mitgliedschaftsregelung, gleichwohl ob sie in Form von Sonderrechten (und -pflichten) erfolgt oder nicht. Mitgliedsrechte und -pflichten außerhalb der Satzung bestehen danach nicht[102]. Der Formzwang im Bereich der Satzungsaufstellung hat also zwei Aspekte, entweder ist die nicht beurkundete Abrede ohne Aufnahme in die Satzung für sich unwirksam oder dieser Beurkundungszwang ist zugleich Voraussetzung der Wirksamkeit der jP und der Satzung im ganzen. Im ersteren Fall liegt eine echte Formvorschrift vor. Im letzteren Fall liegt eine materielle Beschränkung der Satzungsgestaltungsfreiheit vor, indem vom Vorhandensein dieses Mindestinhaltes die ganze jP und die übrige Satzung abhängig gemacht wird.

2. Typenzwang.

Die Bestimmungen über den Mindestinhalt der Satzung im vorerwähnten Sinne sind keine Abschlußpflichten, wie diese der Vertragslehre (Kontrahierungszwang) bekannt sind. Sie sind auch keine dem diktierten, d. h. inhaltlich im Gesetz oder in einem Verwaltungsakt vorbestimmten Vertrag gleichzustellende Erscheinung. Die Bestimmungen über den Mindestinhalt der Satzung und der parallel laufende Grundsatz, daß die Satzung keine Bestimmungen enthalten darf, die für die jeweilige jP wesenswidrig wären[103], sind eine Konsequenz des im Recht der juristischen Personen herrschenden und vom übrigen Privatrecht, insbesondere vom Sachenrecht her bekannten Grundsatzes des Typenzwanges der juristischen Personen. Im Bereich der Satzungsgestaltung bedeutet der Typenzwang *Typenmäßigkeitszwang* des Satzungsinhalts. Die Typenmäßigkeit der Satzung wird dann bei der Eintragung der jP kontrolliert und Abweichungen vom typenbedingten Satzungsinhalt führen zur Verweigerung der Eintragung. Ist die jP trotz typenwidrigen Sat-

---

[102] Daraus ergibt sich, daß die Bestimmungen über Sacheinlagen, Nebenleistungspflichten, Sonderrechte usw. auch dann in die Satzung aufgenommen werden müßten, wenn diese Aufnahme nicht ausdrücklich vom Gesetz verlangt wäre. Die Rechtsprechung hat so die Satzungszugehörigkeit der Gesellschaftsausschließungsklausel bei einer GmbH bejaht, OLG Hamburg 25.1.57 (GmbHR 58,43). Das ist von Bedeutung für die GmbH und die Gen, vgl. unten Anm. 199.

[103] RG 8.12.33 (RGZ 142,373 ff = JW 34,550, Anm. *Schmidt,* gegen unentgeltliche Einziehung des GmbH-Anteils bei Gesellschafterkonkurs), 15.6.28 (RGZ 121, 294 ff, Einziehung der Aktie beim Austritt des Aktionärs aus einem bestimmten Verein), 25.9.01 (RGZ 49,77 ff), KG 23.2.01 (OLGR 2.232), dazu auch *Raabe,* BB 56,708, *Fernbach-Fahrensbach,* GmbHR 57,1.

zungsinhaltes eingetragen und somit entstanden, so ergibt sich die Frage der Nichtigkeit der typenwidrigen Satzungsvorschriften oder der jP, die je nach jP eine verschiedene Regelung im Gesetz erfahren hat.

3. Inhaltsdiktierung.

Eine weitere Beschränkung der Satzungsgestaltungsfreiheit besteht darin, daß für jede Art von juristischen Personen das Gesetz bestimmte zwingende Organisationsvorschriften erlassen hat, die zwar ebenfalls typenbedingt, jedoch anderer Art als die Mindesterfordernisse der Satzung sind. Während die Mindesterfordernisse der Satzung nur rahmenmäßig vorgeschrieben sind (z. B. Fehlen eines wirtschaftlichen Geschäftsbetriebes bei Idealvereinen, Aktienkapital oder Stammkapital bei den Kapitalgesellschaften usw.), sind diese Vorschriften keine Rahmenregelung, sondern eine genaue materiellrechtliche Regelung der Verfassung der jP. Sie gelten unabhängig davon, ob sie in der Satzung enthalten sind oder nicht. Sie betreffen entweder die Organe der jP (Art, Kompetenz, Zusammensetzung, Vertretungsmacht der Organe) oder die Regelung der Mitgliedschaft (Minderheitsschutz, Mitgliedersonderrechte, Befugnisse der Mitglieder in der Mitgliederversammlung, Rechte der Mitglieder bei Kapitalveränderungen, Pflichten der Mitglieder, Konsequenzen einer Einlagenichtleistung, Schadensersatzansprüche gegen Organe, Mitgliedschaftsbehandlung bei Umwandlung und Verschmelzung) oder auch die allgemeine Geschäftspolitik der jP (Publizitäts- und Berichterstattungspflichten der jP, Bilanzierung). Die *gesetzlichen* Verfassungsnormen sind entweder zwingend, indem die einzelne jP davon nicht abweichen kann, oder dispositiv. Ihr Unterschied den Mindesterfordernissen der Satzung gegenüber besteht einerseits darin, daß sie keine Rahmenvorschriften mehr sind, sondern eine genaue materielle Regelung enthalten, andererseits darin, daß sie eine typenmäßige Satzung und somit auch eine typenmäßige, existente jP voraussetzen. Von diesem Grundsatz sind Abweichungen nur dadurch möglich, daß die Beschränkung der Nichtigkeitsgründe und der Nichtigkeitswirkung (ex-nunc-Wirkung) bei einzelnen jPen[104] dazu führen kann, daß die zwingenden oder dispositiven gesetzlichen Verfassungsnormen gelten, obwohl die Satzungsmindesterfordernisse nicht da sind. Im Bereich der

---

[104] Die ex-nunc-Wirkung der Nichtigkeit ist in § 218 Abs. 1 AktG, § 77 Abs. 1 GmbhG, § 97 Abs. 1 GenG, nicht aber im Stiftungs- und Vereinsrecht vorgeschrieben. Die Rechtsprechung hat die ex-nunc-Wirkung der Nichtigkeit und das liquidationsbedingte Weiterbestehen der nichtigen jP als allgemeinen Grundsatz des deutschen Rechtes bezeichnet, BGH 28.5.58 (MDR 58,756, DB 58,956). Das positive Recht kann natürlich eine „spurlose", sofort wirkende Nichtigkeit der jP anordnen, z.B. BAG 12.2.59 (DB 59,207), RG 8.2.37 (RGZ 153,338 ff), 20.5.35 (RGZ 148,65 ff). Ist dies nicht ausdrücklich angeordnet, so muß der erwähnte allgemeine Grundsatz Platz greifen. So z.B. bei einer Gründung, die gegen das Kartellrecht verstößt, OLG Frankfurt/M. 2.5.57 (BB 58,467ff). Ausnahmen, die mit dem Gesetz schwer vereinbar sind, bleiben in dieser Rechtsprechung die in der Form von AG, GmbH oder Verein eingetragenen Religionsgemeinschaften, die als ex-tunc-nichtig trotz Eintragung behandelt wurden, weil sie nach der Preußischen Verfassung nur nach staatlicher Genehmigung Rechtsfähigkeit erlangen konnten: KG 10.5.12 (R 13 Nr. 2122), 13.10.11 (OLGR 24,133), 20.4.05 (OLGR 11,393), 27.6.04 (OLGR 9,371), 28.2.03 (OLGR 8,164).

Mindesterfordernisse der Satzung unterliegt die Satzungsgestaltungsfreiheit einem *Typenzwang*, im Bereich der gesetzlichen Verfassungsnormen unterliegt die Satzungsgestaltungsfreiheit einer *Inhaltsdiktierung*. Äußerlich läuft diese zwingende Inhaltsdiktierung auf eine Beschränkung des Umfanges der rechtsgeschäftlichen Satzung hinaus, indem diese Satzung durchaus auf die Wiederholung der zwingenden gesetzlichen Verfassungsnormen verzichten kann, da diese sowieso gelten[105]. Die dispositive Inhaltsdiktierung dieser oder jener Form schränkt die Satzungsgestaltungsfreiheit sowohl positiv als auch negativ ein, da die Inhaltsdiktierung sowohl Gebote (z. B. Auskunftsrecht) als auch Verbote enthält (z. B. Einlagerückgewährungsverbot).

Die vorerwähnte Inhaltsdiktierung hat eine Steigerung da erfahren, wo nicht einzelne Verfassungsnormen, sondern die ganze Satzung gesetzlich festgelegt sind. Das ist der Fall bei der schon erwähnten landesrechtlichen Bergwerksgewerkschaft, die zu ihrer Entstehung eine rechtsgeschäftliche Satzung nicht braucht. Sie entsteht als jP einfach mit der Tatsache der Begründung eines Miteigentums an einem konzessionierten Bergwerk ohne Satzungsaufstellung, da die landesrechtlichen Berggesetze, insb. das Allg. Preuss. BergG. eine komplette Verfassungsregelung enthalten, die bei der Entstehung der jP automatisch Platz greift, § 94 Abs. 2 BergG.

4. Abschlußzwang.

Die Inhaltsdiktierung dieser vorerwähnten Art, die auch als „Inhaltsfiktion" bezeichnet werden könnte, hat mit einer selteneren Form der Beschränkung der Satzungsgestaltungsfreiheit Ähnlichkeit, nämlich mit der Abschlußpflicht bzw. Abschlußfiktion. Die Abschlußfiktion ist im Recht der Bergwerksgewerkschaft bekannt, wo die Rechtspersönlichkeit der Gewerkschaft kein Zusammenwirken der Mitglieder voraussetzt, sondern direkt an die Begründung eines Miteigentums am konzessionierten Bergwerk kraft Gesetzes angeknüpft wird, § 94 Abs. 1–2 Preuss. BergG. In diesem Fall können die Parteien nicht nur die zwingende Verfassung der jP im BergG, sondern auch die Entstehung der jP selbst nicht mehr vermeiden.

Eine Abschlußpflicht bzw. Abschlußfiktion kennt noch das ZwangskartellG. von 1933, soweit die Zwangskartelle rechtsfähig waren und dem Privatrecht angehörten[106].

---

[105] Nicht genau zu übersehen ist, ob die Aufnahme solcher zwingenden Vorschriften in die rechtsgeschäftliche Satzung eine praktische Bedeutung hat. Sie bleiben trotz Aufnahme gesetzliche Vorschriften und somit u.U. Schutzgesetze i.S. des § 823 Abs. 2 BGB, obwohl sonst die Satzung als solche kein Schutzgesetz ist, RG 18.1.32 (RGZ 135,242 ff). Hier spricht das RG den Grundsatz des Fehlens einer Außenwirkung der Satzung, der später noch dahin präzisiert wurde, daß die Satzung auch nicht als Vertrag zugunsten Dritter aufgefaßt werden kann, RG 30.3.42 (RGZ 169, 65 ff). Da dies für den nrfV gilt – RG 18.1.32, a.a.O. –, muß es vielmehr für die Vorgesellschaft gelten. – Die Aufnahme dispositiver Vorschriften in die Satzung hat eventuell die Folge, daß die satzungsmäßige Ausstattung der jP eine Eigenschaft i.S. des § 119 Abs. 2 BGB sein könnte, OLG Kiel 12.12.10 (SchlHA 11,63).

[106] BGH 18.12.54 (BGHZ 16,59 ff), OLG Hamburg 12.6.53 (MDR 55,620). Beide Entscheidungen betreffen Gesellschaften bürgerlichen Rechtes, bejahen aber zugleich im allgemeinen, daß ein Zwangskartell privatrechtliche Gesellschaftsform – also auch die Form einer jP des Privatrechts – haben kann.

Der Aufnahmezwang bei bestehenden Vereinen[107] und die Bezugsrechte alter Mitglieder bei Kapitalerhöhungen der Kapitalgesellschaften unterscheiden sich von der Abschlußpflicht bzw. Abschlußfiktion bei der Gründung einer jP dadurch, daß sie schon bestehende jPen betreffen.

5. Satzungsgestaltungsobliegenheiten.

Die Satzungsgestaltungsfreiheit erfährt eine letzte Einschränkung dadurch, daß die Aufnahme bestimmter Rechtsvorgänge der jP in die Satzung zur Wirksamkeitsvoraussetzung der entsprechenden Rechtsverhältnisse erklärt wird, obwohl die Verlautbarung dieser Vorgänge nur Publizitätszwecke, nicht aber Verfassungsnormierungsszwecke für die jP hat. Solche funktionsfremde Erweiterung des Satzungsinhaltes liegt bei den Kapitalgesellschaften in der Aufnahme von Sachgründung, Gründerlohn und Gründungsaufwand in die Satzung vor. Diese Verlautbarungen sind weder Mindesterfordernisse der Satzung – etwa bei Bargründung und Übernahme der Gründungskosten durch die Gründer ohne Entgelt seitens der AG – noch Inhaltsdiktierung: Ihre Nichtaufnahme in die Satzung bleibt ohne Folgen auf das Bestehen der jP und der Satzung und hat nur die Unwirksamkeit der zu verlautbarenden Vorgänge zur Folge. Die Aufnahme dieser Abreden in die Satzung ist somit nicht Pflicht, sondern lediglich Obliegenheit (i. w. S. dieses Wortes) der die Satzung feststellenden Personen.

III. Normengruppen in der Satzung.

Die einzelnen Bestimmungen, die nach dem vorangegangenen Schema kraft Privatautonomie oder direkter bzw. indirekter Gesetzesanordnung in die rechtsgeschäftliche Satzung aufgenommen werden, lassen sich in vier Gruppen einteilen. Jede Gruppe hat eine andere Funktion und unterliegt z. T. einer verschiedenen Behandlung im Gesetz und in der Rechtsprechung. Durch die Annahme dieser Vierteilung läßt sich eine einheitliche Charakterisierung der Satzung, wie sie mehrfach behauptet wird, nicht aufrechterhalten. Die vier Gruppen sind a) die Individualisierungsmerkmale der jP, b) organisatorische Vorschriften, d. h. Körperschaftsverfassung i.e.S., c) Verlautbarungsteil und d) individualrechtlicher Teil der Satzung (unten, §§ 10–12).

§ 10. Die Individualisierungsvorschriften der Satzung.

I. Name und Sitz.

Die für den Rechtsverkehr wichtigsten Unterscheidungsmerkmale jeder jP sind der Name und der Sitz, die deshalb die Satzung enthalten muß. Sie dienen der Individualisierung der jP in ihrem rechtsgeschäftlichen, gerichtlichen und internationalprivatrechtlichen Auftreten. Die entsprechenden Satzungsbestimmungen haben demgemäß Individualisierungsfunktion für die jP. Das Erfordernis des Namens – bei rechtsfähigen Handelsgesellschaften

---

[107] BGH 25.2.59 (BB 59,356 f), 25.5.56 (BGHZ 21,1 ff), RG 19.11.00 (RGZ 47,76 ff).

Firma genannt – und des Sitzes gilt für die Satzungen aller privatrechtlichen jPen, wenn auch das Stiftungsrecht im BGB von einem Stiftungsnamen nicht spricht. Eine mehrfache Firmenführung durch eine jP ist wegen der Individualisierungsaufgabe des Namens bei jedem Rechtssubjekt nur in der Form von Zweigniederlassungsfirmen möglich – sie dürfen von der Firma der Hauptniederlassung abweichen, müssen jedoch die Zugehörigkeit zur jP angeben –, nicht aber in der Form der Führung mehrerer abgeleiteter Firmen. Dies hat zwar die Rechtsprechung bisher nur bei AG und GmbH entschieden[108], muß aber wegen obiger Aufgabe des Namens der jP auch beim Verein und bei der Stiftung gelten.

II. Dauer und Zweck.

Sekundäre Bedeutung als Unterscheidungsmerkmale haben noch der Zweck und die Dauer der jP. Da die jP keine momentane, sondern dauerhafte Erscheinung des Rechtslebens ist, gehören zur Individualisierung der jP nicht nur die Merkmale, die hic et nunc der Unterscheidung einer jP von anderen Rechtssubjekten dienen, sondern auch die Voraussetzungen der Identität der jP in der Zukunft bzw. die Grenzen dieser zeitlichen Existenz der jP. Deshalb gehört zur Individualisierung der jP nicht nur der Sitz und der Name, sondern auch die Dauer der jP, nach deren Ablauf die jP in das Abwicklungsstadium tritt. Der Zweck der jP ist insoweit Individualisierungsmerkmal, als Zwecksänderungen u. U. die Identität der jP aufheben und eine Spaltung des Vereins in einen Mehrheits- und in einen Minderheitsverein herbeiführen können. Zwecksänderungen haben allerdings in der bisherigen Rechtsprechung[109] nur bei Vereinen diese Folgen gehabt (§ 33 Abs. 1 Satz 2 BGB), während bei Kapitalgesellschaften nur bei der steuerlichen Behandlung der Verwertung von AG- oder GmbH-Mänteln zur Identitätsablehnung geführt haben[110]. Insofern hat der Zweck bei den handelsrechtlichen jPen nur in geringerem Maße individualisierende Bedeutung.

III. Vermögen.

Bei den Kapitalgesellschaften und der Genossenschaft hat auch die Vermögens- und Kreditbasis der jP eine individualisierende Wirkung. Die Bedeutung des Vermögens der jP als Kreditbasis darf zwar nicht dahin überspitzt werden, als ob die jPen ausschließlich auf Realkredit beruhten[111], die Bedeutung der Kapitalausstattung der jPen der gewerblichen Wirtschaft ist aber als Individualisierungsmerkmal weder wirtschaftlich noch juristisch zu unterschätzen. Das sieht man nicht so sehr an den Bestimmungen, die etwa der

---

[108] RG 30.10.14 (RGZ 85,397ff), KG 29.11.12 (RJA 12,222).

[109] BGH 17.1.57 (BGHZ 23,122ff), 13.1.55 (BGHZ 16,143ff),vgl. auch Anm. 179.

[110] Der Zweck als solcher begrenzt die Vertretungsmacht des Vorstandes einer AG (GmbH, Gen) nicht, RG 19.11.26 (RGZ 115,246 ff). Vgl. auch Anm. 82.

[111] *R. Müller-Erzbach*, Handelsrecht, 2./3. Aufl., Tübingen 1928, 179.

Kapitalerhaltung bei der AG und der GmbH bzw. der Erhaltung der Haftungsbasis bei der Gen dienen, als an der Bedeutung des Vermögensüberganges bei Verschmelzung und Umwandlung der jPen der gewerblichen Wirtschaft[112]. Die Satzung enthält allerdings in ihrem Individualisierungsteil keine Angaben über das Vermögen der jP im ganzen, sondern nur über die Höhe des Aktien- und Stammkapitals bei AG und GmbH, also über einen Teil des Nettovermögens, nämlich über das gebundene Eigenvermögen. Bei der Gen ist diese Angabe umsoweniger übersichtlich, als eine absolute Haftsumme bzw. Geschäftsanteilsumme für die ganze jP fehlt, weil eine feste Zahl von Mitgliedschaften in der Satzung nicht verankert ist. Nur über den Weg der Satzungsangaben hinsichtlich der Pflichten jedes Mitgliedes und der Mitgliederliste kann man sich die Eigenvermögens- und Haftungsbasis der Gen vergegenwärtigen.

§ 11. Die Organisationsvorschriften der Satzung.

I. Normativer Charakter des Organisationsteils der Satzung.

1. Allgemeines.

Der organisatorische, zweitwichtigste Teil der Satzung ist der typische Teil der Körperschaftssatzung. Das Wesen der Organisationsbestimmungen der Satzung besteht rechtstechnisch in ihrem normativen Charakter dahin, daß diese Bestimmungen wiederholter, unbeschränkter Anwendung fähig sind und daß ihre Anwendung ebenso tatbestandsbedingt ist wie die Anwendung von Gesetzesnormen. Die herkömmliche Bezeichnung dieser Tatbestandsbedingtheit der Anwendung der materiell gesehen organisatorischen, rechtstechnisch gesehen normativen Satzungsvorschriften als Bedingung[113] kann der Eigenartigkeit der Verhältnisse bei diesen Organisationsnormen nicht gerecht werden. Dieser Organisationscharakter ist allerdings kein Unikum im Recht der juristischen Personen, weil ja auch der Gesellschaftsvertrag bei Personalgesellschaften Organisationsvertrag ist und auch die Regelung der Verhältnisse Arbeitgeber – Arbeitnehmer Organisationselemente aufweist. Hier interessiert nicht die allgemeine Problematik des Organisationsvertrages bzw. der Organisationsvorschriften im Privatrecht[114], obwohl sie sicher eine einheitliche dogmatische Untersuchung verdient hätten, sondern die Präzisierung dieses Charakters bei der Satzung der jP.

Als Organisation ist also hier nicht die räumliche-gegenständliche Arbeitsteilung und Sacheinrichtung, sondern die auf Dauerhaftigkeit und Zielerreichung abgestellte Normierung des Interessen-, Sachwert- und Machtsub-

---

[112] Bei Verschmelzung und Umwandlung gehen auf die neue bzw. übernehmende juristische Person auch die unübertragbaren Rechte der alten jP über. Dieser Übergang wurde damit begründet, daß das Individualisierende bei der jP gerade das Vermögen ist und dies ist in solchen Fällen ebenfalls übergegangen: RG 1.4.40 (RGZ 163,142 ff), 19.2.36 (RGZ 150,289 ff).

[113] So werden z.B. die Aktionärsrechte (Dividenden-, Bezugs-, Stimmrecht usw.), bis sie akut werden, oft als „bedingte Rechte" bezeichnet. Vgl. für das Bezugsrecht z.B. die Angaben bei *Georgakopoulos*, ZHR 120,122 Anm. 133.

[114] *Esser*, Grundbegriffe, Berlin–Heidelberg–Wien 1949, 194,30 f.

strates der jP zu verstehen. Eine direkte Beziehung der Organisationsbestimmungen auf das Sachwertsubstrat scheidet aus, da eine Organisationsnormierung nur durch Statuierung menschlicher Rechte und Pflichten möglich ist. Das folgt daraus, daß die Organisationsnormen Sollensätze sind. Da Träger des Interessen- und Machtsubstrates die Organe und die Mitglieder der jP sind – bei Stiftung u. U. auch die Destinatäre, falls ihnen satzungsmäßige Organfunktionen übertragen sind – zerfällt der Organisationsteil der Satzung automatisch in eine Organe- und in eine Mitgliedschaftsregelung. Die Aufstellung dieses Organisationsplanes für die jP fällt mit der Postenbesetzung innerhalb der jP nicht zusammen. Hierin besteht ein Unterschied den Personalgesellschaften gegenüber, wo wegen der Selbstorganschaft Planaufstellung (Abschluß des Gesellschaftsvertrages) und Planbesetzung zusammenfallen. Bei der jP ist der aufgestellte Organisationsplan solange nicht besetzt, bis die Mitgliedsposten der festgelegten Satzung übernommen werden und Organbestellungen und -anstellungen erfolgen.

2. Verhältnis zum herkömmlichen Normenvertrag.

Der Organisationsteil der Satzung ist trotz seines normativen Charakters kein echter Normenvertrag im herkömmlichen, hauptsächlich an Hand arbeitsrechtlicher Gegebenheiten entwickelten Sinne[115]. In diesem herkömmlichen Sinne ist der Normenvertrag eine zweiseitige oder einseitige Normenaufstellung für weitere Vertragsabschlüsse und eine solche Normenaufstellung ist im Regelfall in der Satzung nicht enthalten. Ausnahmen von diesem Regelfall stellen die jPen dar, die durch entsprechende Gestaltung der Mitgliedspflichten Kartellcharakter haben. Eine KartellAG, insbesondere aber eine KartellGmbH oder ein Kartellverein kann satzungsmäßige Abschlußpflichten der Mitglieder gegenüber der jP hinsichtlich Verträge statuieren, die schon in der Satzung inhaltlich normiert sind, oder auch die Pflicht der Mitglieder zur Einhaltung bestimmter Satzungsnormen im Rechtsverkehr mit Dritten aussprechen. Im ersteren Fall weist die Satzung Elemente eines zweiseitigen Normenvertrages auf, da die normierten Verträge zwischen jP und Mitgliedern abgeschlossen werden, im letzteren Fall Elemente eines einseitigen Normenvertrages, da die normierten Verträge mit außenstehenden, der Satzung nicht unterworfenen Personen abgeschlossen werden. Bis auf solche Kartellgestaltungen bleibt die Satzung einseitige Organisation, einseitige Normierung des inneren Betriebes der jP als selbständiges Rechtssubjekt und entbehrt den Normenvertragscharakter.

Die Zweiteilung des Organisationsteils der Satzung in Mitgliedschafts- und Organeregelung ist nicht formell dahin zu verstehen, daß jede Regelung von Mitgliederrechten und -Pflichten nur Mitgliedschaftsregelung ist. Die Mitglieder haben in mancher Hinsicht Organbefugnisse, deren Regelung dem Sinne nach nicht mehr zur Mitgliedschaftsregelung gehört.

---

[115] *Hueck*, JherJ 73,33 ff.

II. Mitgliedschaftsregelung.

1. Der Inhalt der Mitgliedschaftsregelung.

Der satzungsmäßigen Mitgliedschaftsregelung liegt unter dem AktG von 1937 kein umfassendes Tatsachenmaterial zugrunde, wie etwa für die Regelung des HGB[116]. Diese Lücke wird auch nicht durch die zahlreichen Mustersatzungen ausgefüllt, die im Fachschrifttum[117] oder als Bankbroschüren seit 1937 erschienen sind. Die Sammlung von *Flechtheim-Wolff-Schmulewitz* (vgl. Anm. 116) hat noch die Einseitigkeit, daß sie fast ausschließlich börsengängige Großunternehmen berücksichtigt, wodurch die personenbezogene AG (FamilienAG), deren Aktien meistens zum Börsenhandel nicht zugelassen sind, sowie die GmbH völlig unerforscht und außer acht geblieben sind. Diese Lücken können auch nicht durch die Angaben ausgefüllt werden, die Informationsbüchern der Wirtschaft über Industrie- und Handelsfirmen oder statistischen Veröffentlichungen u. U. entnommen werden könnten. Ohne dieses Tatsachenmaterial kann hier an Hand der einzelnen Vorschriften des AktG nur das kurz zusammengefaßt werden, was die Satzung über die Mitgliedschaft enthalten *kann.* Dazu gehören: Nennwert (§ 6 Abs. 2), Teilbarkeit (§ 8 Abs. 1 u. 4), Ausgabebetrag (§ 9), Inhaber- oder Namensform der Aktie, Umwandlung der Inhaber- in Namensaktie und umgekehrt (§ 10 Abs. 1, § 17 Abs. 1, 2), Aktiengattungsbildung (§ 11, § 19 Abs. 1), Stimmrecht (§ 12 Abs. 1 Satz 1, Abs. 2), Vorzugsrechte, Umwandlung der Vorzugsaktie in Stammaktie und umgekehrt (§ 12 Abs. 1 Satz 2), Globalaktie (§ 13), Zulässigkeit und Form der Interimsscheine (§ 8 Abs. 5, § 10 Abs. 3, 4), Miteigentum an Aktien (§ 63), Höchstzahl des zulässigen Aktienbesitzes pro Aktionär (*Flechtheim-Wolff-Schmulewitz,* a.a.O., S. 14 f), Stufengründungsvorschriften (§ 30 Abs. 9–12), Dauer der AG (§ 32 Abs. 2), Vorhandensein von genehmigtem Kapital (§ 32 Abs. 2), Verschärfung der Gründer- und Handelndenhaftung (§ 34 Abs. 1), Vinkulierungsfragen und Übertragung der Aktie (§ 50 Abs. 1, § 51 Abs. 3), obligatorische Bindung der Aktienübertragung an Zustimmung der AG (*Flechtheim-Wolff-Schmulewitz* a.a.O. S. 10 f), Einlageneinforderung und -Verzinsung, Folgen der Einlagennichtleistung, Vormännerhaftung und übrige Kaduzierungsfragen (§ 49, § 50 Abs. 2, § 54 Abs. 2, § 59 Abs. 2, 3, § 58, § 59, Flechtheim-Wolff-Schmulewitz a.a.O., S. 17–29), Nebenleistungspflichten und Gegenleistung der AG (§ 50 Abs. 1), Übertragung von Namensaktien (§ 63), Aktienbesitzzeit (§ 64), Papiererneuerungs- und Kraftloserklärungsvorschriften über Aktienurkunden (§§ 66–69), Dividendenansprüche, insb. Trennung von Vor- und Superdividende, Bonus, Berücksichtigung einer teilweisen Einzahlung des Aktiennennnwertes, die Höhe der Dividende i. V. mit allgemeinen Gewinnverwendungsvorschriften sowie etwaige Dividendengarantie (§ 58, § 53, § 65 Abs. 7), Wiederholung der gesetzlichen Bezugsrechte bzw. deren Erweiterung auf einfache Obligationen, Recht der

---

[116] *Flechtheim-Wolff-Schmulewitz,* Die Satzungen der deutschen Aktiengesellschaften, Mannheim–Berlin–Leipzig 1929.

[117] *Möhring-Schwarz,* Satzungsgestaltung nach neuem AktR, Berlin 1938, *Schmidt,* Die Umgestaltung der Satzung der AG, Berlin 1938, *Schmalz,* Die Verfassung der AG, Berlin 1950, *Dietrich,* Die Satzung der AG, Leipzig 1937.

Entsendung von Mitgliedern an den Aufsichtsrat (§ 86 Abs, 1, 2), die Aktionärsrechte in der HV (§ 102), insb. die Teilnahme an ihr, die Vertretung bei ihr (§ 103, § 106, § 107), Stimmenhöchstzahlen (§ 113, § 114, *Flechtheim-Wolff-Schmulewitz* a.a.O., S. 391 ff, 431), die Rechte stimmloser Vorzugsaktien (§§ 115–117), Prüferbestellung (§§ 118–121), Geltendmachung von Schadenersatzansprüchen gegen Organe (§ 122 Abs. 1, § 124), Kompetenzen der HV bei der Rechnungslegung und Gewinnverwendung (§§ 125 ff, inbs. §125 Abs. 3–7, § 126 Abs. 1–3), Wahl der Wirtschaftsprüfer (§ 136), Rechte der Minderheitsaktionäre (§ 136), Aktionärsrechte und Kompetenzen bei Satzungsänderungen (§§ 145–148), insb. bei den verschiedenen Formen der Kapitalerhöhung (§§ 149 ff, §§ 159 ff, §§ 169 ff), bei Kapitalherabsetzungen (§§ 175–182), Aktieneinziehungsvorschriften (§§ 192–194), Regelung des Anfechtungsrechtes (§ 198), die Auflösungsgründe, die Regelung des Auflösungs- bzw. Fortsetzungsbeschlusses (§ 203, § 204, § 215), Regelung der Nichtigkeitsklage (§ 216), Vorschriften über Verschmelzung und Umwandlung u.a.m. Dazu kommen Vorschriften über Ausstattung und Ausgabe künftiger Aktien.

2. Die Mitgliederrechte insbesondere.

Da nun in der Aktiengesellschaft der Grundsatz der Beschränkung der Aktionärspflichten auf einmalige Einlageleistung und wiederkehrende, nicht in Geld bestehende Nebenleistungen (Grundsatz der kapitalistischen Beteiligung) herrscht und da diese kapitalistischen Einlagepflichten in ihrer Unabdingbarkeit und Unbiegsamkeit (Aufrechnungs- und Rückgewährungs- bzw. Erlaßverbot) kaum dogmatische Probleme aufweisen, besteht naturgemäß der Kern der Mitgliedschaftsregelung in der Festlegung der Mitgliedsrechte gegenüber der jP (AG). Diese Mitgliedsrechte sind umsomehr bedeutend, als die Machtverhältnisse innerhalb der AG den Aktionär und insbesondere den Minderheits- oder Einzelaktionär als besonders schutzbedürftig erscheinen lassen. Die Bedeutung der Mitgliedsrechte erweist sich noch größer in den Fällen, wo die Einlage voll eingezahlt ist und keine Nebenleistungspflichten bestehen – solchenfalls umfaßt nämlich die Mitgliedschaft bis auf die praktisch fragwürdige Treuepflicht nur noch Rechte.

Wie bei anderen Mehrheitsgemeinschaften[118] wäre am sinnvollsten eine Dreiteilung dieser Rechte in a) individuell jedem Aktionär zustehende Rechte, b) allen Aktionären gemeinsam zustehende und durch gemeinsame Willensbildung ausgeübte Rechte und c) Rechte auf Beteiligung an bzw. Anfechtung dieser Willensbildung. Die Gruppen a und c bilden die Einzelkompetenz, die Gruppe b bildet die Gesamtkompetenz der Aktionäre. Die Individualrechte jedes Aktionärs umfassen etwa das Recht auf Aushändigung einer Aktienurkunde, das dingliche Recht an der erteilten Urkunde, den Anspruch auf Dividende und auf Liquidationserlös, das Bezugsrecht auf neue Wertpapiere der AG, den Zinsenanspruch bei Einlagenverzinsung, das Recht auf Entsendung von Mitgliedern an den Aufsichtsrat, den Vergütungsanspruch für Nebenleistungen und allen diesen Rechten ist es gemeinsam, dass – unabhängig

[118] Insb. der Obligationäregemeinschaft bei Teilschuldverschreibungen, vgl. *Georgakopoulos* a.a.O. 105.

davon, ob sie Sonderrechte sind oder nicht – jeder Aktionär bei ihrer Geltendmachung allein und im eigenen Namen auftritt. Ebenfalls Individualrechte in diesem Sinne sind die Rechte der Gruppe c, also das Recht auf Teilnahme an der Hauptversammlung und an ihrer Willensbildung und das Recht auf Geltendmachung von Anfechtungs- und Nichtigkeitsmängeln dieser Willensbildung. Sie stellen jedoch eine Sondergruppe dar, da sie den Übergang zu den Gemeinschaftsrechten bilden, ohne welche (Gemeinschaftsrechte) sie keinen Sinn haben. Sie haben nicht per se eine Bedeutung, sondern nur wegen der Machtstellung und Kompetenz der Hauptversammlung. Das Teilnahme- und Stimmrecht des Aktionärs in der Hauptversammlung sind somit in ihrer Geltendmachungsform Individualrechte, in ihrer Auswirkung jedoch Organrechte, indem sie den Aktionären eine organähnliche Tätigkeit ermöglichen. Die Tatsache, daß bestimmte Individual- oder Organrechte (Gruppe a und c) nicht nur eine Aktie, sondern einen bestimmten prozentualen Aktienbesitz von 5% bzw. 10% voraussetzen – Einberufung der HV, § 106 Abs. 2, Bestimmung der Tagesordnung, § 106 Abs. 3, Beantragung einer Sonderprüfung, § 118 Abs. 2, gerichtliche Neubestellung der von der HV bestellten Sonderprüfer, § 118 Abs. 3, Geltendmachung von Schadensersatzansprüchen der AG gegen Organe, § 122 Abs. 1–2, Vertagung der Verhandlung über den Jahresabschluß, § 125 Abs. 7, Widerspruch gegen die Bestellung von Jahresabschlußprüfern, § 136 Abs. 2–3, Anfechtungsrecht, § 198 Abs. 2 und gerichtliche Bestellung oder Abberufung der Abwickler, § 206 Abs. 2 AktG –, ändert an ihrem Charakter als subjektive Rechte m.E. nichts. Das Stimmrecht bleibt z.B. ebenfalls unbestrittenermaßen subjektives Recht, obwohl die Satzung für eine Stimme einen größeren Aktienbesitz als eine Aktie verlangen kann. Die Gruppe der Sozial- oder Gemeinschaftsrechte (Gruppe b) setzt Beschlüsse einer das Quorum erreichenden Aktionäremehrheit voraus und dieser Beschluß, der als Satzungsänderung oder als Entscheidung in anderen Kompetenzbereichen der HV *gestaltende* Wirkung auf die Verhältnisse der jP zu den einzelnen Aktionären oder zu den einzelnen Vertretungs- und Geschäftsführungs- oder Aufsichtsorganen ausübt, wird nicht den Aktionären im eigenen Namen, sondern der jP zugerechnet. Oft entsteht dadurch ein Individualrecht der einzelnen Aktionäre (z. B. Dividendenanspruch bei Gewinnverteilungs-, Bezugsrecht bei Satzungsänderungsbeschluß), das ist aber nicht immer der Fall. Das Recht der Beschlußfassung über Fragen der Kompetenz der HV und der entsprechenden Gestaltung der Rechtsverhältnisse der jP wird hiermit als Gemeinschaftsrecht aller Aktionäre, als ihr Sozialrecht betrachtet. Es gibt genauer soviele solche Sozialrechte (Gestaltungsrechte im obigen Sinne), wie die sachlich und inhaltlich verschiedenen Beschlußarten. Ebensosehr wie der Vorstand das Recht (die Befugnis) hat, die jP zu vertreten, so haben auch die Aktionäre das Recht, durch Mehrheitsbeschlüsse in der HV die jP in den der HV überlassenen Fragen zu gestalten. Der HV können als solcher keine Rechte zustehen, da sie keine jP ist. Die Befugnisse müssen also als Gemeinschaftsrechte der Aktionäre bezeichnet werden, da sonst keine juristische Erklärung der Machtunterschiede zwischen Alleinbesitz, Mehrheitsaktienpaket, Sperrminorität und Streuaktienbesitz zu finden wäre. Ob diese Bezeichnung die Grenzen des herkömmlichen subjektiven Rechtes sprengt, kann hier nicht erörtert werden. Eins scheint mir auf alle Fälle sicher, daß nämlich die Annahme von gemeinschaftlichen Gestaltungsrechten der Aktionäre die treueste juristische Berücksichtigung der wirtschaftlich unumstrittenen Mehrheitsherrschaft im rechtsfähigen Verband ist. Bei nicht rechtsfähigen Verbänden ist es anders, weil die Beschlüsse nicht im Namen einer jP, sondern im Namen aller Mitglieder gefaßt werden. Die Mitglieder der nicht rechtsfähigen Verbände gestalten daher durch ihre Beschlüsse ihre eigenen Angelegenheiten, während die Mitglieder der jP nicht (nur) ihre eigenen Angelegenheiten, sondern (auch) die Rechtsverhältnisse der jP gestalten, die mit den Mitgliedern nicht identisch ist.

III. Die Vertretungs- und Geschäftsführungsregelung.

1. Vertretungsregelung.

Während beim Verein und der Stiftung nur das Vorhandensein eines Vorstandes gesetzlich vorgeschrieben ist und der Satzung überlassen wird, seine Vertretungsmacht zu bestimmen, ist die Regelung der Vertretungs- und Geschäftsführungsverhältnisse bei der AG, der GmbH und der Gen zwingend und viel ausführlicher. Bei diesen drei jPen und insb. bei der AG – auf einen eingehenden Vergleich der drei jPen in dieser Hinsicht kann hier verzichtet werden – gilt der Grundsatz, daß die Kompetenzen der Verwaltungskörper zwingend geregelt sind.

2. Geschäftsführungsregelung.

a. Der Hauptraum für Sonderbestimmungen der Satzung in dieser Hinsicht bleibt deshalb nicht die Vertretung der AG, sondern die Geschäftsführung. Die unentziehbare Geschäftsführungsbefugnis des Vorstandes (§ 70 Abs. 1, § 95 Abs. 5 AktG) scheint wegen der Formulierung des § 70 Abs. 1 intern beschränkbar zu sein, insb. hinsichtlich einzelner Geschäfte oder Geschäftszweige. Unzulässig ist wegen des § 95 Abs. 5 AktG auf jeden Fall die sog. Generalklausel zugunsten des Aufsichtsrates[119]. Die Satzung kann heute nur für einzelne Geschäfte oder Geschäftszweige die Zustimmung des Aufsichtsrates vorsehen, § 95 Abs. 5 Satz 2 AktG[120]. Da jedoch die Zustimmung des Aufsichtsrates nur seine Mitverantwortung nach § 99 AktG, nicht aber die Befreiung des Vorstandes von seiner Haftung bewirkt (§ 84 Abs. 4 Satz 2), bleibt die Entscheidungsverantwortlichkeit beim Vorstand. Eigenes Verschulden hat der Vorstand trotz Zustimmung des Aufsichtsrates zu vertreten und der Vorstand hat keine Konsequenzen zu tragen, wenn er zwar satzungswidrig (d. h. ohne oder gegen die Meinung des Aufsichtsrats), aber ohne die AG zu schädigen handelt. Hat er ohne oder gegen die Zustimmung des Aufsichtsrats gehandelt und die AG dadurch geschädigt, so haftet er zwar, das würde aber auch dann der Fall sein, wenn der Aufsichtsrat zugestimmt hätte. *Das zeigt somit, daß die Zustimmungsabhängigkeit des Vorstandes keine interne Beschränkung der Geschäftsführungsbefugnis im Endergebnis bewirkt.*

---

[119] Beispiele bei *Flechtheim-Wolff-Schmulewitz* a.a.O. 263 f.
[120] Beispiele ebenfalls bei *Flechtheim-Wolff-Schmulewitz* a.a.O. 275–313.

Die unter dem HGB weitgehend geläufige Befragungspflicht des Vorstandes gegenüber der HV[121] ist in § 103 Abs. 2 AktG nur als Befragungsrecht zugelassen und eine Beschränkung dieses Befragungsrechtes in der Satzung ist wohl als zulässig zu bezeichnen, allerdings ohne die Fälle anzutasten, wo die HV kraft Gesetzes zuständig ist. Diese Fälle sind ja keine Anwendung des Befragungsrechtes.

Bei den Beschlüssen der HV, ob sie nun gesetzlich vorgeschrieben oder durch Befragung des Vorstandes veranlaßt, besteht eine unterschiedliche Durchführungspflicht des Vorstandes. In § 122 Abs. 1, § 126 Abs. 3 AktG hat der Vorstand ausdrücklich eine Durchführungspflicht, während in anderen Fällen eine Durchführungstätigkeit gar nicht erforderlich ist (z. B. Bestellung von Aufsichtsratsmitgliedern, Festlegung der Vergütung und Annahme der Wahl in der HV). Bei den übrigen gesetzlich vorgesehenen Beschlüssen der HV handelt es sich offensichtlich um „gesetzmäßige Beschlüsse" i.S. des § 84 Abs. 4 Satz 1 AktG und daraus sowie aus der Anfechtungsmöglichkeit des Vorstandes nach § 198 Abs. 1 Nr. 4–5 AktG ergibt sich, daß der Vorstand im Bereich dieser Beschlüsse durchführungspflichtig ist. Aus § 198 Abs. 1 Nr. 5 ergibt sich m. E. unzweideutig, daß der Vorstand nur eine Möglichkeit hat, die im Beschluß enthaltene Weisung zu vermeiden, nämlich die Anfechtung. Ohne Anfechtung ist er durchführungspflichtig, wenn er sich auch durch die Durchführung schadensersatzpflichtig macht. Einer ausdrücklichen Durchführungspflicht steht die Anmeldungspflicht des Vorstandes hinsichtlich Satzungsänderungen gleich, falls die Durchführung allein in der Anmeldung besteht. Sind aber zur Durchführung noch weitere Maßnahmen notwendig (etwa Placierung der neuen Aktien ober Obligationen, Abschluß eines Verschmelzungs- oder Gewinnabführungsvertrages, Vermögensübertragung), so ist es eine Frage der Beschlußauslegung, ob und in welchen Grenzen sich der Vorstand um diese weitere Durchführung zu bemühen hat, d. h. ob der Beschluß Weisung oder nur Ermächtigung enthält. Ob Durchführungsermächtigung oder Durchführungsweisung bleibt auf jeden Fall der (gültige) HV-Beschluß ein „gesetzmäßiger Beschluß" i.S. des § 84 Abs. 4 Satz 1 AktG und befreit den Vorstand von seiner Haftung, soweit er sich innerhalb der Beschlußgrenzen bewegt. Bei Ausnutzung des ihm etwa überlassenen Spielraums bleibt seine Haftung bestehen. Trifft ihn eine gesetzliche Durchführungspflicht, so haftet er für die schuldhafte Durchführungsunterlassung. Ob die Satzung eine Durchführungspflicht für gesetzmäßige Beschlüsse der HV einführen kann, obwohl das Gesetz selbst für diese Beschlüsse keine Durchführungspflicht kennt, scheint mir zu bejahen zu sein. Für die AG und die Gläubiger bedeutet das nur eine Verschärfung der Vorstandshaftung, die nicht unerwüscht sein kann, und für den Vorstand bedeutet die statutarische Durchführungspflicht keine übermäßige Belastung, da er ja den Beschluß anfechten kann, falls er sich durch die Durchführung schadensersatzpflichtig macht. Bei Durchführungsunterlassung sind allerdings die AG und vielmehr die Aktionäre und die Gläubiger nur auf die Schadensersatzansprüche gegen den Vorstand angewiesen, ohne Klage auf Durchführung des Beschlusses zu haben. Wegen des § 103 Abs. 1 AktG scheint mir die Feststellungs- oder Leistungsklage in diesem Sinne auch

[121] Beispiele wie Anm. 120, S. 287, 444 ff.

nicht im Wege der analogen Anwendung des § 122 Abs. 2 AktG möglich zu sein[122], weil ja nach § 103 Abs. 2 AktG die Befugnisse der HV erschöpfend im Gesetz bestimmt sind.

Wegen des Haftungssystems bei der AG ist auch abzulehnen, die Beschlüsse der HV dann als Zustimmungs- oder Weisungsbeschlüsse für den Vorstand anzusehen, wenn sie nach Ausübung seines Befragungsrechtes zustandegekommen sind. Die Haftung der Organe bei der AG ist nämlich nicht nur Mitglieder-, sondern auch Gläubigergarantie, § 84 Abs. 5 AktG. Die satzungsmäßige Überweisung von Zustimmungszuständigkeiten an die HV kann nach § 84 Abs. 5AktG keinen Einfluß auf die Gläubigerrechte ausüben. Den Gläubigern gegenüber ist also diese Satzungsbestimmung wirkungslos. Die Überweisung von Zustimmungszuständigkeiten an die HV kann also nur für die Schadensersatzansprüche der AG selbst von Bedeutung sein – und hier genau läßt sich die Unvereinbarkeit dieser Überweisung mit dem § 84 Abs. 4 Satz 3 AktG zeigen: Wenn der Erlaß dieser Schadensersatzpflichten des Vorstandes erst fünf Jahre nach Entstehung des Anspruchs und nur unter erschwerten Voraussetzungen (Vetorecht der Minderheit) beschlossen werden kann, so hätte die Zulässigkeit dieser satzungsmäßigen Überweisung die Beschneidung der gesetzlichen Minderheitsrechte zur Folge. Deshalb ist der Sinn des § 84 Abs. 4 Satz 1 und 3 AktG nur der, daß auch intern nur diejenigen Beschlüsse der HV die Vorstandshaftung ausschließen, die *inhaltlich* von Gesetzes wegen zugelassen sind[123]. „Gesetzmäßiger Beschluß" i. S. des § 84 Abs. 4 Satz 1 AktG ist demnach der Beschluß, der nicht nur in seinem Zustandekommen, sondern auch in seinem Inhalt gesetzlich vorgesehen ist. Darüber hinaus lassen sich zusätzliche Weisungs- oder Zustimmungszuständigkeiten der HV nicht begründen. Von seiner Haftung kann sich der Vorstand demnach auch nicht durch freiwilliges Befragen der HV befreien. Handelt der Vorstand allerdings *gegen* einen Weisungs- oder Zustimmungsbeschluß der HV, gleich ob dieser Beschluß gesetzlich vorgesehen ist oder nicht, so hat das Vorhandensein eines seinem schädigenden Handeln entgegenstehenden Beschlusses die Verschärfung seiner Haftung zur Folge, da er ja solchenfalls „trotz Warnung" handelt. – Die Darstellung zeigt demnach, daß unbeschränkbar nicht nur die Vertretungsmacht des Vorstandes, sondern auch seine Geschäftsführungsbefugnis ist. Auf konzernrechtliche Tatbestände der Geschäftsführungsbefugnisbindung bei der AG kann hier allerdings nicht eingegangen werden. Eines mag hier erwähnt werden: geht einer solchen konzernmäßigen Geschäftsführungsbindung ein Beschluß der HV vor, weil etwa die Bindung

---

[122] *Baumbach-Hueck*, Anm. 2 A zu § 74 AktG bejahen ein solches Klagerecht des Aufsichtsrates. – Nun verweist § 97 Abs.1 AktG, der die Vertretungsmacht des Aufsichtsrates regelt, auf § 103 Abs.2 AktG durch die Formulierung, daß der Aufsichtsrat zur Führung der von der HV beschlossenen Prozesse befugt ist. Die HV kann aber kraft Gesetzes nur die Führung von Entschädigungsprozessen beschließen (§ 103 Abs. 1, §§ 122 ff AktG). Darüber hinausgehende Beschlüsse sind gesetzwidrig, § 197 Abs.1 AktG. Der Vorstand kann sie also anfechten, § 198 Abs.1 Ziff.4 AktG. Ein darüber hinausgehender Beschluß liegt gerade vor, wenn die HV die Erhebung einer solchen Feststellungs- oder Leistungsklage beschließt.

[123] Anders die allgemeine Meinung im Schrifttum, die – bis auf die schuldhafte Herbeiführung des Beschlusses durch den Vorstand – eine Befreiung des Vorstandes von seiner Haftung auch in den Fällen des § 103 Abs.2 AktG annimmt.

Bestandteil der Verträge des § 256 Abs. 1–2 AktG bildet, so befreit dieser „gesetzmäßige Beschluß" den Vorstand von seiner Haftung bei dem Abschluß und der Erfüllung obiger Verträge nur intern (der HV gegenüber), nicht aber den Dritten gegenüber, § 84 Abs. 5 AktG. Ist diese Geschäftsführungsbindung vom Vorstand kraft seiner Vertretungsmacht zwar rechtsgültig, jedoch ohne vorherige Beschlußfassung der HV – weil etwa die Bindung nicht zu den Tatbeständen des § 256 Abs. 1–2 AktG gehört – eingegangen, so bleibt bestehen nicht nur die Außenhaftung (§ 84 Abs. 5), sondern auch die Innenhaftung (§ 84 Abs. 4) des Vorstandes. Sie ist allerdings eine Verschuldenshaftung, § 84 Abs. 1–3, und macht die vieldiskutierte Haftung der Konzernspitze nicht überflüssig. Eines nur ist bei den Reformarbeiten bedenklich, nämlich der Vorschlag, die Beschlußfassung der HV über möglichst alle Konzernfragen auszudehnen. Die Verwirklichung dieses Gedankens ohne entsprechende Anpassung des § 84 Abs. 4 Satz 1 AktG nimmt der AG die sonst jetzt bestehende Innenhaftung des Vorstandes (er wird solchenfalls der AG gegenüber für konzernbedingte Maßnahmen nicht mehr haften, weil diese Maßnahmen auf einem gesetzmäßigen Beschluß der HV beruhen werden).

b. Der Satzung ist trotzdem nicht jede Möglichkeit verschlossen, die Geschäftsführung der AG zu binden. Bisher war die Rede von der gesetzlichen Geschäftsführungsbefugnis des Vorstandes, die unbeschränkbar ist. Die Satzung kann aber, wenn nicht die Befugnisse des Vorstandes, doch diese der HV beschränken und regeln, die Satzung kann Vorschriften über künftige HV-Beschlüsse aufstellen – etwa über Gewinnverwendungsbeschlüsse. Sie kann bestimmte Beschlüsse verbieten, andere Beschlüsse u. U. anordnen – und auf die Möglichkeit solcher Satzungsbestimmungen bezieht sich die Anfechtbarkeit von satzungswidrigen HV-Beschlüssen nach § 197, § 198 AktG. Die Satzung kann somit Geschäftsführungsvorschriften aufstellen, die die HV bei ihren gesetzlich vorgesehenen (ermöglichten) Beschlüssen *im Sinne der Beschlußanfechtbarkeit binden.* Beschließt der Vorstand über denselben Gegenstand – etwa Gewinnverwendung, weil er mit dem Aufsichtsrat gemeinsam den Jahresabschluß festgestellt hat –, so gelten diese Bindungen für ihn nicht mehr: der satzungswidrige Gewinnverwendungsbeschluß der HV ist anfechtbar, die gleiche Entscheidung des Vorstandes unangreifbar[124].

c. Bei mehrköpfigem Vorstand kann die Satzung Einzelvertretungsbefugnis der Vorstandsmitglieder statuieren, § 71 Abs. 2 Satz 1 AktG. Dies gilt dann auch für die Geschäftsführungsbefugnis. Diese satzungsmäßige Einzelvertretungsbefugnis hat mit der Ermächtigung des § 71 Abs. 2 Satz 2 AktG nichts zu tun.

d. Keine echten Geschäftsführungsbestimmungen enthalten zuletzt die Satzungsvorschriften, die die gesetzlichen Buchführungs- und Bilanzierungspflichten der AG lediglich wiederholen. Diese Bestimmungen betreffen nämlich keine Pflichten der Organe, sondern Pflichten der jP. Deshalb sind auch diejenigen Vorschriften des AktG, die die Wirksamkeit bestimmter Handlungen der AG – etwa Nachgründung, Erlaß und Verzicht auf Schadensersatzansprüche gegen Organe, Satzungsänderungen – regeln, keine echten Beschränkungen der Geschäftsführungsbefugnis des Vorstandes.

---

[124] *Würdinger,* DB 1958, 825.

e. Die Regelung der Geschäftsführung in der AG kann nur dann richtig verstanden werden, wenn sie mit dem Haftungssystem des AktG kombiniert wird. Sie erscheint dann als das denknotwendige und wirtschaftlich adaequate Korrelat dieses Haftungssystems. Bei der Regelung der Geschäftsführung sind zwei Interessengruppen zu berücksichtigen, die Minderheitsaktionäre und die Gläubiger der AG. Die Mehrheitsaktionäre scheiden deswegen aus, weil sie durch die Stimmenmehrheit doch indirekt die Geschäftsführung bestimmen. Den Gläubigern nun ist dadurch Rechnung getragen, daß für die Geschäftsführung faßbare Personen – nämlich der Vorstand – und nicht labile und unübersehbare Verwaltungskörper wie die HV haften. Ein Verschuldenbeweis gegen die HV wäre ja so gut wie unerreichbar. Der Minderheitsschutz andererseits darf nicht als Hindernis für die Arbeitsfähigkeit der AG ausgestaltet werden. Ein Vetorecht der Minderheit gegen alle Geschäftsführungsbeschlüsse der HV wäre demnach kaum praktikabel. Es ist deshalb durchaus zu begrüßen, daß die Geschäftsführungsbefugnisse der HV minimal gehalten sind. Den Ausgleich bilden die Verschärfung der Haftung der Organe nach § 84, § 99 und der Minderheitsschutz bei der Geltendmachung von Schadenersatzansprüchen, §§ 122 ff AktG. Um dieses System der Verbindung von Haftung, Geschäftsführung und Minderheitsschutz nicht zu stören, wurde die vorerwähnte strenge Auslegung des § 84 Abs. 4 Satz 1 AktG vertreten. Zwecks Erhaltung der Vorstandshaftung der Minderheit gegenüber muß sowohl dem Vorstand als auch der Mehrheit eine Erweiterung der HV-Tätigkeit in Geschäftsführungsfragen versagt bleiben.

§ 12. Der sonstige Satzungsinhalt.

I. Verlautbarungsteil.

Der Verlautbarungsteil der Satzung erfüllt keine Normierungsfunktion. Die Angaben, die als Verlautbarungsteil der Satzung hier bezeichnet werden, werden im Gesetz genau vorgeschrieben und betreffen den Gründerlohn, den Gründungsaufwand und die Sachübernahmen. Sie dienen der Informierung der Öffentlichkeit über die Anfangsdispositionen der AG und somit der Gründungssolidität. Dadurch, daß die Satzung von den Gründern festgestellt wird und daß ohne die Aufnahme in die Satzung die anzugebenden Rechtsverhältnisse unwirksam sind, erfüllt der Verlautbarungsteil die zusätzliche Funktion, daß die Wirksamkeit dieser Verhältnisse von der Zustimmung der Aktionäre abhängig wird. Die Gründungssolidität schützt somit nicht nur den Verkehr, sondern auch die Aktionäre, §§ 19, 20 AktG.

Zum Verlautbarungsteil gehören allerdings nicht die Angaben über Sacheinlagen und Aktionärsondervorteile. Sacheinlagen und Sondervorteile – letztere entsprechen den Sonderrechten des § 35 BGB – sind deshalb in die Satzung aufzunehmen, weil sie die Mitgliedschaft regeln. Die Tatsache, daß diese Aufnahme zugleich Publizitätsaufgaben dient, ändert daran nichts. Die Sacheinlagen und die Sondervorteile bzw. Sonderrechte wären auch ohne die Bestimmung des § 19 und § 20 AktG in die Satzung aufzunehmen, weil sie Bestandteil der Mitgliedschaftsregelung sind. §§ 19, 20 AktG sind notwendig, nur um die Konsequenzen der Nichtaufnahme zu bestimmen.

II. Individualrechtlicher Satzungsteil.

1. Allgemeines.

Mit dem Verlautbarungsteil nicht zu identifizieren ist die Aufnahme anderer individualrechtlicher Vorgänge der AG oder GmbH in die Satzung. Diese Aufnahme erfolgt nunmehr nicht kraft gesetzlicher Anordnung, sondern weil die Parteien es so wollen. Die Satzung enthält solchenfalls entweder nur die Willenserklärung der AG oder auch diejenige des Gegners der AG (GmbH). Letzteres ist durch seine Unterschrift auf der Satzung möglich, da die Mitwirkung von Nichtaktionären (Nichtgründern) bei der Satzungsfeststellung zulässig ist[125]. Die Satzungsurkunde enthält solchenfalls zwei verschiedene Rechtsgeschäfte, die Verfassung der jP einerseits und den jeweiligen Vertrag mit dem Außenstehenden andererseits. Die Rechtsprechung hat meistens Fälle zu beurteilen gehabt, wo die Satzung die An- und Bestellung von Organen enthalten hat[126].

2. Zulässigkeit des individualrechtlichen Teils.

Die wichtige Frage dabei ist jedoch, ob und inwieweit die Aufnahme solcher individualrechtlicher Vorgänge in die Satzung wirksam oder zulässig ist. Da nun die Aktionäre durch die Satzungsfeststellung und die Aufnahme von individualrechtlichen Vorgängen in die Satzung nicht mehr Rechte in Anspruch nehmen können als sie haben, lautet die Antwort auf die Frage der Zulässigkeit und Wirksamkeit der Aufnahme solcher Vorgänge in die Satzung folgendermaßen: Die Aktionäregesamtheit hat nach dem Gesetz nur in ganz bestimmten Fällen die Möglichkeit, die AG Dritten gegenüber zu binden, d. h. zu vertreten. Diese Fälle sind die An- und Bestellung des Aufsichtsrates, § 23 Abs. 1, der Sonderprüfer, §§ 118 ff, der Sondervertreter, § 122 Abs. 2, und der Abschlußprüfer, § 136 Abs. 1. Da die Vertretungsmacht des Vorstandes sonst unbeschränkt und unbeschränkbar ist und die Wirksamkeit von Vertretungshandlungen anderer Personen einer Beschränkung dieser Vertretungsmacht des Vorstandes gleichkommt, muß man die Fälle der §§ 23 Abs. 1, 118, 122 Abs. 2 und 136 Abs. 1 AktG als die einzigen betrachten, die in die Satzung aufnahmefähig sind. Fragen der Geschäftsführung können zwar in der Satzung geregelt sein, diese Regelung bleibt jedoch ohne Außenwirkung, sie bindet die AG nach außen hin nicht, wenn auch eine Entscheidung der Aktionäre kraft Gesetzes darüber erforderlich sein kann (z. B. Verschmelzung, Umwandlung, Interessengemeinschaft). In diesen Fällen ist ein Ver-

---

[125] KG 11.1.19 (OLGR 40, 190).

[126] BGH 28.10.57 (BGHZ 26,10 ff, Witwenpensionsklausel), BFH 5.12.56 (Slg. 64,74, Grundstücksauflassung), BGH 4.10.56 (BGHZ 21,370 ff), 29.9.55 (BGHZ 18,205 ff, Pensionszusage an Geschäftsführer), 29.9.54 (L–M 25 zu § 549 ZPO, Witwenpensionsklausel), AG Heide 16.3.48 (ArbRStichw. I Nr. 599*, Anstellungsvertrag des Geschäftsführers einer GmbH), RAG 24.10.34 (JW 35,443), 30.11.38 (ArbRSlg. 35,30–36: Geschäftsführeranstellung in der GmbH-Satzung).

tragsabschluß seitens des Vorstandes unbedingt erforderlich und die Äußerung der Aktionäre, gleichgültig ob sie in der Satzung oder im Beschluß der HV enthalten ist, bindet die AG nicht.

3. Bedeutung und Abgrenzung des individualrechtlichen Teils.

Die Bedeutung des individualrechtlichen Teils der Satzung liegt darin, daß er in der Rechtsprechung anders behandelt wird als der Individualisierungs- und Organisationsteil. Während dort der Satzungsnichtigkeit bzw. Satzungsanfechtung und der Satzungsauslegung enge Grenzen gezogen werden, ist die Anfechtung individualrechtlicher Vorgänge durch die Aufnahme in die Satzung nicht beeinträchtigt[127]. Sie sowie auch die Auslegung und die Revisibilität[128] finden so statt, als ob es sich nicht um Satzungsbestimmungen handelte.

Mit dem individualrechtlichen Teil nicht zu identifizieren sind *individualistische* Ausstattungen der Mitgliedschaft, etwa in Form von Sonderrechten (Sondervorteilen) und Sonderpflichten, insb. Nebenpflichten. Sie sind zwar ihrem Wesen nach besonders zu behandeln, gehören aber trotzdem zur Körperschafts- und Mitgliedschaftsverfassung im engeren Sinne[129]. Als individualrechtliche Vorgänge sind allerdings die Angaben des Verlautbarungsteils zu behandeln, die Lage hierbei ist aber deshalb eine andere als beim individualrechtlichen Satzungsteil, weil ja die Anfechtung oder Auslegung etwa des Sachübernahmevertrages oder der Gründerlohn- bzw. Gründungs-

---

[127] BGH 4.10.56 (BGHZ 21,370 ff, Nachprüfung einer individualrechtlichen Strafe, die in der Satzung eines Vereins enthalten ist), 29.9.55 (BGHZ 18,205 ff, Abänderung der in der Satzung enthaltenen Pensionszusage an einen Geschäftsführer ohne Satzungsänderung), RAG 24.10.34 (JW 35,443 ebenfalls), 30.11.38 (ArbRSlg. 35,30: Anfechtung der Anstellung).

[128] Vgl. einerseits für normale Satzungsbedingungen BAG 19.12.58 (MDR 59, 432), BGH 22.5.58 (BGHZ 27,297 ff), 10.10.57 (BGHZ 25,311 ff), BAG 21.4.56 (AP 2 zu § 549 ZPO, Ablehnung der Revisibilität der Satzungsauslegung bei nrfV), BGH 9.6.54 (BGHZ 14,25 ff), 22.4.53 (BGHZ 9,279 ff), RG 4.2.43 (RGZ 170,358 ff), RG 4.6.40 (RGZ 164,129 ff), 23.12.38 (RGZ 159,272 ff), 25.1.39 (RGZ 159,321 ff), 28.1.36 (RGZ 150,115 ff), 20.6.33 (RGZ 141,204 ff), 25.4.33 (RGZ 140,303 ff), 11.10.32 (RGZ 137, 305 ff), 28.1.30 (RGZ 127, 186 ff), 18.11.21 (RGZ 103,195 ff), 25.1.21 (RGZ 101,246 ff), 21.6.12 (RGZ 79,418 ff), 25.2.39 (DR 1939,720), 19.11.38 (JW 1939, 354), 1.3.18 (LZ 18,918), 25.6.29 (GmbHR 29,668), und andererseits für individualrechtliche Satzungsbestimmungen: BGH 17.1.57 (GmbHR 57,132), 29.9.54 (L–M Nr. 25 zu § 549 ZPO).

[129] Die Auslegung und die Revisibilität der Satzung in ihrem körperschaftlichen Teil beruht allerdings nicht auf der Satzungseigenschaft dieses Textes, sondern darauf, daß es sich um typische Bestimmungen mit Außenwirkung handelt, BAG 15.12.56 (AP Nr. 4 zu § 549 ZPO), 5.5.55 (AP Nr. 1 zu § 549 ZPO, RG 28.5.37 (RGZ 155,133 ff), 14.12.34 (RGZ 146,1 ff), 19.6.34 (RGZ 145,21 ff), 11.5.34 (RGZ 144,301 ff), 5.10.16 (R 17 Nr. 2054,2126). Daher die Bejahung dieser Grundsätze auch vor der Eintragung der jP, BGH 10.10.57 (a.a.O.), allerdings nur wenn es sich um typische Bestimmungen handelt (beim nrfV also u.U. abzulehnen: BAG 21.4.56, AP Nr. 2 zu § 549 ZPO). Die Revisibilität der Satzung einer jP wird z.B. ebenfalls nicht immer angenommen, z.B. bei bestimmten öffentlichrechtlichen jPen: RG 25.10.33 (RGZ 142,156 ff). Ohne Zustimmung der Betroffenen können weder Sonderrechte entzogen (§ 35 BGB = ALR II, 6 § 68) noch Nebenpflichten verschärft werden (st.Rspr.), die Ansprüche der AG unterliegen den §§ 57–60, 122–124 AktG, Geltendmachung von Mängeln ist nach einer Meinung uneingeschränkt zulässig u.s.w.

aufwandsvereinbarungen keine Satzungsanfechtung bzw. -auslegung sind[130]. Die Notwendigkeit der Übereinstimmung dieser Verträge mit den diesbezüglichen Satzungsangaben bedeutet nur, daß auch im Wege der Auslegung dieser Verträge eine Abweichung von der Satzung unzulässig ist.

---

[130] RG 10.7.40 (HRR 1940, 1354). Ausnahme ist der Fall, wo eine gemischte Sacheinlage/Sachübernahme vorliegt, die im ganzen dem Gesellschaftsrecht unterliegt, KG 23.3.28 (JW 28,1822).

Fünftes Kapitel

Die Satzungsfeststellung

§ 13. Das Auseinanderfallen der Satzungsfeststellung und der Mitgliedschaftsübernahme.

I. Allgemeines.

Die rechtsgeschäftliche Aufstellung der Satzung erfolgt bei den juristischen Personen des deutschen Privatrechtes entweder bei der Gründung oder anläßlich einer sog. Satzungsänderung. Die Fälle einer gesetzlich aufgestellten Satzung wie etwa bei der Berggewerkschaft (§ 94 Abs. 1–2 Allg. Preuss. BergG.) oder auch einer auf Verwaltungsakt beruhenden Satzung wie die im § 85 BGB für die Stiftung vorgesehene Möglichkeit oder wie die Satzungen rechtsfähiger Zwangskartelle (soweit diese dem Privatrecht angehören) interessieren hier nicht.

Die Satzungsaufstellung ist nicht der einzige Inhalt des rechtsgeschäftlichen Gründungstatbestands, hinzu kommt grundsätzlich – wie wir gesehen haben, § 8 – die Übernahme einer bestimmten Zahl von Mitgliedschaften. Da die Arbeit auf der Trennung der Satzungsfeststellung und der Mitgliedschaftsübernahmen aufbaut und getrennt nach dem Wesen dieser oder jener fragt, gilt hier die Fälle darzulegen, wo diese beiden Bestandteile des rechtsgeschäftlichen Gründungstatbestands schon in der gesetzlichen Regelung nicht mehr zusammenfallen.

II. Das Auseinanderfallen bei der Gründung.

1. Verein und Genossenschaft.

Die sieben Mitgliedschaften, deren Übernahme Voraussetzung der Satzungsfeststellung ist (§ 56, § 59 Abs. 3 BGB, § 4 GenG), sind hier von allen sonstigen Mitgliedschaften scharf zu trennen. Letztere können, wenn die Satzung schon feststeht, jeder Zeit durch Aufnahmevertrag gemäß etwaigen diesbezüglichen Satzungsbestimmungen begründet werden, da sie keinen Satzungsbestandteil darstellen. Demgemäß stellt auch ihre Begründung keinen Bestandteil der Gründung oder Satzungsänderung, obwohl sie u. U. eine Satzungsänderung voraussetzen kann (z. B. wenn eine bestehende geschlossene Mitgliederzahl durch Beitritt neuer Mitglieder überschritten werden soll). Die Vereins- oder Genossenschaftsmitgliedschaften werden auch dann nicht zu Satzungsbestandteilen, wenn etwa eine Vereins- oder Genossenschaftssatzung ihre eigene Wirksamkeit von der Erreichung einer bestimmten Mitgliederzahl oder einer bestimmten Beiträgesumme abhängig macht[131].

Diese ausgedehnte Möglichkeit der Trennung der Satzungsfeststellung und der Mitgliedschaftsübernahmen im Vereins- und Genossenschaftsrecht ist jedoch von unserem Standpunkt her gesehen uninteressant, weil sie eben unproblematisch ist: sie ist eine selbstverständliche Folge davon, daß die Mitgliedschaftsbegründung keinen Bestandteil des Gründungs- oder Satzungsänderungsverfahrens darstellen kann, weil ja die Mitgliedschaften selbst keinen Satzungsbestandteil darstellen.

2. Kapitalgesellschaften.

Anders ist die Lage bei den Kapitalgesellschaften. Die Mitgliedschaften sind hier insofern Bestandteile der Satzung, als sie Anteile am Aktien- oder Stammkapital darstellen, das seinerseits Bestandteil der Satzung ist. Das Wirksamwerden der Satzung durch Eintragung setzt daher sowohl bei der Gründung als auch bei der Sazungsänderung voraus, daß die in der Satzung vorgesehenen Mitgliedschaften übernommen wurden. Erst hier wird also eine eventuelle Trennung der Satzungsfeststellung und der Mitgliedschaftsübernahme problematisch.

a. Bei der Gründung der GmbH bilden Satzungsfeststellung und Mitgliedschaftsübernahmen einen äußerlich einheitlichen Vorgang. Die Mitgliedschaftsübernahmen sind Bestandteil der Satzungsfeststellung und alle Erstmitglieder der GmbH müssen Gründer sein, § 2 Abs. 1, § 3 Abs. 1 GmbHG. Alle Gründungsteilnehmer werden gleich behandelt. Eine verschärfte Haftung trifft keine besondere Gruppe von ihnen („Gründer"). Die Haftung desjenigen, der die GmbH anzumelden hat (d. h. des Geschäftsführers, § 78 GmbHG), tritt ein, gleichgültig ob er Gesellschafter ist oder nicht, § 9, § 7 Abs. 1 GmbHG. Scharf getrennt ist allerdings die Satzungsgestaltung von der Mitgliedschaftsübernahme bei der Satzungsänderung durch Kapitalerhöhung. Während z. B. bei der Gründung die Einstimmigkeit der Gründungsmitglieder sowohl die Satzungsfeststellung als auch die Mitgliedschaftsübernahmen betreffen muß, liegt bei der Kapitalerhöhung eine getrennte Willensbildung hinsichtlich der Satzungsgestaltung einerseits und hinsichtlich der Mitgliedschaftsübernahme andererseits.

b. Das Aktienrecht kennt nun diese getrennte Willensbildung schon bei der Gründung. Während dem GmbHG die Stufengründung unbekannt ist[132], haben theoretische und praktische Überlegungen im Bereich der AG zur Bildung von zwei Gründungsformen geführt, der Einheits- und der Stufengründung.

Die Stufengründung entspricht den besonderen wirtschaftlichen Verhältnissen der sog. Gründerjahre. Sie waren die Zeit der Bargründungen. Die damals vorhandenen Unternehmen, meistens Personalgesellschaften, hatten weder die technisch-fachlichen noch die kapitalmäßigen Voraussetzungen, um

[131] RG 23.1.85 (RGZ 13,29 ff), ROHG 3.5.72 (ROHG 6,94 ff), OLG Hamburg 9.12.07 (LZ 08,476; Bedingung war hier die Mitgliedschaft von juristischen Personen).

[132] RG 7.11.13 (RGZ 83,256 ff), KG 17.2.02 (R 02 Nr. 1519).

die neuen Investitionsprojekte des industriellen Zeitalters durch Selbstfinanzierung und Betriebserweiterung zu übernehmen. Andererseits begünstigte der flüssige Kapitalmarkt die Bargründungen. Die Bargründung erschien somit als die wichtigste und kostbarste Gründungsart für Aktiengesellschaften. Der Gesetzgeber versuchte daher die Bargründung möglichst brauchbar und praktikabel zu gestalten. Das geschah dadurch, daß die Stufengründung eingeführt und ausgebaut wurde. Den Kleinkapitalisten als Gründungsmitgliedern der AG wurden dadurch die Mühe und Verantwortung der Gründungsinitiative und insbesondere der Satzungsfeststellung abgenommen. So entstand eine Gründungsform mit einer mehr oder weniger strengen Aufgabenteilung bei den Gründungsmitgliedern. Die einen (Gründer) hatten für die organisatorischen Grundlagen der AG zu sorgen (Satzungsfeststellung, Anmeldung, Prüfung), die anderen (Zeichner) waren von solchen Sorgen befreit und hatten nur die Kapitalbasis der AG zu liefern. Die Vorstellung der AG als Kleinkapitalistenvereinigung wurde somit konsequenterweise auf die Gründung übertragen. Selbstfinanzierung der Unternehmen und Bewältigung der neuen Investitionen durch Betriebserweiterungen durch kapitalkräftige und technisch erfahrene Unternehmen haben heute die Bedeutung der Bargründung sehr zurückgehen lassen. *Das* Problem des Aktienrechtes des 19. Jh. war die Gründung, dasjenige des 20. Jh. ist die Selbstfinanzierung und Konzernierung der Aktiengesellschaften. Durch diese Schwerpunktverschiebung erklärt sich, daß die Aktiengesetzentwürfe von 1930, 1931 und 1958 die Stufengründung haben fallen lassen.

Bei der Gründung der AG können die Mitgliedschaftsübernahmen bis auf die fünf Aktien, die die Gründer bei der Satzungsfeststellung übernehmen müssen, getrennt und ohne Beteiligung an der Satzungsfeststellung erfolgen. Die Gründer, die die fünf Aktien übernommen haben, können selbst später weitere Aktien nach § 22 Abs. 2 AktG übernehmen oder das Stufengründungsverfahren einschlagen, bei welchem nicht nur Dritte (Zeichner), sondern auch sie selbst (Gründer) Aktien zeichnen können. Hinzu kommt die Möglichkeit einer gesonderten Beurkundung der Aktienübernahme bei der Satzungsfeststellung durch die Gründer, falls eine Verhandlungseinheit für die Satzungsfeststellung nicht gefordert werden sollte. Das Auseinanderfallen der Satzungsfeststellung und der Mitgliedschaftsübernahme bei der Einheitsgründung im Fall des § 22 Abs. 2 AktG ist allerdings mehr oder weniger zufällig, weil dies ohne Konsequenzen auf die Rechtsstellung der Gründer bleibt. Die Gründereigenschaft, die auf der Aktienübernahme bei der Satzungsfeststellung beruht, wird durch die Übernahme weiterer Aktien nicht berührt. Das Auseinanderfallen im obigen Sinne erfüllt nur dann eine besondere Aufgabe, wenn es bei der Stufengründung erfolgt. Es erlaubt dann die Teilnahme von Kleinkapitalisten, ohne daß diese die Gründerhaftung tragen und mit der Satzungsfeststellung belastet sind. Mit dem Entwurf der Satzung, d. h. mit der Formulierung der unternehmerischen Idee haben somit die Zeichner nichts zu tun. Bei der Einheitsgründung sind die Gründer im Gegenteil nicht nur Kapitalgeber, wie die Zeichner bei der Stufengründung, sondern auch Urheber der unternehmerischen Idee. Da die Trennung der Kapitalaufbringung und der Unternehmensinitiative auch während des Bestehens der AG in der Aufgabenteilung zwischen Vorstand und Aktionären verwirklicht ist, erscheint die Stufengründung auch in diesem Sinne dem Wesen der AG angepaßt und entsprechend.

Die Aufgabenteilung zwischen Gründern und Zeichnern bei der Stufengründung ist ein Analogon zur Aufgabenteilung zwischen Organen und Aktionären bei der bestehenden AG, diese Analogie will aber nur den tiefen Unterschied zwischen Einheits- und Stufengründung veranschaulichen, ohne etwas mehr als eine Analogie zu sein. Der Formulierung, daß Träger der unternehmerischen Idee die Gründer und nicht die Zeichner sind, steht die Tatsache nicht entgegen, daß die Satzung von der Errichtungsversammlung festgestellt wird. Der Vorgang bei der Stufengründung ist bekanntlich folgender: die Gründer entwerfen eine Satzung und übernehmen – wenigstens – je eine Aktie, dann erfolgt die Zeichnung; nach der Zeichnung tritt die Zeichnerversammlung zwecks Bestellung eines Aufsichtsrates zusammen, erfolgt sodann die Anmeldung, und erst nach der Anmeldung tritt die Errichtungsversammlung zusammen, die durch Mehrheitsbeschlüsse oder einstimmig der Satzung ihre endgültige Gestalt gibt.

III. Das Auseinanderfallen bei der Satzungsänderung.

Klarer ist die Verschiedenheit der Satzungsgestaltung und der Mitgliedschaftsübernahme bei Satzungsänderungen der AG und der GmbH. Ist die Kapitalgesellschaft einmal entstanden, so hat jeder Eintritt von neuen Mitgliedern eine entsprechende Satzungsänderung zur Folge (Kapitalerhöhung). Gleichgültig dabei ist, ob die Mitgliedschaft mit der Eintragung der Kapitalerhöhung oder mit der Aktienausgabe entsteht, § 156 AktG, § 54 Abs. 3 GmbHG, § 167 AktG. Bei der Kapitalerhöhung tritt somit die Trennung zwischen Satzungsgestaltung und Beitritt in dem Sinne noch schärfer als bei der Gründung hervor, als die Mitgliedschaftsübernahmen bei der Kapitalerhöhung keinerlei Wirkung auf die Satzungsgestaltung haben: Sie sind zwar unentbehrlich für das Zustandekommen der Satzungsänderung, auf die Inhaltsgestaltung der Satzung wirken aber allein die alten Mitglieder durch ihren Beschluß ein.

IV. Besondere Gründungsfälle.

1. Verschmelzung.

Eine Sonderstellung nehmen hinsichtlich Satzungsfeststellung und Mitgliedschaftsübernahme die Fälle der Verschmelzung durch Neubildung bzw. durch Aufnahme im Wege der Kapitalerhöhung, § 233 AktG, ein. Die Verschmelzung durch Aufnahme, aber gegen Gewährung von alten Aktien (Vorratsaktien) interessiert uns hier nicht, da der Mitgliedschaftserwerb dabei nicht originär ist.

Die Verschmelzung durch Neubildung ist eine qualifizierte Sachgründung, also zwangsläufig eine Einheitsgründung, weswegen auch § 247 Abs. 4

AktG auf die Stufengründungsvorschriften nicht verweist. Gründer der neuen Gesellschaft sind die alten Gesellschaften. Demnach kann also auch eine Gründung mit zwei Gründern vorkommen. Die Satzungsfeststellung und die Mitgliedschaftsübernahme erfolgen im Verschmelzungsvertrag der Vorstände, die sich innerhalb der Grenzen der Verschmelzungsbeschlüsse halten müssen. Da diese Beschlüsse die Aktionäre zu Zuzahlungen nicht zwingen können[133], ist die Neubildungsgründung eine reine Sacheinlagengründung. § 247 Abs. 4 AktG verweist zwar auf § 22 AktG, aber Abs. 2 davon kommt nicht in Frage, weil es sich nicht um Bargründung handelt.

Die Verschmelzung durch Aufnahme im Wege der Kapitalerhöhung erfolgt so, daß der Verschmelzungsvertrag die Mitgliedschaftsübernahmen enthält. Der Zeichnungsweg ist ausgeschlossen, § 237 Abs. 1 AktG. Der Verschmelzungsvertrag enthält nun an und für sich nur die Mitgliedschaftsübernahmen, da er aber auf dem Beschluß der aufzunehmenden AG beruht und da dieser Beschluß mit dem Kapitalerhöhungsbeschluß (Aufnahmebeschluß) der aufnehmenden AG übereinstimmen muß, wirkt er mittelbar auch inhaltsgestaltend auf die vorzunehmende Satzungsänderung (vgl. § 234 Abs. 1 Satz 1 AktG). Die Trennung zwischen Satzungsneugestaltung und Mitgliedschaftsübernahme ist also nicht so scharf wie bei der normalen Kapitalerhöhung.

2. Umwandlung.

Zur Gründung einer AG führt auch die Umwandlung einer bestehenden KGaA, GmbH oder Bergwerksgewerkschaft, §§ 260 ff., 269 ff., 278 f. AktG. Der Umwandlungsbeschluß enthält einerseits „die zur Durchführung der Umwandlung nötigen Abänderungen des Gesellschaftsvertrages" (§ 260 Abs. 2, § 269 Abs. 3, § 278 Abs. 3 AktG), also die Satzungsfeststellung und andererseits die Übernahme der Mitgliedschaften der zu gründenden AG (§ 277, §279 Abs. 2 AktG). Eine Trennung zwischen Satzungsfeststellung – hier genauer Satzungsänderung – und Mitgliedschaftsübernahme tritt nicht zutage.

V. Die Verbindung zwischen Satzungsfeststellung und Mitgliedschaftsübernahme.

Die Satzungsfeststellung und die Mitgliedschaftsübernahme fallen in der dargestellten Weise meistens auch äußerlich auseinander. Die Betonung dieses Auseinanderfallens will nicht etwa besagen, daß Satzungsfeststellung und Mitgliedschaftsübernahme zwei selbständige Erfordernisse der Entstehung der juristischen Person darstellen, deren einzige Verbindung darin bestünde, daß beide für die Entstehung der jP notwendig sind. Das Band, das die Einheit der beiden rechtsgeschäftlichen Teile des Gründungsvorganges herstellt, ist die *Unterwerfung* der Mitglieder unter die Satzung.

Die Zerlegung des rechtsgeschäftlichen Gründungsvorganges in zwei selbständige, durch die Unterwerfung zur Einheit verbundene Teile – Satzungsfeststellung und Mitgliedschaftsübernahme – liegt der folgenden Unter-

---

133 OLG München 22.6.10 (OLGR 22,31).

suchung zugrunde. Diese Zerlegung wird hierbei als allgemeingültig für alle rechtsfähige Verbände betrachtet und hat zur Folge, daß bei der dogmatischen Erfassung des Gründungsvorganges eine doppelte Frage gestellt wird – die Frage nach der Rechtsnatur der Satzungsfeststellung einerseits und der Mitgliedschaftsübernahme andererseits. Das Vereinsrecht ist sich dieser Verlegung durchaus bewußt, weil da die Mitgliedschaft keinen Bestandteil der Satzung darstellt und auch ohne Satzungsänderung begründet werden kann (sog. Aufnahmevertrag). Im Vereinsrecht ist auch die Unterwerfungsformel etwa bei der Sonderbehandlung der Vereinsstrafen[134] und der Ausschließung von Mitgliedern[135] bekannt. Diese Betrachtungsweise wird hiermit auch für das Recht der Kapitalgesellschaften zur Grundlage der dogmatischen Erfassung der Gründung erhoben[136].

Das Interesse der hier darzustellenden Betrachtungsweise beschränkt sich nun nicht auf die Fälle, wo ein augenfälliges Auseinanderfallen der Satzungsfeststellung und der Mitgliedschaftsübernahme festgestellt wurde. Diese Trennung ist wirtschaftlich und dogmatisch bedingt, und die doppelte Fragestellung ist auch dann am Platze, wenn äußerlich die beiden Phänomene zusammenfallen. Dogmatisch zeigt sich die Notwendigkeit der doppelten Fragestellung darin, daß die Willensbildung hinsichtlich der Satzungsfeststellung eine andere ist als bei der Mitgliedschaftsübernahme, während wirtschaftlich die Satzungsfeststellung und die Mitgliedschaftsübernahme ebenfalls zwei verschiedene Objekte darstellen. Am deutlichsten aber spricht für die doppelte Fragestellung die Tatsache, daß eine Mitgliedschaftsübernahme auch ohne Mitwirkung bei der Satzungsgestaltung erfolgen kann (beim Verein und bei der Genossenschaft nach der Entstehung der jP, bei den Kapitalgesellschaften anläßlich der Kapitalerhöhung), und daß bei der Stiftung eine Satzungsfest-

---

[134] BGH 26.2.59 (MDR 59,367 f), 18.9.58 (NJW 58,1867 f), 4.10.56 (BGHZ 21, 370 ff), RG 11.5.36 (RGZ 151,229 ff), 2.11.33 (RGZ 143,1 ff).

[135] BGH 18.9.58 (NJW 58, 1867 f), 7.3.56 (L–M 2 zu § 35 BGB), OLG Stuttgart 15.2.55 (NJW 55,833), RG 10.1.35 (RGZ 147,11 f), 16.2.33 (RGZ 140,23 ff), 5.11.28 (RGZ 122,266 ff), 20.2.23 (RGZ 107,386 ff), 6.4.22 (RGZ 104,327 ff), 22.10.14 (RGZ 85,355 ff), 10.10.12 (RGZ 80,189 ff), 26.6.02 (JW 02,427).

[136] *Hans Würdinger*, Gesellschaften II, Hamburg 1943, 85 f. – Die Satzungsfeststellung unter dem Gesichtspunkt der Punktation (i.S. des ALR I,5 §§ 120,125) und der Ausfüllbarkeit der Lücken der Unterwerfung unter eine noch nicht völlig festgestellte Satzung nach freiem oder gebundenem Ermessen der Gründer oder Dritter prüft in sehr interessanter Weise ROHG 9.1.74 (ROHG 11,375 ff). Der Unterwerfungsgedanke war unter dem Konzessionssystem der Gründung der AG in doppelter Hinsicht wichtig. Einerseits kamen oft Aktienzeichnungen vor, die vor der Satzungsfeststellung stattgefunden haben, und daraus entstand die Frage, ob und wieweit sich die Zeichner unter die spätere, ihnen noch nicht bekannte Satzung unterworfen haben. Andererseits konnte die Konzessionsbehörde die Satzung, die etwa schon den Aktienzeichnungen zugrunde gelegen hat, dadurch ändern, daß sie die Konzession von bestimmten Änderungen abhängig machte. Solchenfalls entstand die Frage der Verbindlichkeit dieser Satzungsänderungen gegenüber den Zeichnern, wenn der Satzungsänderung bei der Konzessionsbehörde nur die Gründer zugestimmt hätten. Zu diesen beiden Fragenkomplexen, die heute gegenstandslos sind, vgl. ROHG 11.9.77 (ROHG 23,289 ff), 8.6.75 (ROHG 18,354 ff), 15.6.75 (ROHG 18, 34 ff), 27.10.74 (ROHG 15,57). – Dieser punktationsähnliche Charakter der Satzungsfeststellung ist mit der echten Punktation hinsichtlich einer beabsichtigten Gründung nicht zu verwechseln, RG 7.10.30 (RGZ 130,73 ff).

stellung ohne jede Mitgliedschaftsübernahme stattfindet. Daß sich diese doppelte Fragestellung bei allen juristischen Personen einheitlich verfolgen läßt, gibt der vorliegenden Betrachtungsweise den Vorteil, daß sie zur dogmatisch einheitlichen Erfassung der Gründung aller juristischen Personen verhelfen kann. Deshalb wird in dieser Arbeit, obwohl sie grundsätzlich nur die Gründung der Aktiengesellschaft untersucht, immer versucht, in großen Linien auch die Verhältnisse bei den übrigen juristischen Personen des Privatrechtes zu berücksichtigen.

§ 14. Der Vorgang der Satzungsfeststellung.

I. Das Zustandekommen der Satzung.

1. Einseitige Satzungsaufstellung.

Die rechtsgeschäftliche Satzungsfeststellung beruht nur bei der Stiftung auf der Willenserklärung einer einzigen Person. Der einseitige Charakter dieser Satzungsfeststellung im Stiftungsgeschäft oder in einer Verfügung von Todes wegen kann nicht ernsthaft in Zweifel gezogen werden. Die weit wichtigeren Fälle sind jedoch diejenigen, wo die Satzungsfestellung auf der Mitwirkung mehrerer beruht.

2. Gemeinschaftliche Satzungsaufstellung.

a. Die Mitwirkung mehrerer bei der Satzungsfeststellung ist nicht immer vom Gesetz vorgeschrieben. Das BGB spricht zwar in §§ 80–88 nur von einem Stifter und läßt somit schon eine individuelle Stiftungsgründung zu, nichts aber hindert daran, daß sich mehrere zu einer gemeinschaftlichen Stiftungsgründung zusammenschließen. Dieser Stifterzusammenschluß ist aber nicht erforderlich für die Stiftungsentstehung, für welche auch ein Stifter ausreichen würde. Die gemeinschaftliche Stiftung entspricht etwa der Gemeinschaftsschenkung. Es ist eine andere Frage, wie die Verhältnisse der Stifter untereinander zu beurteilen sind. Den stiftungsrechtlichen Bestimmungen des BGB läßt sich auf jeden Fall so viel darüber entnehmen, daß eine Anwendung sonstiger Rechtsnormen nur dann in Frage kommt, wenn das Stiftungsrecht darüber Lücken aufweist. Die Konstruktion der gemeinschaftlichen Stiftungsgründung als eines Vertrages zugunsten Dritter, nämlich zugunsten der Stiftung ist wegen § 82 BGB entbehrlich, und bei Annahme eines Gesellschaftsverhältnisses könnte das Kündigungsrecht sowieso nicht über das stiftungsrechtliche Widerrufsrecht des § 81 Abs. 2 BGB hinausgehen. § 81 Abs. 2 BGB schließt auch aus, daß ein Widerruf wirksam, aber unzulässig ist. Nach § 81 Abs. 2 BGB kann der Widerruf nämlich entweder zulässig und wirksam oder unzulässig und dann unwirksam sein, aber tertium non datur. Schadensersatzansprüche aus einem unzulässigen Widerruf können also nicht entstehen, weil bei Unzulässigkeit des Widerrufs immer die Wirkung des § 82 BGB eintritt. Der einseitige Widerruf seitens eines der mehreren Stifter wäre ebenfalls nach § 81 Abs. 2 BGB zu beurteilen, und es ist eine Tatfrage, ob die übrigen Stifter nach § 139 BGB trotzdem am Stiftungsgeschäft gebunden wären. Scheitert notwendigerweise an seinem Widerruf die ganze Stiftungsgründung, weil etwa ohne seine Mitwirkung über das gewidmete Vermögen nicht mehr verfügt werden kann, so muß das Widerrufsrecht in diesem Fall trotz Vorliegens der Voraussetzungen des § 81 Abs. 2 BGB verneint werden, und die Teilnahme an einer solchen Gründung muß als Verzicht auf das persönliche Widerrufsrecht gedeutet werden. Die internen Beziehungen der Stiftergemeinschaft bleiben sonst außerhalb des Stiftungsgeschäftes, das in dieser Hinsicht „abstrakt" ist.

Die Rechtsnatur der Gründung einer Gemeinschaftsstiftung braucht nicht diejenige des einseitigen Stiftungsgeschäfts zu sein. Es ist schon aus dem allgemeinen Zivilrecht bekannt, daß die Wirkung eines einseitigen Rechtsgeschäftes auch durch Vertrag herbeigeführt werden kann. Gründe zum Abweichen von diesem Grundsatz sind im Stiftungsrecht nicht ersichtlich. Die Umkehrung dieses Grundsatzes ist allerdings nicht möglich, weil einseitige Rechtsgeschäfte nur in gesetzlich bestimmten Fällen, Verträge aber unbeschränkt wirksam sind.

b. Eine gemeinschaftliche Satzungsaufstellung wird vom Gesetz bei den rechtsfähigen Personenverbänden verlangt. Zwei Fälle sind hierbei zu unterscheiden: entweder müssen alle Erstmitglieder des beabsichtigten Verbandes an der Satzungsfeststellung teilnehmen (GmbH, auch AG im Referentenentwurf) oder nur ein Teil von ihnen, nämlich nur die „Gründer" und nicht etwa auch die Zeichner bei der Stufengründung der AG.

II. Die Rechtsnatur der gemeinschaftlichen Satzungsaufstellung.

1. Der Schein der Einseitigkeit.

a. Von außen her betrachtet erscheint die Satzung als eine einseitige Normenaufstellung, die der jP zugerechnet wird. Durch die Eintragung und Bekanntmachung bekommt noch die Satzung den Charakter einer Erklärung an die Öffentlichkeit. Die Dritten können sich allerdings auf die Satzung nur dann berufen, wenn diese eine Außenwirkung entfaltet. Das ist der Fall bei den Individualisierungsmerkmalen, bei der Vertretung der AG und bei der Mitgliedschaftsregelung. Die Außenwirkung dieses Teils der Satzung – also nicht der Geschäftsführungsbestimmungen und des individualrechtlichen Teils – beruht auf dem Gesetz. Bei den Individualisierungsmerkmalen und bei der Vertretung beruht die Außenwirkung[137] darauf, daß für diese Rechtsverhältnisse auch bei natürlichen Personen eine einseitige Willenserklärung ausreicht (Firmaführung, Vollmachterteilung, Begründung eines Wohnsitzes). Die Außenwirkung der Mitgliedschaftsregelung beruht andererseits darauf, daß die Satzung direkt, ohne neuen Vertragsabschluß zwischen jP und Mitgliedern die Rechte und Pflichten der Mitglieder regelt. Der Geschäftsführungs- und individualrechtliche Teil hat, wie schon dargestellt, eine Außenwirkung nur dann, wenn dies im Gesetz vorgeschrieben ist, weil die Außenwirkung dieser

---

[137] Die Außenwirkung der Vertretungsvorschriften der Satzung ergibt sich klar aus dem Vereinsrecht, § 31, § 26 Abs. 2, Satz 2 BGB. Die Außenwirkung der Satzung, die vom Reichsgericht abgelehnt wird (vgl. Anm. 105, 197), findet also nur hinsichtlich der Mitgliedschafts- und Vertretungsregelung statt.

Satzungsbestimmungen sonst eine Umgehung der normalen Vertretung der AG zur Folge haben würde. – Die Einseitigkeit der Satzung, wie sie in der Zurechnung zum Ausdruck kommt, hat die Gesamtaktstheorie richtig erkannt.

Nun betrifft die Einigung der Personen, die die Satzung feststellen, den ganzen Satzungsinhalt, gleichgültig, ob ihm Außenwirkung zukommt oder nicht. Diese Einigung ist zugleich gesetzlich unvermeidlich, wenn es zur Entstehung der jP kommen soll, da ja eine Einmann-Gründung nur im Stiftungsrecht möglich ist.

b. Die Zurechnung der Satzung an die juristische Person und die Konsequenz davon, nämlich die Einseitigkeit der Satzungfeststellung kann nicht auf der ganzen Linie als richtig bezeichnet werden. Erstens sind die Gründer kein Organ der jP, so daß man von einer echten Zurechnung sprechen könnte. Der Organbegriff, so wie er im Gesetz, insbesondere in § 31 BGB, verankert ist, betrifft nur die Handlungsorgane. Ein solches Vertretungsorgan kann in den die Satzung feststellenden Gründern nicht erblickt werden. Die logische Unmöglichkeit dieser Annahme dürfte augenfällig sein: der Organbegriff setzt eine bestehende juristische Person voraus und führt dazu, daß die Satzungsfeststellung, die ja eine Entstehungsvoraussetzung der juristischen Person ist, und der ganze Gründungsvorgang als Organhandlung einer juristischen Person aufgefaßt werden, die noch nicht existiert. Die Zurechnung des Gründungsvorganges an die jP, als ob dies eine Organhandlung wäre, führt somit zur Annahme einer Selbsterzeugung der jP, und dies ist wohl unannehmbar.

Eine mittelbare Ablehnung der Organeigenschaft der Gründer und der Organhandlungseigenschaft der Gründerhandlungen ist auch in der Rechtsprechung zu erblicken, die die Schadensersatzpflicht der juristischen Person für Delikte der Organe beim originären Mitgliedschaftserwerb ablehnt[138]. Diese Judikatur beruft sich zwar auf das Schutzbedürfnis der Gläubiger und der Öffentlichkeit, die wirkliche Begründung besteht aber darin, daß die Anwendung des § 31 BGB auf solche Sachverhalte zur Auffassung führen würde, daß die jP durch eigene Organhandlungen entsteht und sich somit selbst erzeugt. Die jP kann also schon aus logischen Gründen für die eigene Entstehung nicht haften. Dazu kommt, daß die Handlungen des Gründungsvorganges nur im eigenen Namen der Handelnden und nicht im Namen der (noch nicht existierenden) jP vorgenommen werden (können).

c. Die Zurechnung der Satzung und der Beschlüsse der HV an die jP hat auch nach Eintragung der AG Besonderheiten, die eine Gleichstellung dieser Zurechnung mit der Zurechnung von gewöhnlichen Organhandlungen nicht erlauben. Die der jP zugerechneten Organhandlungen sind immer einseitige Willenserklärungen, die die jP nach außen hin binden. Bei der Satzung und den HV-Beschlüssen liegt demgegenüber eine versteckte Zweiseitigkeit vor.

---

[138] RG 4.4.16 (RGZ 88, 187 ff), 10.6.13 (RGZ 82,375 ff), 8.5.08 (RGZ 68,344 ff), 8.11.05 (RGZ 62,29 ff), 14.3.03 (RGZ 54,128 ff). Im Ergebnis anders: OLG Hamburg 26.6.40 (HansRGZ 40 B 347 f). – Eine andere Frage ist die persönliche Haftung desjenigen, der den Beitritt durch Betrug herbeigeführt hat. Er haftet persönlich entweder nach Deliktsrecht (RG 14.12.28, RGZ 123,102 ff, 6.4.03, JW 03,183) oder – falls er Mitgründer ist – wegen Vertragsverletzung. Die Klarstellung, ob diese Haftung tatsächlich vertraglicher Natur sein kann, vermißt man allerdings: RG 10.6.13 (RGZ 82,375 ff), 27.2.11 (LZ 11,622).

Sie besteht darin, daß die Satzung und die Beschlüsse der jP zugerechnet werden, diejenigen aber, die als Organ im Namen der jP handeln, auch in rem suam handeln, soweit die Satzung und die Beschlüsse das Verhältnis jP-Mitglieder regeln. *Das „Organ“ in diesen Fällen regelt die Verhältnisse der jP zu sich selbst.* Das können z. B. die Vertretungs- und Aufsichtsorgane der AG nicht tun, welchen gegenüber die AG sich immer durch einen Sondervertreter oder durch ein anderes als das betroffene Organ vertreten lassen muß. Die Aktionäre, die in der HV zusammengefaßt sind und durch ihre Beschlüsse sowie auch durch die Satzung ihre eigenen Verhältnisse zur jP gestalten, fallen aber offensichtlich nicht unter § 181 BGB, wie es in ähnlicher Lage die Vertretungsorgane tun würden. Bei der Zurechnung der Satzung und der Beschlüsse der HV an die jP befindet man sich an der Grenze der Konstruktion der jP, die nicht mehr hilft. Die Konstruktion der jP versagt hier, und deshalb wird sie *durch die Nichtanwendung des § 181 BGB* einfach ignoriert, durchbrochen. Die Nichtanwendung des § 181 BGB zeigt also, daß trotz der Zurechnung der Satzung und der Beschlüsse der HV die Aktionäre – materiell gesehen – nicht mehr in fremdem Namen (d. h. als Organ), sondern in eigenem Namen dabei handeln. Die Trennung zwischen jP und Mitgliedern wird hiermit aufgehoben, die negativen Theorien zum Wesen der jP finden eine unerwartete und gewichtige Unterstützung, und die angebliche Doppelseitigkeit der Mitgliedschaft an der jP als Verhältnis zwischen jP und Mitglied erscheint völlig fragwürdig und formalistisch. Fällt aber die Behauptung somit weg, daß etwa die Mitglieder der jP bei der Satzungsgestaltung nur eine einseitige Willenserklärung im Namen der jP abgeben - solchenfalls müßten sie nämlich unter § 181 BGB fallen, soweit die Satzung die Beziehungen der jP zu den Mitgliedern selbst regelt –, dann erscheint als einzige mögliche Konstruktion der Mitgliedervereinigung bei der Satzungsfeststellung der wechselseitige Vertrag, der nur Dritten gegenüber als einseitig erscheint. Diese Konstruktion erklärt auch ohne weiteres die Außenwirkung – nämlich den Mitgliedern gegenüber – des Mitgliedschaftsregelungsteils der Satzung und der HV-Beschlüsse ohne Einmischung der Vertretungsorgane. *Im „internen“ Bereich der juristischen Person – d. h. im Verhältnis zu den Mitgliedern – fallen die „Form“ der Rechtspersönlichkeit und die Trennung zwischen AG und Aktionären weg. Deshalb sind hier weder Vertretungshandlungen erforderlich noch liegen Selbstkontrahierungstatbestände vor.*

2. Die Einigung bei der gemeinschaftlichen Satzungsaufstellung.

Persönliche Beziehungen der Gründer sind andererseits vor der Eintragung – und auch nachher, dann allerdings nur in beschränktem Maße – durchaus vorhanden. Sie beruhen teils direkt auf aktienrechtlichen, teils auf allgemeinen zivilrechtlichen Bestimmungen. Die auf besonderen aktienrechtlichen Bestimmungen beruhenden persönlichen Beziehungen der Gründer vor der Eintragung bestehen in ihren verschiedenen gemeinsamen Pflichten zwecks Entstehung der jP. Diese Mitwirkungspflichten sind bei der AG etwa die Bestellung des Aufsichtsrates, § 23 Abs. 1, die Erstattung des Gründungsberichtes, § 24, die Anmeldung der AG, § 28 Abs. 1 und die Einberufung der Hauptversammlung bei der Stufengründung, § 30 Abs. 4 AktG. Auf das allgemeine

Zivilrecht sind andererseits die gegenseitigen Pflichten der Gründer zurückzuführen, die in der Rechtsprechung insbesondere bei der GmbH[139] anerkannt sind, aber offensichtlich auch bei der AG gelten müssen. Die Aufklärungspflicht über wesentliche Gründungsumstände, die bei der GmbH zwischen den Gründern anerkannt wurde, die Haftung für schuldhafte Herbeiführung des Beitritts und – konsequenterweise – auch die allgemeine Obhutspflicht für die Interessen der Mitgründer[140] führen alle zur persönlichen Haftung des Gründers, der sie verletzt hat, und somit zu persönlichen Beziehungen der Gründer überhaupt. Bei einer Stufengründung sind diese Gründerpflichten auch den Zeichnern gegenüber zu bejahen.

---

[139] Das Verhältnis der GmbH-Gründer wird in dieser Rechtsprechung ausdrücklich als Vertrag bezeichnet (vgl. nächste Anm.). Die Vertragskonstruktion ist deshalb unerläßlich, weil die Haftung des Handelnden nur Dritten gegenüber besteht, BGH 20.11.54 (BGHZ 15,204 ff), 29.10.52 (L–M 1 zu § 11 GmbHG). Für die Verhältnisse der Gründer untereinander bzw. zu den Zeichnern hilft also nur die Vertragskonstruktion, vgl. auch RG 16.10.86 (RGZ 18,56 ff). Die Ablehnung der gegenseitigen Beziehungen der Gründer wird nur als Begründung für die Verneinung einer gegenseitigen Treuepflicht *nach* Entstehung der jP benutzt: RG. 21.9.38 (RGZ 158,248).

[140] BGH 20.11.54 (BGHZ 15,204 ff, der Geschäftsführer wird in dieser Entscheidung als Erfüllungsgehilfe der Gründer angesehen, die für ihn nach § 278,276 BGB haften sollen; dem kann insoweit nicht beigepflichtet werden, als er Erfüllungsgehilfe aller Gesellschafter ist, weil er ja im Interesse aller tätig ist), RG 14.12.28 (RGZ 123,102 ff). Der Gründungsvertrag verpflichtet die Gründer zur Gründungsvollendung, so OLG Hamburg 11.2.05 (OLGR 10,245), RG 26.5.83 (RGZ 10,66 ff), ausdrücklich aber dagegen: OLG Bamberg 1.3.10 (LZ 10,172). Der Ansicht des OLG Hamburg und des RG gebührt der Vorzug. Zur Annahme einer Auflösung der Vorgesellschaft durch Tod eines Gründers – so lag nämlich der Fall bei der Entscheidung des OLG Bamberg – braucht man nicht die Gründungspflicht zu leugnen. – Die GmbH-Gründer haben weiter Aufklärungspflicht einander gegenüber über alle erkennbar wichtige Punkte, RG 11.5.32 (DNotV 32,475*). In diesem Sinne bezeichnend ist auch die Notarhaftung für die Folgen einer durch Nichterfüllung der Aufklärungspflicht des Notaren entstandenen Eintragungsverspätung, BGH 19.11.56 (BB 57,89), RG 7.4.37 (RGZ 154,276 ff). Das Reichsgericht 29.10.40 (RGZ 165, 140 ff), 26.6.02 (JW 02,427) hat die vertragliche Natur der Satzungsfeststellung beim nicht rechtsfähigen Verein und beim eingetragenen Verein ausdrücklich angenommen und die Vertragsnatur der Satzung von der Zurechnung der Satzung unterschieden. Ebenso hat die Vertragsnatur der Satzung das ROHG 12.2.75 (ROHG 17,130 ff) für die KGaA angenommen. Für die Satzung der AG wird ebenfalls ein vertragliches Zustandekommen angenommen, ohne allerdings daß die Satzung selbst zu einem gegenseitigen Vertrag erklärt wird, RG 12.1.00 (JW 01,142). Bei der GmbH hat andererseits das Reichsgericht ein Vertragsverhältnis der Gesellschafter untereinander abgelehnt und „nur" eine Unterwerfung unter die Satzung angenommen, RG. 2.1.11 (LZ 11,219). Im Sinne der Vertragstheorie ist auch die Äußerung des OGH. 24.2.49 (OGHZ 1,347 ff) zu verstehen, wonach die Möglichkeit des Bestehens eines Verhandlungsverhältnisses zwischen den Mitgliedern der Vorgesellschaft zu bejahen ist. – Die Erfassung der Satzung als Vertrag liegt auch den Entscheidungen zugrunde, die die Vorgesellschaft als Personalgesellschaft betrachten, Anm. 214,215. Auch § 54 Satz 1 BGB dürfte grundsätzlich dafür sprechen. Da nämlich eine einseitige Satzungszurechnung erst nach Eintragung (Entstehung) der jP möglich ist, muß die Satzung unvermeidlich bis zu dieser Eintragung Vertragscharakter haben.

Das Mitgliedschaftsverhältnis bei einer jP (Genossenschaft) ist ein gegenseitiges Verhältnis, der Beitritt jedoch kein Vertrag, RG. 5.12.29 (RGZ 125,196 ff). Die Ablehnung des Vertragscharakters formuliert noch stärker RG. 8.12.36 (RGZ 154, 65 ff). Der körperschaftliche Zusammenschluß war allerdings vom Reichsgericht als Vertrag im Sinne der KartellVO betrachtet, RG 27.6.29 (RGZ 125,166 ff).

Hinzu kommt der dem ganzen Gesellschaftsrecht zugrunde liegende Moment, daß die Gründereinigung bei der Satzungsfeststellung und der Mitgliedschaftsübernahme auf die Errichtung einer Zweckgemeinschaft gerichtet ist. Das ist schon im Gesetz bei allen Personenverbänden klar verankert und wirtschaftlich bzw. interessenmäßig nicht zu bezweifeln. Es ist eine Bagatellisierung der Bedeutung des Einigungserfordernisses, der Gleichbehandlung der Aktionäre und der Schicksalsgemeinschaft der Mitgliedschaften und eine Übertreibung der Übertragbarkeit und Selbständigkeit der Rechtsstellung der Aktionäre, wenn daraus, daß die Mitglieder einer jP in keinerlei persönlichen Rechtsbeziehungen stehen, der Schluß gezogen werden sollte, daß die Kapitalgesellschaft keine Zweckgemeinschaft wäre – und darauf hinaus läuft ja die herkömmliche Gesamtaktstheorie[141].

Diese Auffassung der Gesamtaktstheorie hat auch eine historisch unannehmbare Konsequenz. Die Entwicklung und historische Prägung der Kapitalgesellschaften zeigt, daß die Abschwächung der Gebundenheit der Mitglieder untereinander den Zweckgemeinschaftsmoment der AG nicht abschaffen, sondern umgekehrt steigern sollte. Die AG sollte und wollte – rechts- und wirtschaftsgeschichtlich betrachtet – eine Gesellschaftsform darstellen, die stärker als jede andere Gesellschaftsform vom einzelnen Mitglied unabhängig ist. Deshalb kann sie von den Mitgliedern nicht gekündigt werden, die Mitgliedschaft selbst ist ebenfalls nicht kündbar, die AG wird vom Tode, Konkurs, Wechsel eines Aktionärs nicht berührt. Willensmängelgeltendmachung bei den einzelnen Mitgliedschaftsübernahmen bleiben auf das Bestehen der AG ohne Konsequenzen, und die Rechte und Pflichten sind nach Art und Umfang so gestaltet, daß sie einerseits die Übertragung der Mitgliedschaft ermöglichen und andererseits das Funktionieren der gesellschaftlichen Organisation nicht vom Einverständnis und guten Willen des einzelnen Aktionärs abhängig machen. Das alles zeigt, daß die Kapitalgesellschaft zwar in einer anderen Richtung als die Personalgesellschaften, aber doch die ausgeprägteste Form der Zweckgemeinschaft des heutigen Gesellschaftsrechtes darstellt, nämlich dahin, daß bei ihr die Bedeutung des Einzelmitglieds aufs stärkste in den Hintergrund gerückt ist im Vergleich zu den Gemeinschaftsinteressen. Es ist sogar bezeichnend für den Zweckgemeinschaftscharakter der Kapitalgesellschaft, daß

---

[141] Die Gesamtaktstheorie hat auch in die Rechtsprechung Aufnahme gefunden. Mit Berufung auf sie wurde beim Beitritt zu einer Genossenschaft und bei der Aktienzeichnung – ohne Erwähnung der Einheitsgründung – ein Aufnahmevertrag mit der jP abgelehnt, RG 6.4.35 (RGZ 147,257 ff), 8.5.08 (RGZ 68,344 ff), 28.10.27 (RGZ 118,269 ff), 3.4.12 (RGZ 79,174 ff), 20.3.12 (RGZ 79,112 ff). –

Ein Vertragsverhältnis gesellschaftsrechtlicher Art nehmen jedoch bei der Mitgliedschaftsübernahme bei AG und GmbH mehrere Entscheidungen an. So z.B. RG 28.9.15 (RGZ 87,164 ff), 9.12.21 (RGZ 103,265 ff, Vereinsrecht). Die Formulierung von RG 29.4.20 (RGZ 100,1 ff), daß die Mitgliedschaftsbegründung im Vereinsrecht ein personenrechtliches, einseitiges Rechtsgeschäft ist, das weder ein gegenseitiger Vertrag ist noch ein zweiseitiges Verhältnis begründet, ist vereinzelt geblieben. Vom steuerrechtlichen und konkursrechtlichen Standpunkt hat das Reichsgericht, 27.4.20 (RGZ 98,349 ff), 22.5.80 (RGZ 2,262 ff), ROHG 17.6.79 (ROHG 25, 292 ff), 2.9.75 (ROHG 19,227 ff), die Mitgliedschaftsübernahme bei einer AG als zweiseitigen Vertrag betrachtet. (Dagegen RG 5.1.00, RGZ 45,99 ff, 3.4.12,LZ 12, 460). Ein Vertrag im Beitritt zu einer Genossenschaft wird erblickt: RG 3.1.97 (RGZ 40,46 ff), 22.10.87 (RGZ 19,193 ff), 22.5.80 (RGZ 2,262 ff), KG 18.6.15 (GenBl 16,74*).

manche Grundsätze, die bei ihr zur Stärkung des Zweckgemeinschaftscharakters entwickelt wurden, vom Recht der Personalgesellschaften weitgehend übernommen wurden. Gemeint sind insbesondere die beschränkte Zulassung der Geltendmachung von Willensmängeln bei Personalgesellschaften[142] und die bis vor kurzem von der Rechtsprechung nur dem vertretungs- und geschäftsführenden Gesellschafter der Personalgesellschaften zugelassene Geltendmachung der actio pro socio[143]. Noch muß berücksichtigt werden, daß die Übertreibung des Fehlens von persönlichen Beziehungen zwischen den Gesellschaftern von rechtsfähigen Kapitalgesellschaften und die Überbetonung der Zweiseitigkeit des Mitgliedschaftsverhältnisses zwischen Aktionär und AG den Aktionär in die Lage eines stillen Gesellschafters versetzt, da ja nur bei der stillen Gesellschaft die mehreren stillen Gesellschafter untereinander in keinerlei Rechtsbeziehungen stehen. Abgeschwächte persönliche Beziehungen der Gesellschafter untereinander kennt übrigens auch das Recht der Kommanditgesellschaft (§ 164 HGB), ohne daß dadurch die Kommanditgesellschaft ihren Gesellschaftscharakter verliert. Das kommt noch stärker bei der Kommanditgesellschaft auf Aktien vor, die zwar wie die AG juristische Person ist, zugleich aber Personalgesellschaft bleibt (§ 219 Abs. 1,2 AktG).

Der Feldzug gegen den Gesellschaftscharakter der AG und für die Gesamtaktsnatur des Gründungsvorganges bei ihr ist allerdings nur vom Standpunkt seiner Ziele her genauer zu verstehen. Er ging davon aus, daß bestimmte Vorschriften des Rechtes der juristischen Personen, etwa Organhaftung, Mitgliedswechsel, Mehrheitsbeschlüsse, Gesamtname u. a. nur dann auf einen Personenverband angewandt werden können, wenn es gelingen würde, diesen Verband als Körperschaft zu charakterisieren. Er ging ferner davon aus, daß Körperschaft und Gesellschaft sich gegenseitig ausschließen. Um also zum erwünschten Ergebnis der Anwendung bestimmter Vorschriften des Rechts der juristischen Personen zu gelangen, hat die germanistische Lehre den Gesellschaftscharakter bestimmter Verbände abgelehnt, um somit deren Körperschaftscharakter begründen und die Anwendung der erwähnten Vorschriften rechtfertigen zu können bzw. das Recht der juristischen Person aus einer Art „Natur der Sache" abzuleiten. Die Natur der Sache möchte ich hier außer Betracht lassen. Ihre methodologische Ausarbeitung, insbesondere in ihrer Verbindung mit der Problematik sonstiger soziologischer, geistesgeschichtlicher und rein faktischer vorjuristischer Gegebenheiten scheint mir noch nicht abgeschlossen und für eine dogmatische Untersuchung verwertbar zu sein. Der Problematik der Natur der Sache war sich übrigens die germanistische Lehre nicht nachweisbar bewußt. Nach heutiger Auffassung genügt für die Rechtfertigung gesetzgeberischer Maßnahmen eine mit der Staats- und Wirtschaftsverfassung vereinbare rechtspolitische Zielsetzung. Daß dies die

---

142 BGH 11.12.58 (BB 59,318), 6.2.58 (BGHZ 26,33 ff), 26.11.57 (Die AG 58, 106 ff). Die frühere Rechtsprechung vgl. bei *W. Siebert*, Die faktischen Vertragsverhältnisse, Karlsruhe 1958, *S. Simitis*, Die faktischen Vertragsverhältnisse, Karlsruhe 1957, beides passim.

143 RG 1.4.43 (RGZ 171,51ff=DR 43, 68 Nr. 21, Anm. *Boesebeck* = ZADR 43, 195 f, Anm. *v. Godin*, ebenda 196 ff und *Hueck*, ebenda 44,103 ff), anders jetzt: BGH 19.5.58 (MDR 58,584 f), OLG Hamburg 16.12.57 (DB 58,395 f), insbes. BGH 27.6.57 (BGHZ 25,47ff), 17.6.53 (BGH 10,91 ff).

meisten Sonderbestimmungen des Rechts der juristischen Personen rechtfertigt, ist heute mehr oder weniger einhellig anerkannt, und darauf bezieht sich hauptsächlich die Aussage, daß der Streit über die Natur der jP und deren Gründung praktisch bedeutungslos sei[144]. Zum anderen Anliegen der germanistischen Lehre, nämlich zur Anwendung des Rechtes der juristischen Personen auf „nicht rechtsfähige Körperschaften" ist zu sagen, daß man nach heutigen Maßstäben diese analoge Anwendung nicht global bejahen oder ablehnen kann. Sie kann insbesondere nicht global für das ganze Recht der juristischen Personen in Frage gestellt werden, weil erstens je nach Art der jP erhebliche Unterschiede auftauchen und zweitens weil eine analoge Anwendung der einzelnen Bestimmungen des Rechtes der juristischen Personen auf die nicht rechtsfähigen Verbände nur auf Grund der jeder einzelnen Bestimmung zugrunde liegenden Interessenlage bejaht werden kann. Die Frage der analogen Anwendung ist also im jeweiligen Fall nur in concreto zu beantworten. In der konkreten Wertung der Interessenlage spielt die allgemeine Charakterisierung eines Verbandes als Körperschaft oder Gesellschaft nicht mehr die Rolle, die ihr die germanistische Lehre zugeschrieben hat. Diese oder jene allgemeine Charakterisierung schließt das Zurückgreifen auf einzelne Bestimmungen des anderen Verbandstyps keineswegs aus. Das zeigt sich insbesondere darin, daß z. B. § 31 BGB wohl auf die OHG und KG analog angewandt wird, nicht aber auf den nicht rechtsfähigen Verein und daß die Anwendbarkeit des § 31 BGB auf die Gewerkschaften, ob sie rechtsfähig sind oder nicht, unter besonderen Aspekten erörtert wird[145], die nicht ohne weiteres für alle nicht rechtsfähige Vereine gelten. Weiter unten wird der Nachweis darüber unternommen, daß auch die Beschränkung der Geltendmachung von Willensmängeln bei Beitrittserklärungen zu rechtsfähigen Verbänden aus anderen Gründen und nicht aus der Theorie des Gesamtaktes abzuleiten ist.

Aus der vorliegenden Darstellung muß also der Schluß gezogen werden, daß die Satzungsfeststellung eine echte vertragliche Einigung der Mitglieder ist. Dritten gegenüber wirkt sie wie eine einseitige Satzungsaufstellung, aber intern bleibt sie vertragliche Einigung, weil sie sonst eine Zweckgemeinschaft nicht begründen könnte und weil diese Zweckgemeinschaft unmöglich in zweiseitige Rechtsverhältnisse zwischen der juristischen Person einerseits und den einzelnen Mitgliedern andererseits zergliedert werden kann. Daß ein Zweckgemeinschaftsbegründungsvertrag anders als ein Leistungsaustauschvertrag geartet ist, kann ebenfalls als feste Erkenntnis der neueren zivilrechtlichen Dogmatik bezeichnet werden[146]. Daß die AG im gemeinschaftlichen Interesse der Mitglieder besteht, liegt im Wesen der Beteiligung an der AG und wird nicht etwa dadurch berührt, daß aus sozial- und rechtspolitischen Gründen die Aktionärsinteressen nicht als erste im § 70 Abs. 1 AktG stehen. Die Rechtspersönlichkeit der AG i. V. mit dem Grundsatz der Gleichbehandlung der Aktionäre sichert dabei, daß das Unternehmen einheitliche Zwecke hat, die allen Aktionären einheitlich zugute kommen. Da allerdings die AG als Zweckgemeinschaft auf Kapitaleinlagen, also entpersönlichten Leistungen der Mit-

[144] *Würdinger,* Gesellschaften II, Hamburg 1943, 9.
[145] LAG Frankfurt 18.9.50 (RdA 50,427 ff).
[146] *Würdinger,* Gesellschaften I, Hamburg 1937, 9 ff.

glieder, beruht, braucht die affectio societatis der einzelnen Mitglieder nicht den Inhalt zu haben, den die affectio societatis bei der personenbezogenen Personalgesellschaft hat. Die affectio societatis hängt nämlich vom Wesen jeder Gesellschaftsform ab, und es ist nicht logisch, von den Aktionären eine affectio societatis zu verlangen, die nur bei Personalgesellschaften erforderlich ist. Das Erfordernis der affectio societatis ist also je nach Eigenart der Zweckgemeinschaft zu differenzieren und bei der AG der Versachlichung der Mitgliedschaft und der Objektivierung der Mitgliedspflichten anzupassen. Deshalb bekommt der Willensinhalt der einzelnen Gesellschafter einen ganz anderen Sinn je nachdem, ob kapitalistische Mitgliederrechte und -pflichten oder ob personalistische Mitgliederrechte und -pflichten begründet werden. Er ist demnach ein anderer bei der normalen als bei der personalistischen Kapitalgesellschaft, die sich zwar in den Nebenpflichten und in der Mitgliedschaftsvinkulierung, nicht aber im Gründungsvorgang unterscheiden. Daß objektivierte Pflichten geringerer Intensität – also auch die kapitalistischen Mitgliederpflichten bei den Kapitalgesellschaften – grundsätzlich nicht personenbezogen sind, ist ein anerkannter Grundsatz des allgemeinen Zivilrechts. Es ist daher nur konsequent, daß bei der Gründung einer „kapitalistischen" Kapitalgesellschaft kein besonderer Wert auf die Person der Mitgesellschafter gelegt wird, daß diese Person zum Inhalt der affectio societatis nicht gehört. Nicht anders ist die Lage auch in der Praxis bei der Aufnahme eines stillen Gesellschafters durch einen Geschäftsinhaber und insbesondere bei der Aufnahme von Kommanditisten bei einer kapitalistischen Kommanditgesellschaft, die trotzdem Zweckgemeinschaften bleiben. Der Inhalt der affectio societatis hängt somit allein vom Pflichtinhalt der Mitgliedschaft ab. Je geringer letzterer ist, desto geringere Anforderungen werden an die affectio societatis gestellt.

Man kann diesen Unterschied bei der AG-Gründung ganz genau verfolgen. Vor Eintragung der AG sind die Mitgliedschaften mit Mitwirkungspflichten belastet, die mit der Eintragung erfüllt werden und somit erlöschen. Nach der Eintragung bleiben nur noch Einlagepflichten, die versachlicht und durch die Haftung der Vormänner bei Aktienveräußerung garantiert sind. Insofern liegt in der Aktienveräußerung nur eine Übertragung der Mitgliedsrechte und keine befreiende, sondern nur kumulative Übernahme der Pflichten vor. Vor Eintragung ist die Lage bei den Gründern und Zeichnern verschieden. Die Zeichner sind mit Mitwirkungspflichten nicht belastet. Ihre Kapitalleistungspflichten entbehren vielmehr jede Personbezogenheit, und daher spielt die Person des Zeichners für die affectio societatis kaum eine Rolle. Bei den Gründern ist die Lage wiederum insofern anders, als sie mit mancherlei Mitwirkungspflichten zwecks Entstehung der AG und mit der darauf folgenden Haftung wegen Verletzung dieser Pflichten belastet sind. Da diese Pflichten alle Gründer gemeinsam belasten und die daraus entstehende Haftung eine gesamtschuldnerische und unbeschränkte ist (§ 39 AktG), leuchtet es ein, daß für die affectio societatis die Person des Mitgründers, allerdings nicht des Mitzeichners, von äußerster Wichtigkeit ist. Die affectio societatis kann daher bei der Einheitsgründung, sowie bei der Stufengründung hinsichtlich der Gründer den strengen Anforderungen des Rechtes der Personalgesellschaften durchaus genügen. Dieser Differenzierung entspricht auch die verschiedene Übertragbarkeit der Gründer- und Zeichnerstellung vor Eintragung der AG. Die erstere erfordert Einigung der übrigen Gründer, die letztere ist möglich auch ohne Einverständnis der übrigen Gründungsteilnehmer, wirkt jedoch nicht befreiend für etwa ausstehende Einlagepflichten des Vormannes. Dazu vgl. unten, § 22, II, 3.

Der Wille der Errichtung einer Zweckgemeinschaft wird weder durch Aktienübernahme für fremde Rechnung noch durch die Absicht der Erstaktionäre, ihre Aktien möglichst schnell abzusetzen, geändert. Die Gründer oder Zeichner, die Aktien für fremde Rechnung übernommen oder gezeichnet haben, können weder ihren Pflichten dadurch entgehen, daß die Übernahme für fremde Rechnung erfolgt ist, noch ihre Rechte ausüben, bevor sie die Aktien für eigene Rechnung übernommen haben, § 51 Abs. 1 AktG. Dadurch wird ein Handeln im eigenen Namen erzwungen, und ein entgegenstehender Wille wird nicht berücksichtigt. Die Absicht der Erstaktionäre, ihre Aktien abzusetzen, ändert am Zweckgemeinschaftsgründungswillen insofern nichts, als die rein vermittelnde Gründungstätigkeit im Aktiengesetz ausgeschlossen ist. Die Gründer müssen ja die Aktien übernehmen, damit die AG entsteht, und erst nach der Entstehung der AG sind die Aktien übertragbar. Die Betriebsaufnahme ist zwar keine Entstehungsvoraussetzung der AG, etwas anderes gilt aber auch bei den Personalgesellschaften nicht. Bezeichnend ist übrigens, daß in den Wirtschaftswissenschaften der Zweckgemeinschaftscharakter der AG niemals ernsthaft in Abrede gestellt wurde.

III. Die Folgen des Vertragscharakters der Satzungsfeststellung.

1. Konsensmängel vor Eintragung der AG.

Da die Satzungsfeststellung eine vertragliche Einigung der feststellenden Personen ist, muß in ihr eine Übereinstimmung sowohl der abgegebenen Erklärungen als auch des Willens der Erklärenden liegen. Die Satzungsfeststellung muß also ohne Konsens- und Willensmängel erfolgen. Darin zeigt sich die praktische Bedeutung des Vertragscharakters der Satzungsfeststellung.

Die Anwendbarkeit der allgemeinen Vorschriften über Konsensmängel – in der heutigen Terminologie[147] also verborgene und erkannte Unvollständigkeit, Erklärungsunstimmigkeit und Scheinkonsens – findet ihre Schranke in den Sonderbestimmungen des AktG. Ist eine Satzung wegen Dissens hinsichtlich einer Bestimmung lückenhaft, die sie enthalten muß (§ 16 Abs. 2–3 AktG), so ist die ganze Satzung nichtig (§ 216 Abs. 1 AktG), ohne daß §§ 154 Abs. 1, 155 BGB in Betracht kommen können. Letztere greifen nur beim Dissens hinsichtlich Bestimmungen der Satzung Platz, die die Satzung enthalten soll oder kann. Die amtliche Beurkundung der Satzung schränkt andererseits insofern die Anwendung der §§ 154, 155 BGB noch weiter ein, als sie die Satzungsvollständigkeitsvermutung begründet. Eine dritte Schranke entsteht dann, wenn man Verhandlungseinheit für die Satzungsfeststellung verlangt. Solchenfalls entfällt nämlich die Möglichkeit einer Erklärungsunstimmigkeit.

---

[147] *Raiser,* AcP 127, 1 ff.

Im übrigen hängt die Anwendung der §§ 154, 155 BGB davon ab, ob die AG eingetragen ist oder nicht. *Vor der Eintragung* muß sie m.E. auch dann bejaht werden, wenn die Anfechtung bzw. Nichtigkeitserklärung der durch die Mitgliedschaftsübernahme begründeten Einlagepflicht der Gründer auch vor Eintragung nicht zugelassen wäre[148]. Die Gründerhaftung nach § 39 AktG besteht nur der entstandenen AG gegenüber. Vor Eintragung besteht sie nicht. Die Geltendmachung von Konsensmängeln muß also den Gründern deshalb erlaubt sein, damit sie durch Geltendmachung von Dissensmängeln die Eintragung einer AG und somit auch ihre Haftung verhindern können. Die Haftung kann ja gerade auf dissensbehafteten Satzungsbestimmungen beruhen, weil Kenntnis der Gründer zu irgendwelchem Zeitpunkt bis zur Eintragung der AG genügt. Die Haftung der Gründer für das Vertrauensinteresse bleibt allerdings bei Geltendmachung von Dissensmängeln bestehen. Die Anwendung der §§ 154 Abs. 1, 155 BGB scheint mir in solchen Fällen ein legitimes Mittel der Abwendung der Gründerhaftung, die den Gründern nicht aufgezwungen werden kann. Es ist auch keine Forderung des Gläubigerschutzinteresses, die Entstehung einer AG zu verlangen, die mit Schäden belastet ist, weil für diese Schäden die Gründer aufzukommen hätten.

2. Willensmängel vor Eintragung der AG.

Vor Eintragung der AG ist nach h. M. die Geltendmachug von Willensmängeln bei der Satzungsfeststellung ohne die Einschränkung des § 216 Abs. 1 AktG zulässig[149]. Dies bedeutet jedoch noch keine Gleichstellung der Gründereinigung mit einem Vertrag, da die Geltendmachung von Willensmängeln im BGB weder unbedingt einen Vertrag voraussetzt noch immer bei Verträgen und einseitigen Willenserklärungen differenziert ist. Willensmängel können, weil eben § 216 Abs. 1 AktG nicht gilt, bei allen Satzungsbestimmungen in Frage kommen. Hinsichtlich des rechtlichen Interesses an der Geltendmachung solcher Willensmängel gilt das, was oben in diesem Zusammenhang bei den Konsensmängeln gesagt wurde.

Die in Betracht kommenden Willensmängel sind die Geschäftsunfähigkeit, § 105 Satz 1 i. V. mit § 108 bzw. § 111 BGB, und der Schein oder Scherz, §§ 117, 118 BGB, während die Gesetzes- oder Sittenwidrigkeit, §§ 134, 138, die Formwidrigkeit, § 125 Satz 1, das Fehlen der Vertretungsmacht, § 174, § 178 BGB, das Fehlen einer ordnungsgemäß beurkundeten Vollmacht, § 16 Abs. 1 Satz 2 AktG, und das unerlaubte Selbstkontrahieren, § 181 BGB, keine echten Willensmängel darstellen. Der Nichtigkeit einer Willenserklärung steht nach § 142 Abs. 1 BGB die ordnungsgemäß, also bei der schon angemeldeten, aber noch nicht eingetragenen AG durch Anmeldung beim Registerrichter nach § 143 Abs. 3 BGB erfolgte Anfechtung wegen Irrtums, arglistiger Täuschung oder Drohung nach §§ 119, 120, 123 BGB gleich.

Der Vertragscharakter der Satzungsfeststellung ist von Bedeutung nicht für alle Willensmängel, sondern nur für die Anwendung der §§ 108, 177, 181

---

[148] Die Kommentare zum AktGesetz lassen die Geltendmachung von Willens- und Konsensmängeln bei der Satzung vor Eintragung zu, ohne das Verhältnis dieser Geltendmachung zur Anfechtung der Mitgliedschaft zu untersuchen, vgl. z.B. *Gadow-Weipert*, 2 zu § 216 AktGesetz.

[149] Vgl. vorige Anm.

statt §§ 111, 180 BGB. Für die Anwendung der §§ 108, 177, 181 BGB sprechen die Interessenlage und der gesetzgeberische Zweck, der für die Fälle sowohl der Minderjährigkeit als auch des falsus prokurator bekanntlich derselbe ist. Es würde diesem Zweck und dem Schutzbedürfnis der Parteien zuwiderlaufen, wollte man die Satzungsfeststellung als einseitiges Rechtsgeschäft und nicht als Vertrag betrachten. Die Anwendung des § 181 BGB wäre dann ausgeschlossen, und die Mitgründer wären als bloße Empfänger einseitiger Willenserklärungen zu behandeln. Diese Behandlung entspricht jedoch den Tatsachen nicht. Die Gründer treten einander gegenüber nicht als Empfänger der gegenseitigen Erklärungen, sondern als Mitgestalter und Miturheber einer einheitlichen, sie alle bindenden Willenserklärung auf. Die Verbindlichkeit der Satzungsfeststellung setzt nicht nur Empfang der gegenseitigen Willenserklärungen, sondern auch das Einverständnis der Gründer mit diesen Erklärungen voraus. Das Einverständnis als aktiver, vollitiver Akt ist psychologisch grundverschieden von der passiven Wahrnehmung, von der Kenntnisnahme bzw. Kenntnisnahmevermutung, die dem Empfang einer fremden Willenserklärung zugrunde liegt. Wille aber und nicht nur Wahrnehmung, vollitiver, nicht aperzeptiver Akt wird von den Gründern bei der Satzungsfeststellung verlangt.

Bei den Willensmängeln und überhaupt den Unwirksamkeits-, Nichtigkeits- und Anfechtungsgründen, die nicht die ganze Satzung, sondern nur einzelne Satzungsbestimmungen betreffen, ist immer der Unterschied zwischen Muß- und sonstigen Bestimmungen der Satzung zu beachten. Die Unwirksamkeit einer Mußbestimmung hat die Unwirksamkeit der ganzen Satzung zur Folge, während bei den übrigen Satzungsbestimmungen § 139 BGB anzuwenden ist. Eine Bestätigung der nichtigen Satzung ist als neue Satzungsfeststellung zu beurteilen, § 141 Abs. 1 BGB, und auch die Umdeutung einer nichtigen Satzungsfeststellung zu einer anderen Gesellschaftsform dürfte nach § 140 BGB möglich sein.

IV. Die Folgen des Vertragscharakters der Satzungsfeststellung (Fortsetzung).

1. Die Behandlung von Konsens- und Willensmängeln nach der Eintragung im Licht des § 216 AktG.

Während oben, zu III die Konsens- und Willensmängel der Satzung *vor* Eintragung der AG mehr oder weniger nach dem BGB behandelt wurden, ändert sich nach Eintragung der AG die Lage dahin, daß nunmehr der § 216 Abs. 1 AktG eine „abschließende“, „eng auszulegende“ Regelung der Satzungsmängel oder -lücken enthält. Worin aber diese „abschließende“ Regelung besteht, läßt sich nicht leicht feststellen.

a. Die Lücken oder Nichtigkeitsgründe müssen im Eintragungszeitpunkt bestanden haben und im Zeitpunkt der Klageerhebung noch bestehen, also noch nicht geheilt sein, § 216 Abs. 1 i. V. mit § 217 AktG. Da sie schon im Eintragungszeitpunkt der AG bestanden haben müssen, kann von einer sog. „nachträglichen Nichtigkeit“[150] keine Rede sein. Die zivilrechtliche Dogma-

[150] *Schlegelberger-Quassowski* 4 zu § 216 AktGesetz.

tik kennt bekanntlich eine Nichtigkeit nur wegen der Mängel, die beim Wirksamwerden der Willenserklärung oder schon früher bestehen. Später auftauchende Mängel können Beendigungsgründe oder auch rückwirkende Aufhebungsgründe darstellen, um Nichtigkeitsgründe handelt es sich jedoch dann nicht mehr.

b. § 216 Abs. 1 AktG besagt zunächst, daß Lücken im Mußinhalt der Satzung (§ 16 Abs. 3 AktG) zur Auflösung der AG durch gerichtliches Urteil führen können. Die Tatsache jedoch, daß die aufgelöste AG gem. § 49 Abs. 2 BGB und § 218 AktG bis zur Liquidationsbeendigung weiterbesteht, obwohl die Satzung Nichtigkeitsmängel aufweist, hat schwerwiegende Konsequenzen. Ist etwa in der Satzung kein Aktienkapital festgelegt, so wird bis zur Liquidationsbeendigung eine AG vorliegen, die kein Aktienkapital besitzt. Nach § 218 Abs. 3 AktG sollen dabei die Aktionäre mit ihren Einlagen haften, obwohl durchaus denkbar ist, daß sich die Einlage weder nach der Satzung noch nach den Zeichnungsscheinen feststellen läßt[151]. Das Fehlen eines Aktienkapitals hat zur Folge, daß der Aktienausgabe keine Grenze gestellt werden kann. Es muß daher m.E. als Aktionär i. S. des § 218 Abs. 3 AktG nur derjenige gelten, der Aktien vor Eintragung der nichtigen AG gezeichnet oder übernommen hat. Nach Eintragung der AG besteht ja ohne Kapitalerhöhung keine Aktienzeichnungsmöglichkeit.

c. Das Weiterbestehen der AG bis zur Liquidationsbeendigung hat zur Folge, daß auch etwaige nichtige Satzungsbestimmungen grundsätzlich weiterbestehen müssen. Ausgenommen sind lediglich Satzungsbestimmungen, die mit dem Wesen der AG unvereinbar sind. Diese gelten nicht, gleichgültig ob ihre Nichtigkeit gerichtlich oder außergerichtlich geltend gemacht wird (Arg. § 195 Ziffer 3 AktG).

Anfechtung von Satzungsbestimmungen, die in § 16 Abs. 3 AktG nicht erwähnt sind, scheitert ebenfalls daran, daß, wenn schon die nichtigen, dann vielmehr auch die angefochtenen Satzungsbestimmungen bis zur Liquidationsbeendigung gelten müssen. Eine „Teilnichtigkeit" der Satzung ist also nur dahin *nach* Eintragung der AG möglich, daß die mit dem Wesen der AG unvereinbaren Satzungsbestimmungen auch dann nichtig sein können, wenn sie nicht zu denen des § 16 Abs. 3 AktG gehören. Sonstige mangelhafte (nichtige, anfechtbare, angefochtene) Satzungsbestimmungen bleiben bis zur Liquidationsbeendigung bestehen.

Vielmehr bestehen allerdings diejenigen Satzungsbestimmungen weiter, die mit Mängeln nicht behaftet sind. Ein Raum für die Anwendung der §§ 139, 155 BGB ist somit nicht gegeben.

d. Enthält die Satzung Lücken, die durch Gesetzesvorschriften ausgefüllt werden können, so gelten diese Vorschriften, gleichgültig ob die Lücken durch Teilnichtigkeit der Satzung im obigen Sinne oder durch tatsächliche Regelungsunterlassung entstehen. Daß die Regelungsunterlassung eine verborgene oder erkannte Unvollständigkeit der Satzung i. S. eines Konsensmangels darstel-

[151] Der Fall hat sich bei einer Genossenschaft ereignet, wo die Haftsumme aufgrund der Satzung nicht ermittelt werden konnte und wo man sich durch die Höhe des Geschäftsanteils geholfen hat, BGH 29. 10. 52 (BGHZ 7, 383 ff). Vgl. auch RG 25.6.35 (RGZ 148,225 ff).

len kann, spielt keine Rolle und führt nicht zur Anwendung der §§ 154, 155 BGB, da nach § 216 Abs. 1 AktG die Satzung im ganzen nur Mängel der in § 16 Abs. 3 AktG erwähnten Satzungsbestimmungen beeinflussen können.

2. Die Lücke des § 216 AktG.

§ 216 Abs. 1 AktG spricht von „nichtigen" Satzungsbestimmungen, ohne die dafür in Frage kommenden Nichtigkeitsgründe genauer zu bestimmen. Diese auch im Referentenentwurf offen gelassene Lücke kann entweder durch analoge Anwendung der Nichtigkeitsvorschriften über die HV-Beschlüsse (§§ 195, 197 AktG) oder der allgemeinen Nichtigkeitsvorschriften des BGB ausgefüllt werden. Im ersteren Fall ist eine Satzungsbestimmung nur dann nichtig, wenn sie inhaltlich mit dem Wesen der AG unvereinbar ist, gegen Schutzvorschriften zugunsten der Öffentlichkeit oder der Gläubiger oder gegen die guten Sitten bzw. das Gesetz verstößt, § 195 Ziffer 3,4, § 197 Abs. 1 AktG. Der letzteren Möglichkeit entspricht mehr oder weniger die Auffassung, die eine sog. mittelbare Nichtigkeit wegen Geschäftsunfähigkeit so vieler Gründer, daß die notwendige Mindestzahl von fünf Gründern nicht mehr da ist, oder wegen Beurkundungsmängel annimmt (*Schlegelberger-Quassowski*, 3 zu § 216 AktG). Die sog. mittelbare Nichtigkeit ist zwar vom Standpunkt der zivilistischen Dogmatik terminologisch unhaltbar, erfaßt aber das Kernproblem der Auslegung des § 216 Abs. 1 AktG im Ergebnis richtig. Dieses Problem besteht nämlich in der Alternative zwischen BGB und den Nichtigkeitsgründen der §§ 195, 197 AktG.

Da die Nichtigkeitsgründe nach §§ 195, 197 AktG auf alle Fälle auch nach BGB die Nichtigkeit der dagegen verstoßenden Satzungsbestimmungen herbeiführen, läuft die erwähnte Alternative auf die Frage hinaus, ob über die Nichtigkeitsgründe der §§ 195, 197 AktG hinaus auch die allgemeinen Nichtigkeitsgründe des BGB zugelassen werden sollen. Da die §§ 195, 197 AktG eine Sonderregelung für Hauptversammlungsbeschlüsse enthalten, ist m.E. auslegungsmäßig unvermeidlich, die Lücke des § 216 Abs. 1 AktG als Verweisung auf die Nichtigkeitsgründe nach BGB aufzufassen. Insofern ist der Lehre von der sog. mittelbaren Nichtigkeit zuzustimmen, allerdings ohne diesen Namen beizubehalten. Minderjährigkeit, Formwidrigkeit, Vertretungsmängel, Konsensmängel, insbesondere Erklärungsunstimmigkeit und Scheinkonsens nach §§ 154, 155 BGB, geheimer Vorbehalt *aller* Gründer (§ 116 Satz 2 BGB) gehören zu dieser Kategorie und sind unter geringfügigen Anpassungen auf das AktG zu beachten. Die Rechtsprechung dürfte auch als derselben Auffassung zu deuten sein[152]. Unterscheidet das BGB bei diesen Nichtigkeitsgründen zwischen Verträgen und einseitigen Rechtsgeschäften, so ist die Regelung für die ersteren anzuwenden. Hierin zeigt sich nochmals die praktische Bedeutung der Vertragsnatur der Satzungsfeststellung. Zu den Nichtigkeitsgründen in diesem Sinne gehört nach § 142 Abs. 1 BGB auch eine erfolgreich *vor* Eintragung der AG geltend gemachte Anfechtbarkeit der in

[152] RG 5.1.07 (DJZ 07,359). Ähnlich die Rechtsprechung des KG über die Ablehnung der Eintragung einer Mantelgründung, KG 5.4.23 (OLGR 43,296). RG 15.3.03 (R 03 Nr. 2522) läßt Nichtigkeitsklage wegen fehlender Beurkundung des GmbH-Vertrages zu, wendet also § 125 BGB an. OLG Celle 20.2.30 (DRiZ 30 Nr. 381) behandelt eine in entwerteter Währung eingetragene AG als eo ipso nichtig.

§ 16 Abs. 3 AktG aufgezählten Satzungsbestimmungen oder der ganzen Satzung. Dritte werden bei der Zulassung dieser Nichtigkeitsgründe durch das Weiterbestehen der Satzung und der AG genügend geschützt. Daß durch das Weiterbestehen der AG das Interesse an einer Geltendmachung der Nichtigkeitsgründe sehr fragwürdig und beinahe unwahrscheinlich wird, ist keine Besonderheit der hier vertretenen Auffassung, sondern kommt auch bei den Nichtigkeitsgründen der §§ 195, 197 AktG vor.

Der hier vertretenen Auffassung steht die bisherige Rechtsprechung zu § 308 HGB, § 216 AktG und § 75 GmbHG nicht entgegen. In den veröffentlichten Entscheidungen werden lediglich Nichtigkeitsbehauptungen abgelehnt, die andere als die in § 16 Abs. 3 AktG aufgezählten Satzungsbestimmungen betreffen[153]. Insbesondere hat diese Rechtsprechung keineswegs etwa die zugelassenen Nichtigkeitsgründe auf die Fälle der §§ 195, 197 AktG beschränkt, die bekanntlich im GmbHG völlig fehlen. Ganz umgekehrt lassen Wendungen von Entscheidungen über Strohmänner bei der Gründung von Kapitalgesellschaften den Schluß zu[154], daß ein geheimer Vorbehalt aller Gründer (bzw. Scheingeschäft allen Beteiligten gegenüber) die Nichtigkeit der Kapitalgesellschaft zur Folge haben müßte. Das kann aber nur dann angenommen werden, wenn die Nichtigkeitsgründe nicht auf die Fälle der §§ 195, 197 AktG beschränkt werden.

V. Die Besonderheiten bei der Stufengründung.

Abweichungen, die dem Sondercharakter der Stufengründung Rechnung tragen, erfährt die Nichtigkeit der AG wegen Satzungsfeststellungsmängeln bei der Stufengründung. Hier ist die Satzungsfeststellung ein Beschluß der Errichtungsversammlung, und dieser unterliegt naturgemäß der für Beschlüsse geltenden Nichtigkeits- und Anfechtungsregelung (arg. § 30 Abs. 12 AktG), also den §§ 195 ff. und 216 ff. AktG. Ist der Errichtungsbeschluß wegen eines der in § 195 AktG aufgezählten Gründe nichtig, so ist eine Nichtigkeitsklage nach § 216 AktG erforderlich. Diese Nichtigkeitsklage kann sich nur auf die in § 195 AktG aufgezählten Mängel stützen. Der § 216 Abs. 1 AktG verweist demgemäß auf die allgemeinen Nichtigkeitsgründe des BGB nur dann, wenn Einheitsgründung vorliegt. Liegt Stufengründung vor, so muß die Verweisung notwendigerweise auf die Nichtigkeitsgründe für Beschlüsse lauten. Ist der Errichtungsbeschluß nicht nichtig, sondern nur anfechtbar, so kann die Nichtigkeitsklage nach § 216 AktG nur dann erfolgreich erhoben werden, wenn ihrerseits die Anfechtungsklage erfolgreich gewesen ist. Die Anfechtung muß natürlich eine der in § 16 Abs. 3 AktG aufgezählten Satzungsbestimmungen betreffen. Die gegen die Anwendung der §§ 195 ff. AktG auf den Errichtungsbeschluß bei Stufengründung geäußerten Bedenken (z. B. *Fischer*, Anm. 28 Abs. 2 zu § 30 AktG., 2. Aufl., S. 188/189) vermögen um so weniger zu über-

[153] RG 11.6.26 (RGZ 114,77 ff, § 139 BGB tritt vor den Nichtigkeitsvorschriften in den AktG, GmbH und GenG zurück), 29.10.15 (R 16 Nr. 757), 11.12.13 (R 14 Nr. 406), KG 11.11.01 (KGJ 23 A 100).

[154] Deshalb wird die Erklärung der Strohmänner nicht als Scheinerklärung, sondern als ernst bezeichnet, BGH 9.10.56 (BGHZ 21,378 ff), OLG Frankfurt 16.7.56 (NJW 56,1216), u.ö.

zeugen, als sie weder substanziiert sind noch einen Ersatz für den Ausfall der §§ 195 ff. AktG bieten.

Bei der Stufengründung ist noch zu beachten, daß es sich hier nicht um Mängel der von den Gründern vorgenommenen provisorischen Satzungsfeststellung, sondern um solche des Errichtungsbeschlusses handelt. Willensmängel bei den einzelnen Gründern können nur im Wege der Stimmabgabenanfechtung beim Errichtungsbeschluß geltend gemacht werden, weil der Satzungsentwurf der Gründer als Willensakt seine Selbständigkeit verloren hat. M. E. ist eine Bindung des Errichtungsbeschlusses am Satzungsentwurf auch dahin zu verneinen, daß ein Verstoß des Errichtungsbeschlusses gegen den Satzungsentwurf der Gründer den Errichtungsbeschluß nach § 197 Abs. 1 AktG anfechtbar macht. Wir betrachten nämlich die Regelung des § 30, insbes. Abs. 9 und 10 AktG als zwingend und abschließend, so daß eine darüber hinausgehende Bindung des Errichtungsbeschlusses am Satzungsentwurf der Gründer ausgeschlossen ist. Der Satzungsentwurf kann insbesondere weder die Mindestmehrheit von 25% nach Abs. 9 durch eine höhere ersetzen noch die in Abs. 10 festgelegten Grenzen der Mehrheitsgewalt in der Errichtungsversammlung einengen. Der Errichtungsbeschluß ist demnach nur wegen Gesetzesverletzung anfechtbar, nicht aber wegen Verletzung des Satzungsentwurfes der Gründer. Die Nichtigkeit nach §§ 195, 196 AktG bleibt natürlich unberührt.

Die Nichtigkeit der AG erfährt somit eine Spaltung je nachdem, ob Einheitsgründung oder Stufengründung vorliegt. Im ersteren Fall werden die Mängel der Satzungsfeststellung nach Vertragsrecht und im allgemeinen nach BGB, im letzteren nach §§ 195 ff. AktG beurteilt. Schuld jedoch an dieser Spaltung ist das Gesetz und nicht seine dogmatische Deutung. Die Spaltung fällt mit der Abschaffung der Stufengründung im Referentenentwurf weg, die erwünschte Klärung des § 216 Abs. 1 AktG (= § 254 Abs. 1 Referentenentwurf) hat jedoch der Entwurf nicht gebracht.

Der „mittelbaren Nichtigkeit" bei der Einheitsgründung entspricht bei der Stufengründung die Nichtigkeit der Stimmabgabe. Sie kann die erforderliche Mehrheitsbasis des Beschlusses schmälern und somit u. U. den ganzen Beschluß zum Fallen bringen. Auf die Besonderheiten der Anfechtung der Stimmabgabe soll hier nicht eingegangen werden, nur eins ist zu bemerken, daß diese Anfechtung bzw. Nichtigkeit nur unter den Voraussetzungen der §§ 195, 197 auf den ganzen Beschluß einwirkt. Genauer gesagt, kommt hierbei nur eine Anfechtbarkeit des Beschlusses in Frage, da zu den Nichtigkeitsgründen eines Beschlusses die Nichtigkeit oder Anfechtung der Stimmabgabe nicht gehört. Nach § 197 AktG setzt ihrerseits die Beschlußanfechtung seitens eines Aktionärs Widerspruch zum Protokoll voraus, der nur beim seltenen Fall des § 197 Abs. 2 AktG oder bei der Anfechtung durch den Vorstand entbehrlich ist. Die Stimmabgabenanfechtung bekommt naturgemäß eine besondere Bedeutung dort, wo der Errichtungsbeschluß einstimmig sein muß, § 30 Abs. 10 AktG.

§ 30 Abs. 10 AktG zeigt zugleich, daß im Bereich der Mußbestimmungen der Satzung trotz Stufengründung eine Einigung aller Gründungsteilnehmer (Gründer und Zeichner) erforderlich ist. Aus diesem Grunde verweisen die einzelnen Zeichnungsscheine auf ein und dieselbe Satzung (Satzungsentwurf). Enthalten die Zeichnungsscheine unterschiedliche Angaben nach § 30 Abs. 2 Satz 3 Ziffer 2 AktG, so liegt eine „Zeichnung des Grundkapitals" i. S. des § 30 Abs. 1 AktG gar nicht vor, und der Errichtungsbeschluß, der trotzdem gefaßt wird, ist für diese Zeichner nicht bindend, weil ihre Scheine der durch den Errichtungsbeschluß festgestellten Satzung nicht entsprechen. Trifft also diese Zeichner der Tatbestand des § 30 Abs. 3 Satz 2 AktG nicht, so sind sie an den Errichtungsbeschluß nicht mehr gebunden. Diese Unverbindlichkeit der Zeichnung fällt nicht unter § 30 Abs. 3 Satz 1 AktG, da dort nur von Lücken und unerlaubten Bedingungen die Rede ist, ohne daß die Verbindlichkeit der Zeichnungen vom Standpunkt ihrer Übereinstimmung mit der ursprünglichen Satzung, d. h. mit dem Satzungsentwurf der Gründer geregelt wird. Dieser Unverbindlichkeit steht gleich die Aktienzeichnung durch Minderjährige ohne Einhaltung der Bestimmungen über die gesetzliche Vertretung und durch vollmachtlose Vertreter, da solchenfalls ein beachtlicher Zeichnungswille des Minderjährigen bzw. des Vertretenen gar nicht vorliegt. Allen drei Fällen ist also gemeinsam, daß ein echter oder rechtswirksamer Wille zur Unterwerfung unter die festgestellte Satzung nicht vorliegt.

Die für die Mußbestimmungen der Satzung erforderliche Einigung der Gründungsteilnehmer (Gründer und Zeichner) schließt bei der Stufengründung aus, daß etwa die Satzungsfeststellung bei der Stufengründung ein Gesamtakt wäre. Für den Gesamtaktscharakter spricht auch nicht die Tatsache, daß über die übrigen Satzungsbestimmungen ein Mehrheitsbeschluß gefaßt wird. Es ist hier zwar nicht der geeignete Ort, die Rechtsnatur des Beschlusses darzustellen. Es steht aber fest, daß der Beschluß keine einheitliche Rechtsfigur im deutschen Gesellschaftsrecht ist. Positivrechtlich geregelt sind nur die Zulässigkeit (Verbindlichkeit) und die Willensmängel der Beschlüsse. Verbindliche Beschlüsse sind im Recht der rechtsfähigen Verbände gesetzlich zugelassen, § 32 Abs. 1 Satz 1 BGB, § 113 Abs. 1 AktG, § 55 Abs. 1 GmbHG, während sie bei den Personalgesellschaften vertraglich vorgesehen sein müssen, § 709, § 712 BGB, § 119 HGB. Die Mängel der Beschlüsse werden andererseits nur in §§ 195 ff. AktG, § 51 GenG, nicht aber im Vereins- und GmbH-Recht geregelt. Der einzige einheitliche Zug aller Beschlüsse bleibt demnach allein die Art des Zustandekommens (Mehrheitswille). Inhaltlich bleibt dabei der Beschluß trotz des einheitlichen Zustandekommens eine äußerst schillernde Rechtsfigur. Er kann teils einen Vertrag, teils ein einseitiges Rechtsgeschäft bekleiden. Ersteres ist der Fall bei Änderungen des Vertrages von Personalgesellschaften, oder bei Mitgliedschaftsregelungen in den Kapitalgesellschaften, letzteres andererseits bei Organbestellungen, Vertreterbestellungen usw. Das Wesen des Beschlusses kann also nicht allein an seinem Zustandekommen, sondern muß an seiner Wirkung bemessen werden. Die Wirkung der Satzung im Bereich der Mitgliedschaft ist, wie schon dargelegt, eine vertragliche, und daran kann auch die Form des Errichtungsbeschlusses bei der Stufengründung nichts ändern. Wie auch bei den Personalgesellschaften ist dieser Beschluß engen Grenzen unterworfen (§ 30 Abs. 10 AktG), und in dieser Beziehung wird der Vertragscharakter auch in der Form aufrecht erhalten.

VI. Das Positive an der Gesamtaktstheorie.

Nicht verschwiegen werden dürfen allerdings die Verdienste der Gesamtaktstheorie. Sie bestehen darin, daß die germanistische Betrachtungsweise den soziologisch-wirtschaftlichen Sinn der Gründung klarer und lebensnäher erfaßt als jede Vertragstheorie. Der Sinn der Gründung liegt eben in der Schaffung eines Personen- und Sachwertsubstrates, das der juristischen Person zugrunde liegt und das nunmehr in Selbständigkeit gegenüber Mitgliedern und Außenstehenden durch seine Organe, durch seine faktische Kraft eine eigene Rolle im Leben spielen soll. Der Sinn der Gründung ist nicht die Schaffung einer konkreten Rechtsfolge, sondern die Gestaltung der Lebensverhältnisse durch Entstehung einer neuen sozialen Potenz. Es liegt also tatsächlich eine „Schöpfung" in der Gründung der jP und in der Entstehung des Unternehmens, das nunmehr „in der Form einer Kapitalgesellschaft" betrieben wird. Diese faktische, somit realistische Betrachtungsweise ist ein Verdienst der Gesamtaktslehre. Der Wert, der dadurch auf die soziale Wirksamkeit der Gründung gelegt wird, erinnert etwa an die sog. Eingliederungstheorie im Dienstvertrag, die ebenfalls die soziale Wirksamkeit des Arbeitsverhältnisses betont.

Juristisch jedoch mußte die Gesamtaktstheorie abgelehnt werden. Die rechtliche Annehmbarkeit dieser oder jener Theorie kann nicht von ihrer Veranschaulichungskraft abhängig gemacht werden. Wirksamkeitsleere juristische Personen („Mäntel") zeigen, daß die Gesamtaktstheorie juristisch nicht immer zutrifft. Andererseits hängt die Gesamtaktstherorie allzu sehr mit der Theorie der realen Verbandsperson zusammen. Sie steht und fällt zusammen mit ihr. Die Ablehnung der Theorie der realen Verbandsperson steht insofern in engem Zusammenhang mit der Gründungsproblematik. Die Entmaterialisierung der jP hat zur unabweisbaren Folge die Entmaterialisierung der Gründung. Die Gründung mußte also allein als Tatbestand der Rechtsfolge „jP" verstanden werden. Sie *kann* zugleich die Schaffung einer sozial wirksamen neuen Lebenseinheit darstellen, das ist aber nicht unbedingt notwendig. Die Beurteilung dieses Tatbestandes muß nach juristischen Gesichtspunkten erfolgen. Diese haben in der vorliegenden Darstellung zur Bejahung der Vertragsnatur der Satzungsfeststellung geführt. Die Gesamtaktstheorie hat darüber hinaus den Nachteil, den Gründungstatbestand als Einheit zu erfassen, während er in Wirklichkeit in die Satzungsfeststellung und die Mitgliedschaftsübernahme zerfällt.

Sechstes Kapitel

Mitgliedschaftsübernahme und Unterwerfung unter die Satzung

§ 15. Die Unterwerfung unter die Satzung.

I. Tatbestandsteilung im Bereich des Gründungstatbestands.

1. Die Satzungsfeststellung als selbständiger Tatbestandsteil.

Der rechtsgeschäftliche Teil des Gründungsvorganges beschränkt sich nicht auf die Satzungsfeststellung. Die Satzungsfeststellung ist nur ein Teil, allerdings ein *selbständiger Teil* des Gründungsvorganges. Die Selbständigkeit der Satzungsfeststellung besteht darin, daß die einmal festgestellte Satzung als Grundlage für die Mitgliedschaftsübernahme seitens der Gründer nach § 22 Abs. 2 oder seitens Dritter nach § 30 Abs. 9,10 AktG dient. Somit erweist sich die Trennung zwischen Satzungsfeststellung und Mitgiedschaftsübernahme, deren positivrechtliche Kasuistik oben (§ 13 der Arbeit) skizziert wurde, als ein Fall der Tatbestandsteilung. Diese Tatbestandsteilung hat einen gesetzlich vorgeschriebenen Umfang (Satzungsfeststellung – Mitgliedschaftsübernahme) und unterscheidet sich hierin von der willkürlichen Tatbestandsteilung.

Die Selbständigkeit der Satzungsfeststellung den Mitgliedschaftsübernahmen gegenüber besteht ferner darin, daß sowohl positivrechtlich als auch logisch die Mitgliedschaftsübernahmen eine Satzungfeststellung voraussetzen. Wortlaut und Sinn der diesbezüglichen Bestimmungen im AktG, etwa § 22 Abs. 2, § 30 Abs. 1, § 16 Abs. 3, § 2 zeigen zugleich eindeutig, daß in der Vorstellung des Gesetzgebers die Mitgliedschaftsübernahme inhaltlich und urkundenmäßig gar nicht zur Satzungsfeststellung gehört. Die Aktienübernahmen des § 2 AktG sind funktionsmäßig kein Bestandteil der Satzungsfeststellung, sondern dienen einfach als Legitimation für die Gründertätigkeit (Satzungsfeststellungstätigkeit). Sie sind wirtschaftlich und juristisch gesehen „Legitimationsübernahmen".

Daß die Mitgliedschaftsübernahmen nicht zur Satzungsfeststellung gehören, vielmehr diese voraussetzen und ihr logisch folgen, beweist die mehrfach selbständige Behandlung der Mitgliedschaftsübernahmen im Gesetz im Vergleich zur Behandlung der Satzung:

a) Der Beurkundungszwang, der für die Satzungsfeststellung gilt, betrifft nur die Legitimationsübernahmen, nicht die normalen Mitgliedschaftsübernahmen.

b) Konsens- und Willensmängel bei der Satzungsfeststellung sind nicht ohne weiteres solche der Mitgliedschaftsunternehmen.

c) Die Satzungsfeststellung ist vielmehr gar nicht Gegenstand der Parteieneinigung bei der Mitgliedschaftsübernahme. Sie liegt wenigstens logisch, aber meistens auch zeitlich schon abgeschlossen vor, wenn die Mitgliedschaften übernommen werden.

d) Zu den historischen Satzungsbestimmungen, die nach § 145 Abs. 3 AktG von der Satzung auch nicht durch Satzungsänderung gestrichen werden können, gehören nicht die Legitimationsübernahmen der Gründer. Die Gründereigenschaft kann nämlich auf alle Fälle auf Grund der ursprünglichen Satzungsurkunde festgestellt werden. –

Die Praxis trägt dieser Trennung von Satzungsfeststellung und Mitgliedschaftsübernahmen dadurch Rechnung, daß auch die Legitimationsübernahmen in der Satzungsurkunde außerhalb des paragrafierten Satzungstextes stehen.

2. Die Satzungsfeststellung als inhaltsgestaltender Tatbestandsteil.

Übertragen auf die allgemeine Lehre vom Rechtsgeschäft bedeutet die Spaltung zwischen Satzungsfeststellung und Mitgliedschaftsübernahme nichts anderes als Trennung des inhaltsgestaltenden und des rechtserzeugenden Teils des rechtsgeschäftlichen Gründungstatbestands. Diese Subsumierung der Trennung zwischen Satzungsfeststellung und Mitgliedschaftsübernahme erklärt die Selbständigkeit, d.h. die Verbindlichkeit der Satzungsfeststellung gegenüber der Mitgliedschaftsübernahme. Zur allgemeinen Frage, ob zum Tatbestand einer Rechtsfolge nur dessen rechtserzeugende Faktoren oder auch seine inhaltsgestaltenden Faktoren gehören, braucht hier deshalb keine Stellung genommen zu werden, da im Fall der Gründung der AG diese Frage positivrechtlich eindeutig zu bejahen ist. Aus § 216 Abs. 1 AktG ergibt sich nämlich, daß nicht nur die Mitgliedschaftsübernahmen (Rechtserzeugung), sondern auch die Satzungsfeststellung (Inhaltsgestaltung) dazugehört, während wiederum §§ 2, 22 Abs. 2, 16, 30 AktG ergeben, daß Mitgliedschaftsübernahmen und Satzungsgestaltung inhaltlich verschieden sind (§ 13 dieser Arbeit). Ebenfalls eindeutig und allgemein anerkannt ist andererseits die Erkenntnis, daß der Bedingungssatz einer Rechtsnorm in inhaltsgestaltende und rechtserzeugende Faktoren zerfällt und daß in diesem Sinne zum Tatbestand der diesbezüglichen Rechtsfolge beide Faktorengruppen, also der ganze Bedingungssatz gehören. Diese Erkenntnis über die Zusammensetzung des Tatbestandes[155] hat im Fall der Gründung der AG folgendes zur Folge:

Die Satzungsfeststellung ist der inhaltsgestaltende Teil des Gründungstatbestandes. Sie gibt der juristischen Person und den Mitgliedschaften ihren normativen Inhalt. Rechtserzeugend hinsichtlich der Entstehung der jP und der Mitgliedschaften wirkt die Satzungsfeststellung nicht. Es bedarf dazu der Übernahme der Mitgliedschaften und der Eintragung der juristischen Person. Die Satzungsfeststellung als Inhaltsgestaltung bedarf somit der Ergänzung durch den rechtserzeugenden Tatbestandsteil. Der Rechtserzeugungswille bei den Mitgliedschaftsübernahmen besteht darin, daß die Mitglieder sich der Satzung unterwerfen und somit die von der Tatbestandsvollendung abhängigen Satzungsvorschriften akut machen (Mitgliederrechte und -pflichten).

---

[155] Dazu *Würdinger*, Die privatrechtliche Anwartschaft als Rechtsbegriff, München 1928, passim.

3. Die Verbindlichkeit der Satzungsfeststellung.

Die Satzungsfeststellung wirkt sich jedoch schon vor Tatbestandsvollendung verbindlich aus – sie bindet die Tatbestandsergänzung dahin, daß der darauffolgende Tatbestandsteil keine Ergänzung sein kann und zu keiner Tatbestandsvollendung führen kann, wenn er sich nicht im Rahmen der Satzungsfeststellung hält. Die Mitgliedschaftsübernahmen müssen sich in diesem Rahmen halten, ihnen muß ein und dieselbe Satzung zugrundeliegen. Die Verbindlichkeit der Satzungsfeststellung unterscheidet sich insofern etwa von der sonst parallelen Rechtsfigur der Punktation, als letztere grundsätzlich unverbindlich ist, § 154 Abs. 1 Satz 2 BGB. Darin zeigt sich, daß im Fall der Gründung der rechtsfähigen Kapitalgesellschaften eine echte Tatbestandsteilung vorliegt. Eine Tatbestandsteilung kann nämlich nur dann „echt", d.h. juristisch von Bedeutung sein, wenn der vorangehende Tatbestandsteil nicht nur rein faktisch existiert, sondern auch juristisch virulent ist. Soweit juristisch virulent, daß ihm die ganze Rechtsfolge angeknüpft wird, kann er naturgemäß nicht sein, weil er ja nur Tatbestands*teil* ist. Virulent kann er also insoweit sein, als er beim Gesamtbestand trotz der zeitlichen Diskrepanz berücksichtigt wird und als er für den folgenden, übrigen Tatbestandsteil bindend (verbindlich) ist. Die Verbindlichkeit der Satzungsfeststellung beruht auf dem Gesetz, gleiches kann bei den anderen Fällen der Tatbestandsteilung durch Vereinbarung erreicht werden. Eine solche Vereinbarung ist z.B. auch im Fall der Punktation möglich, da der § 154 Abs. 1 Satz 2 BGB nur eine Auslegungsnorm enthält. Solche verbindlichen Punktationen (verbindliche Inhaltsgestaltungen) sind z.B. die Rahmenverträge, die eine Option, ein Wahlrecht oder eine potestative Bedingung enthalten. In allen diesen Fällen ist zweierlei Bindung an den vorangehenden Tatbestandsteil vorhanden: einerseits kann der rechtserzeugende Tatbestandsteil nur dann als Ergänzung des vorangegangenen inhaltsgestaltenden Teils gelten und somit den Gesamtbestand verwirklichen, wenn er sich in dessen Rahmen hält. Die Tatbestandsergänzung muß also den vorangegangenen Tatbestandsteil bedingungslos hinnehmen und akzeptieren. Andererseits genügt es, wenn sich der rechtserzeugende Tatbestandsteil auf den vorangegangenen inhaltserzeugenden Teil bezieht und sonst nur den Rechtserzeugungswillen enthält. Dies genügt für die Vollendung des Gesamtbestandes und somit für den Eintritt der Rechtsfolge. Hält sich der ergänzende Tatbestandsteil nicht am vorangegangenen inhaltserzeugenden Teil, so bleibt der Gesamttatbestand und somit auch die Rechtsfolge aus. Eine Mitgliedschaftsübernahme, die sich nicht an der Satzungsfeststellung hält, vermag daher den Gründungstatbestand der AG ebensowenig zu ergänzen, wie etwa eine abweichende Annahme einer Offerte den Vertrag zustandebringen kann. Es ist dabei eine andere Frage, ob diese Mitgliedschaftsübernahme zu einer *anderen* Satzung paßt und somit diese *andere* Satzung ergänzt. Solchenfalls liegt aber ein anderer, neuer Gründungstatbestand vor. Unwahrscheinlich ist es, aber nicht unmöglich, daß die modifizierte Mitgliedschaftsübernahme eventuell selbst die Merkmale einer neuen Satzung enthält und deshalb zu einer neuen Satzungsfeststellung umgedeutet wird (z.B. bei der Mitgliedschaftsübernahme nach § 22 Abs. 2 AktG), falls die Formvoraussetzungen erfüllt sind und fünf Personen dabei mitwirken.

Es ist allerdings eine Tatfrage, wieweit die Änderung einer festgestellten Satzung vor Mitgliedschaftsübernahmen oder vor Eintragung der jP bzw. die Aufgabe einer Tatbestandsergänzung und der Beginn der Verwirklichung eines neuen Tatbestandes durch erneute Satzungsfeststellung und/oder Mitgliedschaftsübernahme eine *Änderung des alten Gründungsvorganges* oder einen *neuen Gründungsvorgang* darstellt. Die Frage ist von Bedeutung, wenn es sich um die Beurteilung der Identität der später eingetragenen jP mit dem der Eintragung vorangegangenen Rechtsgebilde handelt.

4. Differenzierung von anderen Fällen der Tatbestandsteilung.

Die Trennung zwischen Satzungsfeststellung und Mitgliedschaftsübernahme darf den übrigen Fällen der Tatbestandsteilung nicht ohne weiteres gleichgestellt werden. Die Offerte-Annahme-Konstruktion beim Vertrag, die Option, die condicio juris und u. U. auch die gesetzlichen Gestaltungsrechte bilden zwar ebenfalls Unterfälle ein und desselben Phänomens, aber die Tatbestandsteilung ist nicht bei allen gleich geartet. Insbesondere kommt bei diesen Tatbestandsteilungsfällen die Spaltung zwischen Inhaltsgestaltung und Rechtserzeugung nicht in dieser Reinheit vor wie bei der Gründung der jP. Insbesondere die Offerte-Annahme-Konstruktion bewirkt eine Tatbestandsteilung, bei welcher zu beiden Tatbestandsteilen sowohl inhaltsgestaltende als auch rechtserzeugende Faktoren gehören. Aus diesem Grund liegt in diesen Fällen eine einheitliche Einigung der Parteien vor. Bei der Gründung der AG – wie auch bei der verbindlichen Punktation, etwa Rahmenvertrag – liegen *zwei verschiedene* Einigungen vor. Die eine betrifft die Inhaltsgestaltung, die sie abschließend regelt, die andere betrifft die Mitgliedschaftsübernahme, die sie ebenfalls abschließend regelt. Eine Rechtserzeugungsofferte steckt aber in der Satzungsgestaltung nicht.

II. Die Unterwerfung unter die Satzung.

1. Die Tatbestandsvollendung.

Die Verbindung zwischen den beiden Tatbestandsteilen des rechtsgeschäftlichen Gründungsvorganges besteht nun in der Unterwerfung der Mitglieder unter die Satzung (§ 13 der Arbeit). Die Unterwerfung wirkt nicht nur im Moment der Gründung als Bezugnahme und Verbindlichkeitserklärung für die gegenwärtige Satzung, sondern auch für die Zukunft dahin, daß die Mitgliedschaft der Satzung in deren jeweiliger gesetzmäßigen Gestalt unterworfen bleibt. Unter Berücksichtigung der Schranken der Mehrheitsgewalt in der Aktiengesellschaft (Sonderrechte, nichtige bzw. anfechtbare Beschlüsse) gründet sich somit auf der Unterwerfung der Mitglieder die Verbindlichkeit der Satzung. Sie beruht darauf in doppelter Hinsicht, einerseits dahin, daß ohne die Übernahme sämtlicher Mitgliedschaften kraft Gesetzes die in der Satzung enthaltene Inhaltsregelung für die jP und die einzelnen Mitgliedschaften gar nicht Platz greift – die Errichtung der AG setzt die Übernahme der Mitgliedschaften voraus – und andererseits dahin, daß die

Satzung ohne den rechtserzeugenden Tatbestandsteil eine wirklichkeitsleere Normensumme bleibt.

a. Die Übernahme der in der Satzung vorgesehenen Mitgliedsposten vollendet den Tatbestand der Errichtung der AG. Bei der Stufengründung muß zwar der Errichtungswille durch besonderen Beschluß der Errichtungsversammlung zum Ausdruck gebracht werden, die Unterwerfung unter die Satzung liegt aber schon in der Mitgliedschaftsübernahme, da Satzungsgestaltungen durch die Errichtungsversammlung als Satzungsänderungen behandelt werden. Dadurch ist auch zu erkären, daß die verschiedenen Mitwirkungspflichten der Gründer bei der Stufengründung schon vor der Errichtungsversammlung einsetzen. Sie müssen die Zeichnerversammlung zwecks Bestellung des Aufsichtsrates einberufen, § 30 Abs. 4, dann zusammen mit dem Aufsichtsrat die AG zur Eintragung anmelden, § 28, und den Gründungsbericht erstatten, § 24 AktG. Alle diese Pflichten setzen nämlich „nach der Zeichnung des Grundkapitals" ein (§ 30 Abs. 4 AktG).

Erst dann hat der Richter die Errichtungsversammlung einzuberufen. Diese *Errichtungs*versammlung (§ 30 Abs. 6) ist mit der *Zeichner*versammlung (§ 30 Abs. 4) nicht zu identifizieren.

b. Die Übernahme der in der Satzung vorgesehenen Mitgliedschaften vermittelt der in der Satzung enthaltenen Regelung die Möglichkeit, sich auf die Verhältnisse der Rechtsordnung und des Rechtslebens umzuschlagen. Die Mitgliedschaftsübernahmen vermitteln den in der Satzung enthaltenen Normen das Personen- und Sachwertsubstrat, das die soziale Wirksamkeit der Satzung ermöglicht. Das ist die Folge davon, daß die Mitgliedschaftsübernahme auf zweierlei abzielt. Die Mitgliedschaftsübernahme enthält nämlich einerseits den Willen der Erzeugung der juristischen Person und der Mitgliederrechte und andererseits die Übernahme der Mitgliederpflichten. Das wird dadurch erreicht, daß einerseits die Mitgliedschaftsübernahme den Willen, daß die Satzung gelten soll, enthalten und daß die Geltung der Satzung ihrerseits zur Entstehung der einzelnen Mitgliederrechte und -pflichten führt.

2. Die Folgen für die Nichtigkeit und Anfechtbarkeit der Beitrittserklärungen.

Die praktische Konsequenz dieses Willens, daß die Satzung nunmehr zwischen jP und Mitgliedern gelten soll, liegt darin, daß die Geltung der Satzung das Bestehen der Mitgliederrechte und -pflichten nach sich zieht. Nimmt man diese prima facie selbstverständliche Konsequenz an, so erledigt sich automatisch für *alle* juristische Personen auf Grund fester positivrechtlicher Normen und ohne Hilfe von umstrittenen Konstruktionen das Problem der Anfechtbarkeit der Beitrittserklärungen (Mitgliedschaftsübernahmen). Die in Frage kommenden positivrechtlichen Normen sind die Bestimmungen über die Nichtigkeit der AG, der GmbH und der Gen und die in Anlehnung daran von der Rechtsprechung entwickelten Grundsätze für den Verein[156]. Die Nichtigkeitsvorschriften über AG, GmbH und Gen enthalten

[156] RG 17.1.13 (RGZ 81,206 ff), KG. 5.10.10 (OLGR 22,110), OLG Kiel 30.4.24 (SchlHA 25,2 ff). Der eingetragene, aber nicht eintragungsfähige Verein wurde hiergegen vom KG als nichtig behandelt, 25.4.04 (KGJ 28 A 63).

einhellig die Bestimmung, daß die Nichtigkeitserklärung nur die Auflösung der AG, GmbH oder Gen zur Folge hat (§ 218 Abs. 1 AktG, § 77 Abs. 1 GmbHG, § 97 Abs. 1 GenG) und daß den Einlage- bzw. Haftpflichten seitens Gesellschafter und Genossen trotz dieser Auflösung nachzukommen ist, soweit dies für die Erfüllung der eingegangenen Verbindlichkeiten erforderlich ist (§ 218 Abs. 3 AktG, § 77 Abs. 3 GmbHG, § 97 Abs. 3 GenG). Die Mängel der Mitgliedschaftsübernahme sind nun für die Nichtigkeit der AG, GmbH oder Gen wegen der abschließenden Regelung der Nichtigkeitsgründe in § 216 AktG, § 75 GmbHG und §§ 94–95 GenG irrelevant. Aber auch wenn sie relevant wären, müßte die jP bis Ende der Abwicklung weiterbestehen und somit während derselben Zeit müßte auch die Satzung weitergelten. Das gilt für sämtliche Mitgliederrechte und nicht etwa nur für Einlage- und Haftpflichten, wie § 218 Abs. 3 AktG, § 77 Abs. 3 GmbHG und § 97 Abs. 3 GenG zu sagen scheinen. Richtig aus diesen Bestimmungen ist nur eins herauszulesen, daß nämlich die Satzung insoweit gilt, als dies für die Erfüllung der eingegangenen Verbindlichkeiten erforderlich ist[157]. Die Unanfechtbarkeit der Mitgliedschaftsübernahmen bei AG, GmbH und Gen beruht somit auf der Weitergeltung der Satzung im Interesse der Gläubiger bis zur Liquidationsbeendigung. Im Vereinsrecht muß ähnliches gelten, da dem § 47 BGB klar zu entnehmen ist, daß auch hier nur im Wege der Liquidation der Verein aufhören kann. Solchenfalls gilt aber die Satzung weiter, solange der Verein

---

[157] Die Geltendmachung von Willensmängeln bei Beitrittserklärungen zu AG, GmbH und Gen wird in der Rechtsprechung auf die Fälle beschränkt, wo der Beitrittswille gar nicht vorliegt, z.B. bei Geschäftsunfähigkeit, falscher Sacheinlagebeschreibung, Ausstellungs- und Aushändigungszwang, Fälschung, vgl. RG 6.4.35, RGZ 147,257ff, 28.1.30, RGZ 127,186ff, 13.5.29, RGZ 124, 279ff, 14.2. 28, RGZ 123, 102 ff, 28.10.27, RGZ 118, 269 ff, 2.6.16, RGZ 88, 271 ff, 4.4.16, RGZ 88, 187 ff, 7.11.13, RGZ 83, 256ff, 10.6.13, RGZ 82, 375ff, 8.5.08, RGZ 68,344ff, 13.6.87, RGZ 19, 124ff, 16.5.04, RGZ 57, 292ff, 14.3.03, RGZ 54, 128ff, 30.5.91, RGZ 28,75ff, 6.5.84, RGZ 15, 192ff, 14.2.83, RGZ 9,36ff, 30.6.80, RGZ 2, 130ff, ROHG 11.4.76, ROHG 20, 270ff, OG Danzig 28.11.33, JW 34, 862, RG 7.10.32, JW 33, 112, LG Freiburg 24.4.25, JW 26, 625, RG 8.4.08, JW 08, 464, 19.11.04, JW 05, 92, 17.9.00 JW 04, 563, 11.5.01, JW 01, 484, 10.1.00, JW 00, 158, 25.3.99, JW 99, 300, 4.4.33, LZ 33, 934, 5.3.15, LZ 15, 1243, OLG Rostock 16.10.14, MecklZ 33,210*, OLG Braunschweig 31.1.11, OLGR 24, 144, OLG Dresden 10.2.11, OLGR 24,143, OLG Rostock 14. 7. 10, OLGR 22, 12 (hinsichtlich Nebenpflichten), KG 21. 2. 05, OLGR 10, 246, 22. 5. 02, OLGR 4, 469, RG 7. 10. 30, R 30 Nr. 1974, 29. 1. 15, R 15 Nr. 938, LG Mannheim 14.4.06, Bad. Rpr. 07,16, RG 4.6.02, DJZ 02, 435, LG Hamburg 13.5.31, HansRGZ 31 B 392. Ist jedoch die Gründung eine Umwandlungs- oder Verschmelzungsgründung, dann kann sie dadurch rückgängig gemacht werden, daß der Umwandlungs- bzw. Verschmelzungsbeschluß nach den diesbezüglichen Bestimmungen als nichtig erklärt wird, RG 13.5.29 (RGZ 124, 279 ff).

Gegen die Einschränkung von Willensmängeln bei Beitrittserklärungen läßt sich materiell nichts einwenden. Diese Einschränkung wird aber z. T. mit konstruktiven Erwägungen begründet (Gesamtakt, soziale Schöpfung), die konsequenterweise sowohl vor der Auflösung als auch in der Liquidation dieselben bleiben müßten. Trotzdem läßt die Rechtsprechung die Geltendmachung von Willensmängeln in der Liquidation nur insoweit nicht zu, als dies dem Gläubigerinteresse dient, RG 13.3.34 (RGZ 144, 138 ff). Dies zeigt, daß man eine Begründung für die Beschränkung der Geltendmachung von solchen Willensmängeln braucht, die diese Anpassungsfähigkeit im Liquidationsfall aufweist. Diese Anpassungsfähigkeit besitzt gerade die Begründung der Einschränkung der Willensmängel durch die Bestimmungen über die Nichtigkeit der jP.

besteht, da ja der Verein ohne Satzung selbst nicht bestehen kann, § 49 Abs. 2 BGB.

Aus den Bestimmungen über die Liquidation und Nichtigkeit der jPen, welche (Bestimmungen) anerkanntermaßen die Eintragung der jP voraussetzen, ergibt sich wiederum, daß eine Beschränkung der Nichtigkeit bzw. Anfechtbarkeit der Mitgliedschaftsübernahmen *vor Eintragung der jP* keine Stütze im Gesetz hat[158]. Es kann höchstens davon die Rede sein, daß im Wege des § 54 Satz 1 BGB etwa das Recht der faktischen Gesellschaft[159] oder die §§ 216 ff. AktG, §§ 75 ff. GmbHG, §§ 94 ff. GenG analog schon vor der Eintragung Anwendung finden. Das Recht der juristischen Personen als solches beschränkt aber sonst die Geltendmachung von Mängeln vor Eintragung der jP nicht. Es ist vielmehr gemeinsamer Ausgangspunkt des Schrifttums, daß

[158] A. M. BGH 12.5.54 (BGHZ 13, 320 ff); RG 6.4.35 (RGZ 147, 257 ff) stellt die Frage dahin; RG 10.6.13 (RGZ 82, 375 ff), LG Stuttgart 26.10.28 (JW 29, 681), OLG Hamburg 11.2.05 (OLGR 10, 245), OLG Stuttgart 3.5.12 (R 12 Nr. 1843), lassen demgegenüber die Anfechtung vor der Eintragung zu, soweit die Eintragung tatsächlich an der Anfechtung von Beitrittserklärungen gescheitert ist. Die Bejahung der Beitrittsanfechtung vor Eintragung der jP wäre auch die konsequente Anwendung der Grundsätze von RG in der Entsch. 22.11.27 (RGZ 119, 170 ff), die die Kündigung der Vorgesellschaft aus wichtigem Grunde zuläßt. Die Zulassung der Kündigung bzw. Anfechtung vor der Eintragung bedeutet allerdings noch nicht, daß dadurch die Vorgesellschaft mit rückwirkender Kraft vernichtet wird, vgl. Anm. 159, 212.

Die Zulassung von Willensmängeln bis zur Eintragung der jP ist nicht die einzige Ausnahme vom Grundsatz der Unanfechtbarkeit der Beitrittserklärung. Hinzu kommt die Anfechtung der Beitrittserklärung durch die Gläubiger des Beigetretenen im Wege der Gläubiger- oder Konkursanfechtung, RG 24.9.10 (RGZ 74, 16 ff). Die Sachmängelhaftung für Sacheinlagen wird auch vom gewöhnlichen Kaufrecht nicht differenziert, RG 5.2.15 (RGZ 86, 210 ff), anders jedoch 22.2.08 (RGZ 68, 271 ff). Von der Unanfechtbarkeit der Beitrittserklärung wird nicht betroffen die Haftung der Aktiengesellschaft für Pflichtverletzungen dem Aktionär gegenüber, OLG Köln 3.3.13 (LZ 14, 693). Mit der Unanfechtbarkeit der Beitrittserklärungen hängt auch die Bedingungsfeindlichkeit zusammen, die aber gesetzlich nur für die Aktienzeichnungen vorgeschrieben ist. Die Rechtsprechung hat trotzdem die Bedingungsfeindlichkeit aller Mitgliedschaftsübernahmen angenommen und die bedingte Mitgliedschaftsübernahme als Nichtigkeitsgrund für die Gründung (Einheitsgründung) betrachtet, RG 7.11.13 (RGZ 83, 256 ff). Die Rechtsprechung ist jedoch an diesem Punkt nicht einheitlich. RG 20.6.11 (RGZ 78, 359 ff) läßt zu, daß die Satzung ihrerseits die Einlagepflicht des Mitglieds von einer Bedingung abhängig macht, die sogar nicht eingetragen zu werden braucht. Das KG 10.1.35 (JW 35, 1796) läßt auch eine bedingte Stammeinlageübernahme zu und implicite wird eine Aktiengarantieübernahme, die ja bedingt ist, im OLG Hamm 8.7.11 (OLGR 24, 132) angenommen.

Mit der Beschränkung der Geltendmachung von Willensmängeln hängt die Annahme der Unverbindlichkeit der Mitgliedschaftsübernahme bei Eintragung einer Satzungsänderung zusammen, die von derjenigen Satzungsänderung, der sich der Beigetretene unterworfen hat, abweicht. Hier ist nämlich der Unterwerfungswille gar nicht vorhanden, und es handelt sich insofern nicht um Willensmängel: RG 30.5.03 (RGZ 55, 65 ff, Unverbindlichkeit der Zeichnung bei Anmeldung einer inhaltlich verschiedenen Kapitalerhöhung), ROHG 11.9.77 (ROHG 23, 289 ff), 8.6.75 (ROHG 18, 354 ff), 15.6.75 (ROHG 18, 34 ff), 27.10.74 (ROHG 15, 57), 9.1.74 (ROHG 11, 375 ff).

[159] OLG Oldenburg 3.6.55 (BB 55, 713), BGH 12.5.54 (BGHZ 13, 320 ff), 29.10.52 (L–M 1 zu § 11 GmbHG), RG 13.1.41 (RGZ 166, 51 ff, faktische Gesellschaft durch Leistung der Einlagen bei einer formnichtigen GmbH-Kapitalerhöhung). Die faktische Vorgesellschaft schließt zwar eine Anfechtung der Beitrittserklärungen, nicht aber eine Kündigung aus. Dazu vgl. Anm. 212.

§§ 216 ff. AktG, §§ 75 ff. GmbHG und §§ 94 ff. GenG eine abschließende Regelung nur für die eingetragene jP enthalten [160] und daß sie demgegenüber die Geltendmachung von Mängeln der jP – vielmehr also von Mängeln der Mitgliedschaft[161] – vor Eintragung dadurch nicht einschränken.

§ 16. Die Einigung bei der Mitgliedschaftsübernahme.

I. Die Einheitsgründung.

Der Willensinhalt der Mitgliedschaftsübernahme ist nun schon umrissen worden. Mit der Mitgliedschaftsübernahme erklärt das neue Mitglied, a) daß es sich der Satzung unterwirft, b) daß es die Mitgliedspflichten übernimmt und c) daß die jP so entstehen soll, daß ihm die übernommene Mitgliedschaft zukommt.

Außer Zweifel dürfte dabei stehen, daß bei der Mitgliedschaftsübernahme ein Zusammenwirken aller Zeichner und/oder Gründer stattfindet. Das Zusammenwirken ist zweierlei und betrifft einerseits die Zuteilung der Mitgliedschaften an die mehreren Anwärter und andererseits die Notwendigkeit einer vollständigen Deckung des in der Satzung vorgesehenen Kapitals durch wenigstens fünf Personen. Die Rechtsnatur dieses Zusammenwirkens kann erst dann richtig erkannt werden, wenn man vom Beteiligungscharakter der Mitgliedschaft ausgeht.

Die geschlossene, durch die Höhe des Grundkapitals und den Nennwert der Aktie bedingte Zahl von Mitgliedern bei den Kapitalgesellschaften hat zur Folge, daß die Mitgliedschaft an einer solchen Gesellschaft eine feste Quotenbeteiligung darstellt. Demnach hat der Erwerb einer Mitgliedschaft zweierlei zur Folge. Erstens schließt er andere Personen von der Beteiligung an der Gesellschaft aus, sofern keine freien Mitgliedsposten übrig bleiben. Zweitens legt er das Verhältnis der Quoten der einzelnen Mitglieder zueinander fest, indem hierdurch die einzelnen Macht- und Vermögensanteile fest verteilt werden. Verschiebungen können nunmehr nur im Wege einer Zeichnung bei Kapitalerhöhungen oder eines Erwerbs der Aktien anderer Aktionäre eintreten. Die Höhe der einzelnen Beteiligungen geht somit die Aktionäre zweifach an, einerseits für den aktuellen Stand ihrer Beteiligung und andererseits für die künftige Entwicklung ihrer Quotenanteile. Beides ist eine Konsequenz des Charakters der Aktien einer AG als „beschränkte Gattung". Dahingestellt kann bleiben, ob auch die Grundsätze über die beschränkte Gattung auf den Mitgliedschaftserwerb Anwendung finden. Es fragt sich nun, ob die Entscheidung über das „ob" und „wie" der Beteiligung einen Vertrag aller Mitglieder darstellt.

Die Frage ist m. E. zu bejahen. Die Bejahung beruht auf positivrechtlichen Bestimmungen. Vorweg soll nur wiederholt werden, daß die vertragliche Einigung bei der Mitgliedschaftsübernahme nur die Zuteilung der Mitgliedschaften, nicht die Satzungsfeststellung betrifft.

---

[160] Vgl. oben Anm. 148. – Im Ergebnis so: OLG Hamburg 11.2.05 (OLGR 10, 245 f.),

[161] Dieser Schluß wird allerdings im Schrifttum aus den Vorschriften über die Nichtigkeit der jP nicht gezogen. Vgl. Anm. 148, 150.

Die Entscheidung, ob und welche Mitgliedschaften bei der Einheitsgründung nach § 16 Abs. 2 und § 22 Abs. 2 AktG von jedem Gründer übernommen werden, soweit diese Aktienübernahmen über die Legitimationsübernahmen nach § 2 AktG hinausgehen, geht auf einen gemeinsamen Willensakt aller Gründer zurück. Ob die einzelnen Gründer Streubesitz, Sperrminorität, Mehrheitsbesitz oder gleiche Anteile von den verfügbaren Aktien übernehmen, geht sie alle an und kann nur mit Einverständnis aller entschieden werden. Die Einigung der Gründer zeigt sich hier auch daran, daß die einzelnen Gründer nicht bloße Empfänger der gegenseitigen Willenserklärungen sind, sondern durch volitive Akte die einzelnen Beteiligungsquoten feststellen. Die Lage entspricht genau dem Vorgang bei der Satzungsfesstellung, die – wie oben schon dargelegt – ebenfalls auf volitive Akte und nicht auf Wahrnehmungsakte der einzelnen Gründer zurückgeht. Deshalb können bei der Aktienübernahme nach § 16 Abs. 2 und § 22 Abs. 2 (nicht bei derjenigen nach § 2) AktG auch Modalitäten vereinbart werden, etwa dahin, daß die Übernahme eine Garantieübernahme für den Fall des Scheiterns einer Stufengründung oder für den Fall der Ausübung eines Übernahmewiderrufrechtes eines Gründers sein soll. Solche Abreden sind deshalb gültig, weil die Bedingungsfeindlichkeit des § 30 Abs. 3, § 152 Abs. 2 AktG nur die Aktienzeichnung, nicht aber die Aktienübernahme betrifft. Diese Abreden sind in der Finanzierungspraxis durchaus geläufig, sowie auch Übernahmeregelungen und kommissionsweise Übernahmen. Daß die Übernahmevereinbarungen echten Vertragscharakter aufweisen, dürfte auch der wirtschaftlichen Betrachtungsweise entsprechen.

Der Vertragscharakter dieser Einigung darf allerdings nicht zur Annahme verleiten, daß es sich hier um einen Leistungsaustauschvertrag oder um einen Interessenwahrnehmungsvertrag handelt. Die heutige Dogmatik des Gesellschaftsrechtes hat die Existenzberechtigung des Vertragsbegriffes auch für die Errichtung von Zweckgemeinschaften begründet und die Eigenartigkeit dieser Unterart des Vertragsbegriffs herausgearbeitet[162]. Die Einigung der Gründer über die Entstehung der Kapitalgesellschaft und über die Rechtsstellung der einzelnen Aktionäre in ihr ist eine solche vertragliche Vereinbarung über Errichtung und Gliederung einer Zweckgemeinschaft, deren Organisationsplan allerdings schon mit der Satzungsfeststellung verbindlich feststeht. Diese vertragliche Einigung sowie auch diejenige anläßlich der Satzungsfeststellung sind also Tatbestände der Zweckgemeinschaftsregelungsverträge, für welche aber als Oberbegriff nicht etwa der Gesellschaftsvertrag des BGB in Frage kommt. Wie es schon mehrfach betont wurde, hat jedes Zweckgemeinschaftsgebilde im deutschen Gesellschaftsrecht eine Sonderregelung erfahren, die nur Analogien an Hand der konkreten Interessenlage, aber keine globale Normenübertragung von einem Gebilde auf das andere erlaubt. Einen „allgemeinen Teil" des Gesellschafts- und Verbandsrechtes gibt es noch nicht und ebenfalls gibt es noch nicht einen „Grundtatbestand" der Zweckgemeinschaft, auf den etwa alle übrigen Sondertatbestände zurückzuführen wären. Es wird in dieser Hinsicht Bezug auf die Ausführungen zur

[162] *Würdinger*, Gesellschaften I, Hamburg 1937, 9 ff.

Typologie der juristischen Personen und der nicht rechtsfähigen Verbände genommen.

II. Die Stufengründung.

1. Der Willensinhalt der Gründer.

Während bei der Einheitsgründung das Erfordernis und die Vertragsnatur der Gründereinigung hinsichtlich der Mitgliedschaftsübernahmen schon positivrechtlich in § 16 Abs. 2 und § 22 Abs. 2 AktG zum Ausdruck gekommen ist, kommen bei der Stufengründung bedeutende Abweichungen von diesem klaren Einigungssachverhalt vor. Die Mitgliedschaftsübernahme seitens der Zeichner setzt wohl Einigung der Gründer, nicht aber Einigung der Zeichner voraus. Die Gegenüberstellung Gründer-Zeichner sieht vielmehr austauschähnlich so aus, als ob die Gründer von sich aus den Zeichnern die gezeichneten Aktien verschaffen könnten.

Diesen austauschähnlichen Charakter des Verhältnisses Gründer–Zeichner bei der Stufengründung haben bekanntlich die Theorien verwertet, die darin Elemente eines Austauschvertrages oder eines Interessenwahrnehmungsvertrages, etwa Geschäftsbesorgungsvertragselemente erblickt haben. Diese Theorien müssen umsomehr abgelehnt werden, als sie die Kategorie des Zweckgemeinschaftsvertrages verlassen und gesellschaftsfremde Maßstäbe benutzen. Nur eins haben diese Theorien richtig erkannt, nämlich daß die Rechtsnatur der Mitgliedschaftsübernahme mit der Problematik der Satzungsfeststellung nichts zu tun hat. Die Rechtssprechung hat die schärfere Gestaltung dieser Theorie, die etwa die Aktienzeichnung als umsatzähnliches Geschäft behandeln wollte, ausdrücklich abgelehnt[163] und auf die Trennung des originären und derivativen Aktienerwerbs bestanden.

Den Ausgangspunkt zu diesen Theorien haben die verschiedenen Nebenpflichten der Gründer den Zeichnern gegenüber gebildet. Abgesehen aber davon, daß die Nebenpflichten – Anmeldung, Organebestellung, Einberufung der Zeichnerversammlung, Prüfung des Gründungsvorganges und Berichterstattung und allgemeine Obhutspflichten – gesetzlicher Natur und den Charakter des Grundverhältnisses nicht abändern können, liegt der Aktienzeichnung und dem Verhältnis Gründer–Zeichner eine völlig andere Interessenlage und Willensrichtung der Partner als bei Austausch- bzw. Interessenwahrnehmungsverträgen zugrunde. Die Gründer nehmen nicht fremde Interessen im eigenen Namen und für eigene Rechnung wahr noch bewirken sie eigene Lei-

---

[163] RG 13.12.35 (RGZ 149, 385 ff, GmbH), 19.10.34 (RGZ 146, 84 ff), 8.11.32 (RGZ 138, 232 ff), 4.4.16 (RGZ 88, 187 ff), 20.2. 12 (RGZ 79, 182 ff), 20.3.12 (RGZ 79, 112 ff), 17.10.11 (RGZ 77, 128 ff), 26.11.15 (RGZ 87, 339 ff), 14.1.08 (RGZ 67, 326 ff), 27.5.02 (RGZ 51, 351 ff), 21.12.01 (RGZ 50, 47 ff), 30.6.92 (RGZ 31, 17 ff), 20.2.88 (zitiert in RGZ 21, 32), OLG Hamm 8.7.11 (OLGR 24, 132). Auf dieser Verschiedenheit beruht die Zulassung der Geltendmachung von Willensmängeln bei Mitgliedschaftsübertragungen (Verkauf eigener Mitgliedschaften der AG oder GmbH), die Bejahung der Haftung der jP für Delikte der Organe bei solchen Umsatzgeschäften (RG 4.4.16, RGZ 88, 187 ff, 28.4.09, RGZ 71, 97 ff, 1.5.08, RGZ 68, 309 ff, KG 27.4.15, OLGR 32, 110), die Zulassung von Abnahmeversprechen der AG an die Käufer ihrer eigenen Aktien (RG 26.11.15, RGZ 87, 339 ff) und a. m.

stungen. Sie dienen durch ihre Haupttätigkeit und durch die Erfüllung der Nebenpflichten nur dem allen, nach Maßgabe der Beteiligungsverhältnisse zugute kommenden Zweck der Gesellschaftsentstehung und nur mittelbar, reflexartig kommen die Gründerhandlungen den einzelnen Mitgliedern zugute. Es handelt sich also um eine Tätigkeit im Interesse der Gesamtheit der Mitglieder. Nur haftungsmäßig konkretisiert sich diese Tätigkeit dahin, daß für die Entstehung der einzelnen Mitgliederschaften nicht eine Haftung gegenüber der jP, sondern eine Haftung gegenüber den einzelnen Mitgliedern bzw. Mitgliedschaftsanwärtern anerkannt wird. Dies ist eine Folge davon, daß die jP nicht für sich entsteht oder entstehen soll, sondern daß sie zusammen mit den Mitgliedschaften entsteht. Gründer und Zeichner bilden dabei nicht zwei entgegengesetzte Interessentengruppen, sondern eine Zweckgemeinschaft, innerhalb deren zwar die Gründer mit besonderen Pflichten und entsprechenden Befugnissen ausgestattet sind, jedoch auf Gleichheitsebene mit den Zeichnern stehen. Alle werden zur Zweckgemeinschaft dadurch verbunden, daß sie die Entstehung ein und derselben AG wollen, daß die Entstehung der einzelnen Mitgliedschaft von der Entstehung der AG abhängig ist, daß mit der AG weder die Gründer noch die Zeichner identisch sind und daß die Gründer keine Leistungen an die Zeichner im eigenen Namen vornehmen können.

Nicht geleugnet werden kann weiter eine Einigung der Gründer gegenüber den Zeichnern hinsichtlich der Annahme der einzelnen Aktienzeichnungen. Dies ergibt sich schon aus der Möglichkeit, bei Überzeichnungen einzelne Zeichnungsscheine unberücksichtigt zu lassen. Der Zeichnungsschein verbrieft nämlich nur die Zeichnungserklärung, während kein Verbriefungszwang für die Erklärung der Gründer (Annahme) vorgeschrieben ist, § 30 Abs. 2,3 AktG. Auch das Bedingungsverbot gilt für die Annahmeerklärung der Gründer nicht. Sie können also ihre Annahmeerklärung nach Belieben befristet oder bedingt abgeben, sie können auch die Initiative ergreifen und nicht nur auf verbindliche Aktienzeichnungen reagieren, sondern selbst verbindliche Zeichnungsangebote in Form von sog. Bezugsrechten abgeben, die etwa an bestimmte Personen, Kreditinstitute oder Geschäftsfreunde gerichtet sind. Ob diese Bezugsrechte – wie jede Offerte – übertragbar sind oder nicht, ist Auslegungsfrage. Irrelevant ist dabei, ob die Gründer persönlich diese Erklärungen bzw. Offerten abgeben oder ob Zeichnungsstellen (Bankstellen) in ihrem Namen es tun. Eins steht auf jeden Fall fest, daß die endgültige Erklärung der Gründer dem Registerrichter gegenüber abgegeben wird und daß sich die Gründer *persönlich* verantwortlich machen, falls sie eine schon angenommene Zeichnung bei der Anmeldung der AG nicht berücksichtigen. Da es sich bei den Aktien um eine beschränkte Gattung handelt, greift diese Haftung insofern ein, als die Zeichner etwa durch analoge Anwendung der Grundsätze über eine proratarische Befriedigung aller Gattungsgläubiger nicht befriedigt werden. Diese Haftung entspricht der persönlichen Haftung der Gründer in den Fällen, in denen sie etwa die Zeichner durch arglistige Täuschung zum Beitritt veranlaßt haben. Diese persönliche Haftung der Personen, durch deren deliktisches Handeln die Mitgliedschaftsübernahme herbeigeführt wurde, wird bekanntlich durch die Ausschließung der Anfechtbarkeit der Beitrittserklärung und der Haftung der jP für ihre Organe, falls ihnen die arglistige Täuschung zulasten fällt, nicht berührt[164]. Die Haftung der Gründer beruht auf deren Machtstellung, auf Grund deren sie die Entstehung der einzelnen Mitgliedschaften herbeiführen können, und ist Haftung wegen Nichterfüllung einer vertraglichen Verpflichtung, also keine gesetzliche (vorvertragliche) Haftung.

2. Der Willensinhalt der Zeichner.

Wenn aber der Beweis für die vertragliche Annahme der Zeichnungsscheine durch die Gründer im obigen Sinne erbracht werden konnte, so bleibt es noch lange nicht geklärt, ob auch eine Einigung der Zeichner untereinander und mit den Gründern hinsichtlich der einzelnen Mitgliedschaftsübernahmen vorliegt. M. E. liegt auch in dieser Hinsicht eine latente globale Einigung aller Gründer und Zeichner vor, die der Einigung der Gründer bei der Einheitsgründung entspricht und den gleichen Rechtscharakter trägt wie diese. Die Tatsache, daß die einzelnen Zeichner über die Person und die Aktienzahl der übrigen Zeichner nicht unterrichtet sind und nach ihrer Zustimmung in dieser Hinsicht nicht gefragt werden *können* – die Bedingungsfeindlichkeit der Zeichnungsscheine schließt ja aus, daß der Zeichner seine Zeichnung von der Beteiligung oder Nichtbeteiligung Dritter abhängig macht –, ist zwar wichtig, daran scheitert jedoch die Vertragskonstruktion nicht. Bei der Beurteilung dieser Tatsache ist davon auszugehen, daß jede Einigung im Gesellschaftsrecht nicht den höchstpersönlichen Charakter des Gesellschaftsvertrages des BGB trägt. Die Besonderheiten der Kapitalgesellschaften bedingen hier auch Unterschiede, die berücksichtigt werden müssen.

Diese globale Einigung aller Gründer und Zeichner ist zunächst gesetzlich notwendig, da die Mitgliedschaftsübernahmen von der Deckung des Kapitals im ganzen abhängig sind. Das ergibt sich daraus, daß die Mitgliedsschaftsübernahmen den rechtserzeugenden Teil des Gründungstatbestandes ausmachen. Sie bilden also notwendigerweise eine Einheit und ohne die gegenseitige Ergänzung kann die einzelne Mitgliedschaftsübernahme keine Wirkung haben. Auch der Wille der Parteien ist nicht auf die Entstehung einer vereinzelten Mitgliedschaft, sondern auf die Entstehung der ganzen jP und der ganzen Mitgliederposten gerichtet. Das zeigt sich auch am Charakter der Mitgliedschaft als einer Quotenbeteiligung, die – als Quote – ohne das Ganze nicht denkbar ist.

Wenn aber diese globale Einigung gesetzlich und logisch unvermeidlich ist, so fragt man sich nach dem Unterschied im Bereich dieser Einigung zwisen Einheits- und Stufengründung. Daß der Zeichnungserklärung keine Bedingung hinzugefügt werden kann (auch hinsichtlich der Person der Mitzeichner und deren Zeichnungsquote), spielt insofern keine Rolle, als das Fehlen einer Einigung der Zeichner über Person und Zeichnungsquote der Mitzeichner dogmatisch von einem anderen Standpunkt her keine Schwierigkeiten bereitet: Bei jeder vertraglichen Einigung können die Parteien bestimmte Einigungs-

[164] Die Organe haften aus Delikt, ohne daß diese ihre Haftung durch die Haftung der jP ausgeschlossen wird, vgl. Anm. 203. Vielmehr haften sie, wenn die jP nicht haftet, weil etwa das Delikt beim Beitritt neuer Mitglieder stattgefunden hat, vgl. Anm. 138.

punkte offenlassen und die Ausfüllung dieser Lücken einem Mitkontrahenten oder auch einem Dritten überlassen. Die Vertragspraxis kennt dieses Verfahren in der Form der Optionen und Potestativbedingungen und das Gesetz trägt diesem Verfahren, das einem Bedürfnis der Praxis entspricht, mehrfach Rechnung. Das bezeugen sowohl die Bestimmungen über den Dissens, die (§§ 154, 155 BGB) die erkannte Vertragsunvollständigkeit nur im Zweifel als Dissens behandeln, als auch die §§ 315 ff. BGB. Demnach kann vereinbart werden, daß Leistungspflichten und andere Modatitäten des Vertrages vom Mitkontrahenten oder von einem Dritten konkretisiert werden. Die Partnerwahl und die Bedeutung der Persönlichkeit des Mitkontrahenten kann auch bei Personalgesellschaften dadurch abgemildert werden, daß ein Gesellschafter zur Aufnahme neuer Gesellschafter bevollmächtigt werden kann oder daß über die Aufnahme neuer Gesellschafter die Mehrheit entscheidet. Die Bedeutung der Persönlichkeit des Mitkontrahenten ist in der Praxis bei typisierten oder schnell abgewickelten Verträgen des alltäglichen Verkehrs ebenfalls sehr gering (Verkauf durch Selbstbedienung, durch Verkaufsautomaten, auf Grund von „Gutscheinen" auf den Inhaber, Handkauf, Fälle des Handelns unter fremdem Namen u. a. m.). Die heutige Industriegesellschaft und die ihr entsprechende Geld- und Konsumwirtschaft wenden diese Vertragsabschlußmethoden nicht nur auf elementare Austauschverhältnisse, sondern auch auf komplizierte Vorgänge des Zahlungs- und Kreditverkehrs an (etwa Konteneröffnung, Sparverträge, Teilzahlungsfinanzierung). Der Geschäftsverkehr wird somit mehr und mehr objektiviert und dieser Objektivierung entspricht der Rückgang der Bedeutung der Person des Mitkontrahenten beim Vertragsabschluß. Die Vertragsfreiheit des Privatrechts erlaubt und ermöglicht diese Entwicklung und so kann der heutige Wandel des Vertragsbegriffes noch in den herkömmlichen Schemata der zivilistischen Dogmatik vollzogen werden, ohne sie zu sprengen.

Die Kapitalgesellschaft in der Form der sog. Publikumsgesellschaft ist nur einer von den Fällen dieses modernen objektivierten Geschäftsverkehrs. Die Beteiligung an einer solchen AG beabsichtigt in der Vorstellung des Gesetzes – daher die Bedingungsfeindlichkeit und die Einflußlosigkeit des einzelnen Zeichners auf die Quote und Auswahl der übrigen Beteiligten – keinen qualifizierten Aktienbesitz, sondern allein Streubesitz. Das Gesetz prägt somit die Stufengründung schon von sich aus zu der Gründungsform für die PublikumsAG. Daher überläßt es den Gründern die Auswahl der Zeichner und die Entscheidung über ihre Beteiligungsquote. Die Einigung Zeichner–Gründer wird somit von Gesetzes wegen mit Einigungslücken versehen, deren Ausfüllung allein den Gründern obliegt. Diese Befugnis der Gründer ist gesetzlich und braucht nicht unter eine der rechtsgeschäftlich vereinbarten Lückenausfüllungsbefugnissen subsumiert zu werden. Wir haben uns also nicht etwa zu fragen, ob die Gründer dabei von den Zeichnern bevollmächtigt sind, die Mitzeichner auszuzuchen und ihre Beteiligungsquoten zu bestimmen. Nur erklärungsweise kann man diese Befugnis mit den §§ 315 ff. BGB vergleichen. Die Bedingungsfeindlichkeit der Zeichnungen schließt andererseits jede Beschränkung der Gründer in der Ausübung dieser Befugnis aus. Wie auch die Vollmachtserteilung der Zeichner an die Gründer ist auch eine Auftragserteilung oder andere individualrechtliche Konstruktionen abzulehnen (z. B. Geschäftsbesorgungsvertrag). Die Gründer haften dabei entweder allgemein aus den Verhandlungen mit den Zeichnern (Obhutspflichtenverletzung und culpa in contrahendo verpflichten die Gründer zum Schadensersatz nach den allgemeinen Grundsätzen) oder aus der Annahme einer konkreten Zeichnung. Hinzu kommt die Haftung für etwaige Ausfälle zahlungsunfähiger Zeichner nach §39 Abs. 4 AktG. Interessant ist übrigens, daß § 39 Abs. 4 AktG von einer Annahme der Zeichnungen seitens der Gründer spricht und den Einigungsmoment Zeichner-Gründer somit richtig betont.

Wie allerdings die Gründer die Lückenausfüllung vorzunehmen haben, wird im Gesetz nicht gesagt. Sie können sich von selbst binden, etwa durch verbindliche Offerten oder durch Annahme bestimmter Zeichnungsscheine. Grundsätzlich aber steht es ihnen frei, ob sie alle Zeichnungen bis zu einer bestimmten Höhe im ganzen, darüber hinaus aber anteilgemäß oder ob sie alle Zeichnungen anteilgemäß berücksichtigen werden. Eine Anwendung der §§ 315 ff. BGB *vor* Annahme der Zeichnung oder *vor* Abgabe einer verbindlichen Offerte zur Zeichnung seitens der Gründer ist auf jeden Fall ausgeschlossen, da sie ein bestehendes Schuldverhältnis voraussetzen. Wären sie – etwa analog – doch anzuwenden, so würde sich die interessante Konsequenz ergeben können, daß die §§ 315 ff. BGB zu einer Ermessenskontrolle der Gründer führen würden. Demnach hätten sie bei Überzeichnung die Zeichnungen anteilgemäß zu berücksichtigen. – Wertvolle Dienste leisten die §§ 315 ff. BGB auch in anderen Teilgebieten des Aktienrechtes, insbesondere bei der Kontrolle des Ermessens der AG bei Leistungen an die Aktionäre, die – wie etwa die Dividende – unbestimmt sind und von der AG bestimmt werden. Die Billigkeitsgrundsätze können unmöglich die § 70 Abs. 1, § 125 Abs. 3, § 126 Abs. 1 AktG haben ausschließen wollen. Der Behelf des § 315 Abs. 3 Satz 2 BGB wäre dann in Verbindung mit dem Gedanken des § 707 BGB ein zwar allgemeiner, aber doch nicht ganz sinnloser Schutz der Aktionäre gegen Thesaurierungsmißbräuche der AG[165].

Abschließend zu diesem Fragenkomplex ist noch zu sagen, daß die Tatsache, daß die einzelnen Zeichnungen von der Vollzeichnung des Kapitals abhängig sind, beweist, daß die Einigungslücke, mit der hier operiert wurde, keine konstruierte, sondern eine echte ist.

Problematisch erweist sich der Schutz der Zeichner im Fall einer Pflichtverletzung der Gründer. Melden die Gründer Zeichner, deren Zeichnungsscheine angenommen wurden, dem Registerrichter nicht an, so entstehen die entsprechenden Mitgliedschaften nicht und die Gründer sind zum Schadensersatz verpflichtet. Diese Haftung müssen die Gründer allerdings vermeiden können, wenn sie dem Zeichner anderweitig Aktien, etwa z. B. schon ausgegebene, eigene oder fremde Aktien verschaffen. Die Zeichner müssen diese Leistung annehmen, da sie wirtschaftlich dem originären Mitgliedschaftserwerb gleichsteht und somit eine Naturalrestitution des eingetretenen Scha-

[165] *Würdinger,* DB 58, 825 ff. – § 707 BGB gilt sowohl bei Personalgesellschaften als auch bei rechtsfähigen Verbänden, BGH 13.10.54 (BGHZ 15, 66 ff). – Auch §§ 315 ff BGB sind auf mitgliedschaftliche Leistungen im Recht der Kapitalgesellschaften anwendbar, RG 29.10.15 (RGZ 87, 261 ff).

dens darstellt. Dieser Entschädigungsweg setzt allerdings die Möglichkeit der Verschaffung solcher Aktien voraus. – Schwierig ist insbesondere die Frage, ob den Zeichnern eine Möglichkeit gegeben ist, eine Zwangsvollstreckung gegen die Gründer vorzunehmen, entweder auf Anmeldung der entsprechenden Zeichnungsscheine bei der Eintragung der AG oder auf Anmeldung und Eintragung der AG schlechthin, falls diese von den Gründern trotz Vorliegens der Anmeldungsvoraussetzungen nicht vorgenommen wird. Der Weg der einstweiligen Verfügung zum Zweck der Berücksichtigung bestimmter Zeichnungsscheine bei der Anmeldung der AG wird nun bejaht[166]. § 16 HGB findet andererseits auf die Einheitsgründung wohl, jedoch nicht ohne weiteres auf die Stufengründung Anwendung. Die Zeichner sind doch keine „Beteiligten", keine „Mitwirkenden" bei der Anmeldung der AG seitens der Gründer zum Handelsregister i. S. dieser Bestimmung. Die Verantwortung der Anmeldung können sie andererseits kaum übernehmen und die Gründerhaftung können sie den eigentlichen Gründern, wenn sie selbst keine Haftung übernehmen können, ebenfalls nicht aufzwingen. Der Vollstreckungsschutz in diesem Sinne bleibt ihnen also versagt. Eine Anwendung des § 894 ZPO – wie diese m.E. für den Fall des § 166 AktG bejaht werden muß, dort handelt es sich aber um eine deklaratorische Anmeldung und Eintragung ins Handelsregister, während es sich hier um eine konstitutive Eintragung handelt[167] – kommt wegen der abschließenden Regelung der Frage in § 16 HGB nicht in Betracht. Die Zeichner bleiben also auf ihre Schadensersatzansprüche und auf mittelbare Zwangsvollstreckungsmittel wie etwa Geldstrafe angewiesen. § 16 HGB kommt allerdings den einzelnen Gründern zugute, falls Mitgründer ihre Mitwirkung bei der Anmeldung verweigern.

Eine anderweitige Gründerhaftung, etwa aus Prospekt braucht hier nicht erörtert zu werden. Zu beachten ist jedoch dabei, daß der Zulassung der Aktien einer neugegründeten AG zum Börsenhandel die Bestimmung des § 41 Abs. 1 BörsenG im Wege steht. Die Gründerhaftung nach § 39 AktG kommt den Zeichnern ebenfalls nicht zugute, weil sie nur Schadensersatzansprüche der entstandenen AG begründet.

III. Die Kapitalerhöhung.

Zwanglos läßt sich an Hand der vorangegangenen Deutung der Mitgliedschaftsübernahme bei der Stufengründung der Einigungsvorgang auch bei der Kapitalerhöhung dogmatisch erklären. Der Kapitalerhöhungsbeschluß enthält den inhaltsgestaltenden Teil der entsprechenden Satzungsänderung, dem sich die Zeichner unterwerfen. Hinsichtlich der Mitgliedschaftsübernahme besteht dann eine Einigung zwischen Aktionären und Zeichnern, deren Lücken vom Vorstand durch die Aktienzuteilung ausgefüllt werden, es sei denn, daß die Hauptversammlung bei der AG bzw. die Gesellschafterversammlung bei der GmbH direkt über die Zuteilung der Mitgliedschaften entscheidet (z.B.

---

[166] RG 28.9.15 (RGZ 87, 164 ff), 10.6.13 (RGZ 82, 375 ff), OLG Frankfurt 30.5.01 (R 02 Nr. 1354).
[167] *Georgakopoulos*, a.a.O. 169–171.

über die Zuteilung an ein bestimmtes Konsortium zwecks Emission oder an jetzige Gesellschafter, die dann auch ihre Zustimmung in der Versammlung selbst abgeben können). Eine Haftung der jP für Verschulden dabei entfällt bekanntlich in Analogie zum Haftungsausschluß bei der Gründung, ebenfalls entfällt die Haftung der alten Aktionäre und es bleibt bestehen nur die Haftung des Vorstandes für etwaige Pflichtverletzungen bei der Ausfüllung obiger Einigungslücken. Die Zeichner besitzen gegen ihn Schadensersatzansprüche, ein Zwangsvollstreckungsschutz ist ihnen aber wie auch bei der Stufengründung – bis auf den § 166 AktG – nicht gegeben. Insofern entspricht strukturell die Kapitalerhöhung im vollen und ganzen der Gründung.

Eine ähnliche Einigung mit den alten Mitgliedern stellt auch der Beitritt neuer Mitglieder zu einem Verein oder zu einer Genossenschaft. Deshalb können *nur* die Mitglieder ihre Mitwirkung bei Aufnahmeverträgen an andere Vereins- oder Genossenschaftsgremien delegieren. Diese Delegation liegt in den Satzungsbestimmungen, die den Beitritt neuer Mitglieder regelt (§ 58 Ziff. 1 BGB).

IV. Abschließendes zur Unterwerfung unter die Satzung.

Die Unterwerfung der Mitglieder unter die Satzung kennzeichnet nicht nur die Besonderheiten des Konsenses bei der Gründung und Kapitalerhöhung der AG, sondern auch die wirtschaftliche Seite des Verhältnisses zwischen AG und Aktionären: Die Unterwerfung unter die Satzung begründet sowohl die Mitgliederrechte als auch die Mitgliederpflichten und verleiht der Satzung ihre Verbindlichkeit. Sie begründet zugleich für die Zukunft die Mehrheitsherrschaft im Aktionäreverband und ihre Schranken. Sie gibt der AG als jP ihr Substrat und somit ihre wirtschaftliche und soziale Existenzberechtigung. Die AG entfaltet sich danach als eine Institution, die einerseits unter der Kontrolle der Aktionäre und im Dienste ihrer gemeinschaftlichen Interessen und andererseits über dem Einzelaktionär und seinen Sonderwünschen, seinen egoistischen Interessen steht. Das ergibt sich daraus, daß die Unterwerfung unter der Satzung sowohl die Machtstellung des Verbandes den einzelnen Aktionären gegenüber als auch die Kontrollherrschaft des Aktionäreverbandes über die Gesellschaftsorgane und den Gesellschaftsorganismus begründet. Die Parole des „wirtschaftlichen Eigentums" der Aktionäre rückt dadurch auch juristisch in den Vordergrund und deutet die Rechtsstellung der jP gegenüber den Mitgliedern als eine intern gebundene, treuhandsähnliche Vermögensträgerschaft.

Das wichtigste Verdienst jedoch des Unterwerfungsgedankens liegt m.E. darin, daß durch die Unterwerfung ein Bindeglied zwischen Satzungsfeststellung und Mitgliedschaftsübernahme geschaffen wird, die zwar selbständig sind, zugleich aber eine Einheit bilden. Die bisherige Dogmatik erfährt durch die Unterwerfungskonstruktion eine deshalb besonders wertvolle Bereicherung, da die bisherigen Vertragstheorien die Eigentümlichkeit der Gründung nicht erfaßt und demnach zu einer Gleichstellung dieser Einigung mit dem Vertrag der Personalgesellschaften geführt haben. In dieser Betrachtungsweise verlor jedoch die Migliedschaftsübernahme bei Kapitalgesellschaften ihre Sonderstellung, da bei den Personalgesellschaften weder eine Trennung zwischen Satzungsfeststellung und Mitgliedschaft besteht, noch die Mitgliedschaft ein vom Gesellschaftsvertrag unabhängiges Rechtsschicksal hat – wie es eben bei Kapitalgesellschaften der Fall ist (Verbriefung, Übertragung).

Siebentes Kapitel

Die Vermögensaufbringung

§ 17. Das Grundkapital.

I. Das Grundkapital als Eintragungsvoraussetzung.

1. Allgemeines.

Gleichgültig ob der Gegenstand des Unternehmens es erfordert oder nicht, verlangt das Gesetz für die Eintragung der AG das Vorhandensein eines Mindestvermögens (Grundkapital). Die Satzung muß eine entsprechende Bestimmung enthalten und durch die Unterwerfung der Mitglieder unter diese Satzung wirkt diese Satzungsbestimmung begründend für die Kapitalleistungspflichten der Mitglieder. Während nach der Entstehung der Kapitalgesellschaft das Grund- oder Stammkapital eine negative Schleusefunktion dahin hat, daß es die Ausschüttungen der Kapitalgesellschaft an die Mitglieder begrenzt, hat das Grundkapital bei der Gründung – und alles, was in diesem Sinne vom Grundkapital für die AG gesagt wird, gilt auch für das Stammkapital der GmbH – eine positive Funktion, indem es zur Entstehungsvoraussetzung der jP erhoben wird. Dies ergibt sich daraus, daß die Eintragung der AG die Übernahme aller Mitgliedschaften voraussetzt. Dadurch hat die AG mit ihrer Eintragung Ansprüche auf die Einlagen, deren Summe das Grundkapital ausmacht. Das ist auch der Sinn des Verbotes der Unterpariemission von Aktien. Das Gesetz also sorgt dafür, daß das Grundkapital nicht nur als rechnerischer Posten, sondern auch als effektives Vermögen in Form von schuldrechtlichen Ansprüchen gegen die Aktionäre da ist. Ein etwaiges Agio kann sowohl dieses Vermögen, als auch den rechnerischen Posten (der gesetzlichen Rücklagen diesmal) erhöhen.

2. Grundkapital und Betriebskapital.

Das Gesetz stellt das Erfordernis dieses Grundkapitals nicht auf die tatsächliche Vermögensabhängigkeit des Gegenstandes des Unternehmens ab. Ob dieser Gegenstand Sachaufwendungen, Personalkosten und Vorhandensein von betriebsbedingten liquiden Mitteln der AG – das ist der Fall z.B. bei Banken und Versicherungen – erfordert oder nicht, ebenfalls ob die Höhe des Grundkapitals, soweit sie die Mindestkapitalgrenze übersteigt, dem Unternehmensgegenstand angemessen ist oder nicht, wird grundsätzlich nicht geprüft. Nur bei Hypothekenbanken ist umfangmäßig die Pfandbriefausgabe vom Grundkapital der Hypothekenbank abhängig.

Das Grundkapital ist wohlgemerkt nicht immer *nur* Garantiekapital, wie es eventuell erscheinen könnte[168]. Auch wenn es nicht für betriebliche Sach- oder Personalaufwendungen notwendig ist, kann es durchaus betriebsbedingt und somit „Betriebskapital" sein. Das nicht in der Produktion eingesetzte, sondern nur bereitstehende, „zurückgestellte" Kapital ist Betriebskapital, wenn die Bereitstellung von liquiden Mitteln in diesem Umfang, also die Zurückstellung dieses Kapitals betriebsnotwendig ist. Ist ein Garantie- oder Haftungskapital nicht nur gesetzlich vorgeschrieben, sondern auch unternehmerisch-betrieblich notwendig, so ist es ebensosehr Betriebskapital, wie das investierte Kapital.

Demnach erscheint eine Zweiteilung des Betriebskapitals angebracht. Dieser Begreiff umfaßt einerseits das betriebsbedingte Investitionskapital (Betriebskapital i. e. S.) und das betriebsbedingte Haftungskapital. Das Grundkapital kann daher auch bei BankAG oder VersicherungsAG betriebsnotwendiges Haftungskapital sein, nämlich bevor der Versicherungs- bzw. Kreditbetrieb einen solchen Umfang genommen hat, daß zwischen Prämien und Versicherungssummen bzw. zwischen Haben- und Debetzinsen nebst Risikoausgleich für unsolide Schuldner (Versicherungsnehmer, Darlehnsnehmer) der Ausgleich erreicht wird. Aus diesem Grund erklärt sich auch die Tatsache, daß Privat- und Teilzahlungsbanken sowie aufsichtsfreie Versicherungsunternehmen die Form von OHG, KG oder KGaA haben, die eben das Haftungskapital in der Form der Haftung des Komplementärs kennen. Wenn somit das Grundkapital bei Banken und Versicherungsunternehmen nicht immer allein gesetzliches Garantiekapital ist, so kann andererseits auch der Fall vorkommen, wo das Grundkapital bei einer IndustrieAG in concreto nicht mehr Betriebskapital ist. Zwei Fälle sind dabei denkbar, entweder daß die AG die geplanten Investitionen nicht vornimmt und somit entsprechend das Grundkapital betriebsmäßig nicht in Anspruch nimmt oder daß die AG durch Gewinnerzielung und Gewinnthesaurierung die Summe des Grundkapitals vom betrieblichen Einsatz herausnimmt. Daß letzteres möglich ist, zeigt der heutige Umfang der Selbstfinanzierung von Betriebserweiterungen. Wären die Betriebserweiterungen nicht da, so bliebe ein Teil des Eigenvermögens der AG, der meistens das Grundkapital decken würde, außerhalb des betrieblichen Einsatzes. Auf diese Möglichkeit deutet noch klarer die Tatsache hin, daß die Investitionen, die per Anleihen finanziert werden, auch nach Rückzahlung der Anleihe der AG erhalten bleiben.

3. Das Grundkapital als Satzungsbestandteil.

Die dogmatische Bedeutung des Grundkapitals als Bestandteil der Satzung der AG darf nicht übertrieben werden. Sie ist die Folge der geschlossenen Mitgliederzahl und der festen Beteiligungsverhältnisse sowie des Grundsatzes der Beschränkung der Mitgliederpflichten auf Kapitalleistungen. Das Vorhandensein von festen Beteiligungsverhältnissen bedeutet, daß das dem Unternehmenszweck dienende Kapital unverändert bleibt, indem weder Ver-

---

[168] Den Garantiefondscharakter der ausstehenden Einlagen (in der Regel 75%) bei Versicherungsunternehmen erkennt ausdrücklich an z. B. RG 9.12.27 (RGZ 119, 220).

schiebungen der Beteiligungsquoten und Beteiligungsziffer der alten Mitglieder eintreten noch neue Mitglieder aufgenommen werden können, solange die Satzung gilt. Dadurch werden auch Verschiebungen der Teilnahmequote der alten Mitglieder am Ergebnis der Gesellschaftstätigkeit ausgeschlossen, da ja die einzelne Berechtigung zu dieser Teilnahme die Erfüllung von Mitgliederpflichten ist und als solche grundsätzlich nur Kapitalleistungen – von den Nebenpflichten abgesehen – zugelassen sind. Das Bestehenbleiben der Beteiligungsverhältnisse sowohl in ihrer absoluten als auch in ihren relativen Ziffern bei der AG darf insofern als Eigentümlichkeit der AG nicht übertrieben werden, als bei allen Gesellschaftsformen, deren Tätigkeit ihren Mitgliedern monopolistisch zugute kommen soll (also nicht bei Idealvereinen, Genossenschaften und Marktbeeinflussungsverbänden), die Mitglieder eine geschlossene Zahl darstellen und feste Beteiligungsquoten besitzen. Das gilt auch bei Personalgesellschaften, soweit dort keine Abweichungen wegen der nicht völligen Vorausbestimmbarkeit der Dienstleistungspflicht der Gesellschafter oder wegen der unbeschränkten Haftung einiger Gesellschafter unvermeidlich werden. Eigenartig ist bei der AG allein die kapitalmäßige Abstimmung bei den Mitgliederbeschlüssen. Die Praxis bestätigt diese Bemerkungen gegen die Überbetonung des Grundkapitals als Merkmal der AG dahin, daß es durchaus üblich ist, daß die ersten Teilnehmer einer beabsichtigten Gründung einer Personalgesellschaft, eines Vereins oder einer Genossenschaft die Gründungswirksamkeit von der Erreichung eines bestimmten Kapitals und/oder einer Mitgliederzahl abhängig machen können[169].

II. Die Sicherung der Ansprüche der AG auf das Grundkapital.

Das Grundkapital bleibt nun trotz allem gesetzliche Voraussetzung der Entstehung der AG und hat als rechnerischer Posten bei der Bilanzaufstellung und der Ermittlung der Mitgliederrechte eine ständige Bedeutung während des ganzen Lebens der AG. Dazu kommen Vorschriften, die dem Schutz der Gläubiger dienen und den Zweck verfolgen, daß dieses Vermögen, das in Form von obligatorischen Ansprüchen auf die Einlagen in Höhe des Grundkapitals der AG mit ihrer Eintragung zukommen wird, tatsächlich den im Grundkapitalsziffer ausgedrückten Wert besitzt und in dieser Höhe der AG weiterhin erhalten bleibt, ohne daß es durch Rückzahlungen an die Mitglieder oder durch Erlassen von Einlagepflichten nachträglich vermindert wird. Die ursprüngliche Form dieses Vermögens, das in Ansprüchen gegen die Mitglieder besteht, erklärt, daß das Gesetz die tatsächliche Leistung der Einlagegegenstände, nicht aber jene oder diese weitere Verwendung dieses Vermögens erzwingen will. Während das Erfordernis eines Vermögens für die Entstehung der AG diese zu einer Kapitalgesellschaft prägt, hängen die Gläubigerschutzvorschriften nicht mit dem Wesen der AG, sondern allein mit der Solidität ihrer Gründung zusammen, welche (Solidität) sie aus verschiedenen, meistens geschichtlich erklärlichen, rechtspolitischen Gründen zu sichern ver-

[169] Vgl. Anm. 131.

suchen. Die Vorschriften über die Gründungssolidität hängen allerdings mit den Vorschriften über ein Mindestvermögen als Entstehungsvoraussetzung der AG dahin zusammen, daß es eine elementare rechtspolitische Folgerichtigkeit ist, das Vermögen, dessen Vorhandensein Tatbestandsmerkmal der Gründung ist, auch nach der Gründung zugunsten der AG zu sichern. Daraus erklärt sich auch der verschiedene Standpunkt der Vorschriften über die Gründungssolidität: während die Vorschriften, die das gesetzliche Mindestvermögen zur Entstehungsvoraussetzung der AG machen, die *Entstehung* der Einlagepflichten betreffen, beziehen sich die Gründungssoliditätsvorschriften auf die *Erfüllung* und Tilgung der Einlagepflichten.

III. Die Einzahlung des Grundkapitals vor der Eintragung der AG.

1. Die gesetzlich vorgeschriebene Teileinzahlung.

a. Zur Entstehungsvoraussetzung der AG gehört jedoch nicht nur die Übernahme der vollen Einlagepflicht, sondern zugleich die tatsächliche Leistung eines Viertels der Bareinlagen (§ 49 Abs. 3, § 28 Abs. 2 AktG). Ohne diese Einzahlung ist die Eintragung der AG unzulässig, jedoch nicht nichtig, falls sie trotz Unzulässigkeit vorgenommen wurde, da die Nichtigkeit nur bei Satzungsmängeln gegeben ist[170]. Die Gründerhaftung nach § 39 Abs. 1 Satz 1 Halbsatz 2 AktG muß natürlich bejaht werden, da sie dafür haften, daß „die eingezahlten Beträge zur freien Verfügung des Vorstandes stehen" – umsomehr müssen sie also haften, wenn gar keine Einzahlungen erfolgten. Diese Einzahlungspflicht betrifft 25% der Einlage und den gesamten Agiobetrag, jedoch weder den Rest der Bareinlagen noch die Sacheinlagen. Die Einzahlung befreit die Aktionäre, da die Gefahr auf die AG übergeht[171]. Für die Verwaltung der eingezahlten Beträge haftet der AG gegenüber der Vorstand nach § 84 AktG. Hinzu kommt die Haftung des Vorstandes, des Aufsichtsrates und der Gründer dafür, daß „die zur Annahme von Einzahlungen auf das Grundkapital bestimmte Stelle –, die sowieso nach § 29 Abs. 1 Satz 3 AktG haftet, – hierzu geeignet ist, namentlich (daß) die eingezahlten Beträge zur freien Verfügung des Vorstandes stehen" (§ 39 Abs. 1 Satz 1, § 41 Halbsatz 2 AktG). Wie nach der Eintragung kann auch vor Eintragung der AG die Einlageleistungspflicht nicht erlassen, gestundet, verrechnet, durch Verzicht auf etwaige Sicherungsrechte erleichtert werden usw.

Eine für den Schuldner befreiende Erfüllungshandlung setzt jedoch Leistung an den wahren Gläubiger voraus und Gläubigerin der Einlagepflichten ist die AG. Eine befreiende Erfüllungshandlung an die AG ist nun auch für die letztere eine Verfügung, da sie die Forderung auf die Einlage zum Er-

---

[170] RG 27.4.03 (JW 03, 248), 22.5.13 (LZ 13, 682, 761). Ebenfalls ist die AG trotz verschleierter Sachgründung nicht nichtig: KG 27.10.22 (OLGR 43, 305), 22.10.22 (OLGR 43, 303), 6.12.23 (OLGR 43, 292).

[171] BGH 13.10.54 (BGHZ 15, 66), RG 12.11.35 (RGZ 149, 293 ff) 16.12.13 (RGZ 83, 370 ff), ROHG 21.1.76 (ROHG 20, 207 ff), RG 12.7.21 (JW 22, 94). Für Vorgänge innerhalb der Einflußsphäre des Aktionärs trägt die AG natürlich keine Gefahr, OLG München 24.4.58 (GmbHR 58, 163).

löschen bringt. Gleichgültig ist hierbei, ob die Erfüllung als selbständiger, neuer Vertrag angesehen wird oder nicht, da die Mitwirkung des Gläubigers bei Leistungshandlungen solcher Art unbestritten ist (Übertragung des Eigentums an den Barmitteln). Daraus, daß diese Erfüllungshandlung der Aktionäre vor Eintragung der AG vom Gesetz angeordnet und somit auch anerkannt wird, ergibt sich, daß der Vorstand der AG insoweit aus den Beschränkungen des § 34 Abs. 1 und 2 AktG befreit ist. Wäre das nicht der Fall, dann müßte eine Verfügung im Namen der AG vor Eintragung umsomehr der Genehmigung seitens der eingetragenen AG bedürfen, als dieser Genehmigung nach § 34 Abs. 2 AktG schon die vor Eintragung im Namen der AG eingegangenen Verpflichtungen bedürfen.

b. Die Haftungsverhältnisse hinsichtlich der Einzahlung der Mindesteinlage sind im Abriß folgende:

aa) Die Haftung der Anmeldenden dafür, daß diese Beträge zur freien Verfügung des Vorstandes stehen, betrifft den Zeitpunkt der Anmeldung, nicht den Zeitraum zwischen Anmeldung und Eintragung, § 39 Abs. 1, § 41 AktG. Für den letzteren Zeitraum tritt die Haftung des Vorstandes nach § 84 AktG bzw. anderer Personen nach den allgemeinen Grundsätzen des Zivilrechtes ein.

bb) Die Haftung, wie sie zu aa dargestellt wurde, besteht nur gegenüber der AG und setzt somit ihre Eintragung voraus. Wird die AG nicht eingetragen, weil zum Anmeldezeitpunkt die eingezahlten Beträge nicht mehr zur freien Verfügung des Vorstandes standen, so hat er den Gründern und Zeichnern den Schaden aus dem Scheitern der Gründung zu ersetzen, falls ihn dabei ein Verschulden trifft. Aus seinem Anstellungsvertrag ergeben sich vor Eintragung der AG Pflichten diesen Personen gegenüber und für ihre Verletzung muß er ihnen gegenüber einstehen.

cc) Ist die Mindesteinlage vor Anmeldung der AG eingezahlt, bei der Anmeldung aber nicht angegeben worden, so behält die Einzahlung ihre befreiende Wirkung für die Aktionäre bei, da diese von der Angabe der Einzahlung bei der Anmeldung der AG nicht abhängig ist. Die Haftung der Anmeldenden tritt nicht ein, falls trotz Angabefehlens die AG eingetragen wird. Wird sie wegen des Fehlens an dieser Angabe nicht eingetragen, so haben die Anmeldenden für ihr Verschulden einzustehen. Beim Scheitern der Gründung sind die eingezahlten Beträge nach Bereicherungsrecht zurückzugewähren.

dd) Die befreiende Wirkung der Einzahlung bedeutet, daß die AG sich etwaige Organedelikte nach der Einzahlung zurechnen lassen muß.

ee) Gründer oder Zeichner, die trotz erfolgter Aktienübernahme bzw. Aktienzeichnung die Mindesteinlage nicht leisten, können vom Vorstand auf Erfüllung verklagt werden und solchenfalls u. U. auch eine Zwangsvollstrekkung dulden müssen. Die Frage ist aber, ob der Gründer bzw. Zeichner, der die Mindesteinlage nicht ordnungsgemäß eingezahlt hat, den übrigen Gründern und Zeichnern gegenüber für das Scheitern der Gründung haftet, falls daran nur seine Nichtleistung schuld war und ihn Verschulden trifft. Aus dem Kaduzierungsverfahren und daraus, daß das Mitglied einer AG nur seine Einlage einsetzen will, ergibt sich, daß die Frage dahin zu beantworten ist, daß er *nicht* für den vollen Schaden haftet, vielmehr allein seine Einlage schuldet. Eine andere Lösung würde der Beschränkung der Mitgliederhaftung bei der AG zuwiderlaufen.

c. Eine Teilerfüllung der Einlagepflichten vor Eintragung der Gesellschaft kennt auch das GmbHG § 7 Abs. 2, § 8 Abs. 2, nicht aber das Vereins-, Genossenschafts- oder Stiftungsrecht. Gläubigerschutzvorschriften zwecks Gründungsolidität bei den letzteren jPen im Gegensatz zur AG und GmbH sind nicht gegeben. Nur gegen die Herabsetzung der Mitgliederpflichten, insbesondere der genossenschaftlichen Haftpflicht sind besondere Bestimmungen da, diese (§§ 22, 133, 143 GenG) entsprechen aber nicht den Gründungssoliditätsvorschriften bei Kapitalgesellschaften, sondern den Gläubigerschutzvorschriften bei Kapitalherabsetzungen. Eine Gleichbehandlung der Mitglieder dieser jPen mit den Aktionären und GmbH-Gesellschaftern hinsichtlich Einlageleistungsgarantien (Verbot des Erlasses der Aufrechnung usw., §§ 52, 56, 60 AktG, §§ 19, 30, 31 GmbHG) kann nur dadurch erreicht werden, daß die Nichtgeltendmachung satzungsmäßiger Mitgliederpflichten durch den Vorstand bzw. Abreden von ihm mit Mitgliedern über die Nichtgeltendmachung als unwirksame, von den Gläubigern der jP und späteren Vorständen bei Vorstandswechsel nicht zu beachtende satzungsändernde oder wenigstens satzungswidrige Maßnahmen betrachtet werden, zu denen der Vorstand nicht befugt wäre. Diese Konstruktion wird im Vereinsrecht durch die Beschränkbarkeit der Vorstandsvertretungsmacht erleichtert, im GenG allerdings durch die Unbeschränkbarkeit erschwert. – Die Gläubigeranfechtung ist naturgemäß uneingeschränkt gegeben.

2. Die Erweiterung des Zahlungserfordernisses.

Während bei der AG und der GmbH nun die Übernahme der Mitgliedschaften vor der Eintragung gesetzlich vorgesehen ist und bei der Genossenschaft und dem Verein eine Mindestzahl von Mitgliedschaften vertraglich zur Eintragungsvoraussetzung gemacht werden kann, ist bei allen diesen Personenverbänden eine satzungsmäßige Erweiterung der Einzahlungspflicht der Mitglieder vor Eintragung der jP mit besonderen Gefahren und somit auch mit besonderen Problemen verbunden. Wäre diese Satzungsklausel zulässig und wirksam, so müßte die erweiterte Einzahlung ebenfalls befreiend für die Mitglieder wirken. Zugleich fragt es sich, ob diese staturarische Erweiterung der Verfügungsbefugnis des Vorstands mit § 34 Abs. 2 AktG, § 11 Abs. 2 GmbHG, § 54 Satz 2 BGB vereinbar ist und wie sich diese Frage zur Haftung der anmeldenden Personen bei der AG verhält. Hinzu kommt das Problem der rechtstechnischen Gestaltung dieser erweiterten Vorleistungspflicht der Mitglieder, wenn sie Sacheinlagen betrifft, da diese sonst nicht in die gesetzliche Vorleistungspflicht fallen.

Der Anspruch auf die Einlagen steht der entstandenen (eingetragenen) AG auf Grund der Satzung zu. Dabei sind zwei Seiten zu unterscheiden: die Wirkung der Satzung zugunsten und zulasten der Mitglieder soweit es sich um die Mitgliedschaftsregelung handelt, die wir oben (§ 14, II, 1 der Arbeit) als Außenwirkung der Satzung gekennzeichnet haben und welche die Entstehung der Einlagepflichten der Mitglieder begründet, ohne daß diese nochmals mit Vertretern der jP zu kontrahieren brauchen, und die Wirkung der

Satzung zugunsten und zulasten der jP, die obige Ausführungen nicht betroffen haben. Diese letztere Satzungswirkung ist ein gemeinsamer Zug des gesamten Verbandsrechtes. Bei allen Personalgesellschaften und rechtsfähigen Verbänden wirkt die Mitgliedschaftsübernahme wie etwa ein Vertrag zugunsten Dritter, nämlich zugunsten der Gesellschaft oder der jP. Die entstandene Gesellschaft oder jP erwirbt die Ansprüche auf die Mitgliederleistungen, ohne mit den Mitgliedern nochmals – nach ihrer Entstehung – kontrahieren zu müssen. Ausdrücklich besagen dies allerdings nur zwei Bestimmungen, nämlich für die Personalgesellschaften § 718 BGB[172] und für die Stiftung § 82 Satz 1 BGB. Gleiches jedoch muß für alle Personenverbände gelten und zwar entweder direkt Kraft analoger Anwendung der §§ 718, 82 BGB oder mittelbar wegen der allgemeinen Regelung der Mitgliederpflichten bei AG, GmbH und Gen. Einer Organhandlung für den Erwerb der Ansprüche auf die Einlagen und sonstigen Mitgliederleistungen bedarf daher die jP nicht. Als Begründungsakt für diese Ansprüche genügt die Mitgliedschaftsübernahme.

Die Erfüllung dieser Mitgliederpflichten kann jedoch *ohne* Organhandlung seitens der jP[173] nur in einem Fall stattfinden. Dieser Fall ist derjenige der §§ 82 Satz 2, 413 BGB. Besteht die Einlagepflicht in der Übertragung von Rechten, zu deren Übertragung der Abtretungsvertrag genügt, so müssen diese Rechte m. E. nach analoger Anwendung des § 82 Satz 2 BGB auf die jP mit ihrer Entstehung ohne weiteres übergehen, ohne daß Übertragungsakte unter Mitwirkung von Mitgliedern und Organen erforderlich sind. Die Bestimmung des § 82 Satz 2 BGB umfaßt die Abtretung nicht nur von Forderungen, sondern auch von anderen Rechten nach Maßgabe des § 413 BGB. Die analoge Anwendung der §§ 82 Satz 2, 413 sowie § 82 Satz 1 und § 718 BGB auf alle jPen hinsichtlich Mitgliederpflichten ist deshalb geboten, weil sonst eine unausfüllbare Lücke im Verbandsrecht bestehen würde. Über die Fälle des § 82 Satz 2 BGB hinaus ist zur Erfüllung der Mitgliederpflichten die Vornahme des entsprechenden dinglichen Geschäfts notwendig, die ihrerseits ein Handeln der Organe des Gläubigers dieser Pflichten, also der jP erfordert. Da die Gläubigerin (jP) erst mit der Eintragung entsteht, ist die Folgerung, daß die Erfüllungsgeschäfte erst nach Eintragung vorgenommen werden können, unvermeidlich.

Nun erfordert – und somit erlaubt – das Recht der Kapitalgesellschaften eine Teilleistung der Einlagen schon vor Eintragung der AG oder GmbH. Diese vorverlegte Teilleistungshandlung hat bei der AG, wie schon dargestellt, auch die Bedeutung einer Ausnahme vom Verbot der Vornahme von belastenden Verfügungsgeschäften vor Eintragung der AG in ihrem Namen, § 34 Abs. 2 AktG. Die Erweiterung der Möglichkeit solcher Erfüllungshandlungen auf die ganze Einlage, also u. U. auch auf Sacheinlagen hat daher bei der AG nicht nur einen schuldrechtlichen, sondern auch einen aktienrechtlichen Aspekt: Nach § 271 BGB ist die Zulässigkeit einer vertraglichen Vor-

[172] RG 29.4.11 (RGZ 76, 276 ff), 17.4.03 (RGZ 54, 297 ff).

[173] § 718 BGB macht auch bei den Personalgesellschaften die Erfüllungshandlungen hinsichtlich der zum Gesellschaftsvermögen gehörenden Einlageansprüche keineswegs überflüssig. Das dingliche Erfüllungsgeschäft konnte so in einem neueren Fall trotz Vorliegens einer mangelhaften, aber als faktisch wirksamen OHG als unwirksam behandelt werden, BGH 11.12.58 (BB 59, 318).

verlegung der Erfüllungshandlung eines Schuldners zu bejahen. Aus dieser Perspektive wäre gegen die Vorverlegung der Einlageleistung, die sonst kraft Gesetzes der AG zusteht und somit erst mit ihrer Eintragung fällig wird, nichts einzuwenden. Der aktienrechtliche Aspekt besteht in der Frage, ob die satzungsmäßige Erweiterung der Einlagepflicht bzw. der Einlageleistungsbefugnis der Aktionäre aktienrechtlich unbedenklich ist. Daraus, daß nach § 24 AktG der Gründerbericht den ganzen Gründungshergang (eventuell also auch Mehrleistungen der Aktionäre) darzustellen und die Anmeldung der AG nach § 28, § 29 AktG anzugeben haben, ob und welcher Teil aus den eingezahlten Einlagen und zu welchen Zwecken verwendet wurde, ergibt sich die Pflicht der anmeldenden Personen, auch die über die Mindesteinlage hinaus eingezahlten Barbeträge anzumelden. Diese Pflicht wird sodann mit der Erklärungshaftung nach § 39, § 41 AktG gekoppelt. Diesen Vorschriften kann somit nichts gegen die erweiterte Einzahlung der Bareinlagen entnommen werden. Aus der Tatsache aber, daß solche Einzahlungen bei Bankinstituten erfolgen müssen, die entsprechend haften, § 29 Abs. 1 Satz 3 Halbsatz 2 AktG, und noch daraus, daß die Erklärungshaftung der § 39 Abs. 1 Satz 1 Halbsatz 2, § 41 AktG nur Bareinzahlungen betrifft, muß m. E. die Schlußfolgerung gezogen werden, daß wenigstens die Vorverlegung der Erfüllung von Sacheinlagepflichten vom AktG nicht zugelassen wird[174]. Für solche Erfüllungshandlungen würde keine Bank- und Gründerhaftung bestehen können. Solche Erfüllungshandlungen können somit auch nicht in der Satzung wirksam vorgesehen sein und befreien die Aktionäre nicht. Die Tatsache andererseits, daß das System der Gründungshaftung nach § 39 Abs. 1 und § 41 AktG für erhöhte Bareinlageleistungen vor der Anmeldung der AG reibungs- und lückenlos funktionieren kann, beweist, daß entsprechende Satzungsbestimmungen in dieser Richtung zulässig und wirksam sind und daß solche satzungsmäßige Erfüllungshandlungen von Bareinlagen die Aktionäre befreien müssen[175]. Die Haftungsverhältnisse (vgl. oben § 17, III, 1 der

---

[174] Erweiterung der Einlageleistung vor Eintragung der GmbH auf Sacheinlagen läßt die Rechtsprechung in einigen Fällen zu, BGH 16.5.58 (BB 58, 891), BFH 5.12.56 (Slg. 64, 74). Gleiches wird aber bei der AG ausdrücklich abgelehnt, KG 6.10.11 (R 12 Nr. 1676), OLG Hamburg 28.10.07 (HansGZ 07 Hauptbl. 301). Das ist auf das Fehlen von Bestimmungen im GmbHG zurückzuführen, die den erwähnten Paragraphen des AktG entsprächen. Bareinlagen können in der GmbH auch ohne Mahnung ihrerseits eingezahlt werden, RG 27.10.22 (RGZ 105, 299 ff). Unklar ist es, ob nach dieser Entscheidung von der Satzungsmäßigkeit der Einlagezahlungen vor der GmbH-Eintragung abgesehen werden soll. RG 16.12.13 (RGZ 83, 370 ff) läßt Bareinzahlungen vor der Eintragung nur im gesetzlich vorgeschriebenen Maße zu, ohne die Erweiterung der Einzahlungspflicht durch die Satzung zu erwähnen. Darüber hinaus gehen die Einzahlungen auf Gefahr des Mitglieds. RG 5.10.07 (LZ 07, 826) und insbesondere 12.7.21 (JW 22, 94 mit Anm. *Hachenburg*) läßt alle satzungsmäßigen Bareinzahlungen vor Eintragung zu. Hachenburg meint in der Anm., daß jedoch die Erweiterung der Einlageleistungspflicht (über 25% hinaus) den Sinn haben muß, daß der Anmeldende seine Versicherung nur über den gesetzmäßigen Mindestbetrag abgeben muß und daß der Registerrichter nur das Vorhandensein dieses Betrages kontrollieren darf. Dem kann nicht zugestimmt werden (vgl. Ausführungen im Text).

[175] Verträge zugunsten der künftigen juristischen Person läßt die Rechtsprechung mehrfach zu (RG 23.10.14, R 15 Nr. 362; ROHG 21.1.76, ROHG 20, 207 ff; 20.5.73, ROHG 10, 200 ff; 15.12.71, ROHG 4, 310; RG 30.10.14, RJA 15, 39;

Arbeit) bleiben also bestehen wie bei der Erfüllung der gesetzlichen Mindesteinlagenpflichten.

Die somit eintretende Erweiterung der Verfügungsmöglichkeiten vor Eintragung der AG ist für die AG keineswegs gefährlicher als die Verfügung über die den gesetzlichen Mindesteinlagen entsprechenden Ansprüche der AG. Vielmehr stärken solche Leistungen die Vermögenslage der AG, weil sie ein dingliches Vermögen ihr schon mit der Eintragung zukommen lassen. Dafür spricht auch der Wortlaut des § 28 Abs. 2 AktG, wonach der eingeforderte Betrag *mindestens* ein Vietel des Nennbetrages umfassen muß. Da die erweiterte Erfüllungsmöglichkeit eine Erweiterung der Gründerhaftung und andere Konsequenzen nach sich zieht, kann eine Befugnis des Vorstandes, erhöhte Einlageleistungen der Aktionäre vor Anmeldung zu verlangen, nur beim Vorhandensein einer entsprechenden, ermächtigenden oder verpflichtenden Satzungsbestimmung bejaht werden. Ist er dazu verpflichtet, so hat der Registerrichter die Eintragung abzulehnen, wenn ihm der Nachweis der satzungsmäßigen Einlagezahlungen nicht gehörig erbracht wird. Ohne diese Voraussetzungen gehen etwaige Leistungen der Aktionäre auf ihre eigene Gefahr. Da die Gründer den ganzen Gründungshergang darzustellen haben (§ 24 AktG), muß die Haftung aus den § 39 Abs. 1 Satz 1 und § 41 AktG auch dann bejaht werden, wenn die erhöhten Einlageleistungen nicht angemeldet wurden. Sonst könnten die anmeldenden Personen durch Verletzung der Anmeldepflicht diese Erklärungshaftung umgehen.

Die Frage der befreienden Wirkung der erhöhten Einlageleistungen vor der Eintragung der AG betrifft jedoch nur ihre Zulässigkeit, nicht die dingliche Seite der Erfüllungshandlungen. Nun bedeutet die Zulässigkeit, daß die Erfüllungshandlungen zugleich dinglich wirksam sind, soweit sie zulässig sind. Eins bleibt dadurch unbeantwortet, nämlich ob Erfüllungshandlungen auch über das Maß des Zulässigen hinaus dinglich wirksam sein können:

Die Notwendigkeit der Mindesteinlagezahlungen sowie die Zulässigkeit erhöhter Bareinlagezahlungen schon vor Eintragung der AG bedeutet zweierlei. a) Sie bedeutet zunächst, daß der Vorstand, in dessen Namen die Einzahlungen erfolgen müssen, befugt ist, die Einzahlungen zu verlangen, damit die AG eingetragen werden kann. Insofern ist er schon befugt, Ansprüche der AG in deren Namen geltend zu machen. Da er zugleich verpflichtet ist, für die Eintragung der AG zu sorgen, ist er auch verpflichtet dazu, diese Be-

---

5.6.35, RGZ 148, 257), nicht aber zu Lasten der künftigen juristischen Person (RG 17.1.94, RGZ 32, 97 ff; ROHG 21.1.76, ROHG 20, 207 ff). Nur weil die juristische Person eine Einmanngesellschaft war und als Handelnder der Alleingesellschafter aufgetreten war, war sie verpflichtet, die vor ihrer Eintragung begründete Verpflichtung nach Treu und Glauben zu übernehmen, RG 1.9.36 (R 37 Nr. 455). Verfügungen zu Lasten der künftigen juristischen Person werden ebenfalls abgelehnt, RG 5.6.35 (RGZ 148, 257 ff). Bereicherungsherausgabepflichten können die juristische Person aber doch treffen: RG 26.10.15 (RGZ 87, 246 ff). Anwendung des § 31 BGB auf Voreintragungsdelikte nimmt RG 3.4.36 (RGZ 151, 86 ff) an, obwohl in diesem Fall die Haftung der jP auch ohne die Vorverlegung des § 31 BGB möglich wäre (es war nämlich eine Organhandlung nach der Eintragung der AG ebenfalls konstruierbar). RG 10.6.26 (RGZ 114, 68 ff) bejaht den § 31 BGB vor der Eintragung, es lag aber dieser Entscheidung ein Fall des Durchgriffs auf das Substrat der jP vor, und insoweit kommt der Entscheidung keine allgemeine Bedeutung zu.

fugnis auszuüben. b) Zweitens bedeutet sie, daß der Vorstand schon vor Eintragung der AG in ihrem Namen handeln, d. h. Organhandlungen vornehmen kann, Forderungen kassieren und dementsprechend einerseits die Schuldner befreien als auch für die künftige AG erwerben. Er kann also schon jetzt im Namen der AG verfügen. Diese Verfügungen sind vorverlegte, durch die Eintragung der AG aufschiebend bedingte Organhandlungen. Tritt die Bedingung nicht ein, so hat der Vorstand die eingezahlten Beträge bis auf satzungsmäßige Ausgaben, etwa Notargebühren zurückzuerstatten. Bis zur Eintragung der AG besteht hinsichtlich dieser Beträge gegenüber den Gründern und Zeichnern eine auflösend durch die Eintragung bzw. durch die Eintragungs- und Zeichnerbindungsfrist bedingte, sich aus dem Erfordernis einer freien Verfügungsmöglichkeit ergebende persönliche Berechtigung des Vorstandes[176]. Verfügungen des Vorstandes über die Einlagen gegenüber der AG, falls diese entsteht, fallen unter § 161 Abs. 1 BGB. Verfügungen des Vorstandes über die Einlagen gegenüber den Aktionären, falls die Eintragung der AG unterbleibt, fallen unter § 161 Abs. 2 BGB. Dadurch werden sowohl die AG als auch die Aktionäre geschützt. Die doppelte Bedingungskonstruktion gilt naturgemäß auch für seine Befugnis, die Einlagen zu verlangen.

§ 18. Sonstiger Vermögenserwerb der entstehenden AG.

I. Rückblick

Wie es sich aus der Darstellung des § 17 ergibt, erwirbt die durch die Eintragung entstandene AG automatisch mit der Eintragung a) die eingezahlten Bareinlagebeträge und Agiobeträge, b) die Rechte, zu deren Übertragung der Abtretungsvertrag genügt, solange solche Rechte von den Aktionären eingebracht werden sollten, und c) die Ansprüche auf die Einlagen, soweit letztere nicht nach (a) schon geleistet wurden. Für den Erwerb zu (a) werden bedingte Organhandlungen benötigt, die in dem Zeitraum vor der Eintragung stattfinden müssen. Der Erwerb zu (b) und (c) ist unabhängig von solchen vorverlegten, bedingten Organhandlungen. Es gilt hier zu untersuchen, ob und inwieweit dieser Erwerb auf diese oder andere Weise auch außerhalb des Einlagevermögens im obigen Sinne stattfinden kann. Die Frage lautet genauer, ob es Fälle geben kann, wo die eingetragene AG nicht mit dem Vermögen zu (a), (b) und (c), sondern auch mit anderen Vermögenswerten entsteht, ohne daß dazu Organehandlungen *nach* der Eintragung erforderlich sind.

---

[176] BGH 13.6.58 (BB 58, 1035) behauptet, daß bis zur Eintragung gar keine dingliche Änderung hinsichtlich der geleisteten Einlagegegenstände eintritt. Dem kann nicht zugestimmt werden. Dagegen spricht schon die frühere Rechtsprechung, etwa RG 8.12.36 (RGZ 154, 65 ff). Bei dieser letzteren Entscheidung wird ein treuhänderisches Verhältnis zwischen Einlegern und Gründern angenommen. Es liegt jedoch vielmehr ein treuhänderisches Verhältnis mit dem Vorstand vor, und – genauer gesagt – handelt es sich gar nicht um Treuhand, sondern um vorverlegte, bedingte Organtätigkeit.

II. Gesamtrechtsnachfolgefälle.

1. Kasuistik.

Ein solcher Vermögenserwerb, der über die Einlageansprüche und die Mindesteinlagen hinausgeht und ohne Organhandlungen nach Eintragung der AG erfolgt, liegt in den gesetzlichen Fällen der Fusion (Verschmelzung) und Umwandlung von Gesellschaften vor. Im Fall der Verschmelzung von Aktiengesellschaften durch Aufnahme oder Neubildung i. S. des § 233 AktG bestimmen die § 240 Abs. 3 und § 247 Abs. 5 Satz 3 und 4 AktG, daß die Eintragung der Verschmelzung bzw. der neugebildeten Gesellschaft den automatischen Übergang des Vermögens der aufgenommenen Gesellschaften auf die aufnehmende bzw. neugebildete Gesellschaft bewirkt. Der Vorbehalt einer Billigkeitsregelung für schwebende gegenseitige Verträge der aufgenommenen Gesellschaften bleibt hier dahingestellt. Die erwähnten Bestimmungen gelten sinngemäß auch bei der Verschmelzung von Kommanditgesellschaften auf Aktien, § 248 Abs. 2 AktG, von Gesellschaften mit beschränkter Haftung, § 249 Abs. 2 AktG, von bergrechtlichen Gewerkschaften, § 251 Abs. 2 AktG, und bei der liquidationslosen Übertragung des Vermögens einer AG auf eine juristische Person des öffentlichen Rechtes, § 253 Abs. 1 AktG, bzw. auf einen Versicherungsverein auf Gegenseitigkeit, § 254 Abs. 1 und 2 AktG. Die Verschmelzung von GmbH und Berggewerkschaften kann allerdings nur im Wege der Aufnahme durch eine bestehende AG bzw. KGaA stattfinden, § 249 Abs. 1, § 250 Abs. 1, § 251 Abs. 1, § 252 Abs. 2 AktG. Deswegen bleiben diese Fälle für die Gründungsproblematik ohne Interesse. Für die übrigen schuldrechtlichen Verträge über Übertragung eines Gesellschaftsvermögens im ganzen werden einhellig Übertragungsakte für die einzelnen Vermögensgegenstände verlangt, § 255 AktG.

Zur Gründungsproblematik gehören noch die Fälle der Umwandlung einer KGaA in AG, § 262 Aktg, einer GmbH in AG, § 274 AktG, einer bergrechtlichen Gewerkschaft in AG, § 279 AktG, einer AG in KGaA, § 259 AktG, einer GmbH in KGaA, § 285 AktG, einer bergrechtlichen Gewerkschaft in KGaA, § 287 Abs. 2 AktG, einer AG in GmbH, § 265 AktG, einer KGaA in GmbH, § 281 AktG, einer bergrechtlichen Gewerkschaft in GmbH, § 42 Abs. 1 UmwG. von 1956. Die entstehende jP in diesen Fällen erwirbt mit der Entstehung automatisch kraft Gesamtrechtsnachfolge das Vermögen der in „anderer Rechtsform" vorangegangenen Gesellschaft. Zur Gründungsproblematik der jP gehört hingegen nicht die Umwandlung einer jP (AG, KGaA, GmbH) in eine Personengesellschaft des HGB oder BGB oder in ein Einzelunternehmen nach dem UmwandlungsG. v. 5. Juli 1934 und jetzt nach dem UmwandlungsG. v. 12. November 1956, wo immerhin ebenfalls eine Gesamtrechtsnachfolge gesetzlich angeordnet ist (§ 4 Satz 1 des ersten, § 5 Satz 1 des zweiten UmwandlungsG, andere Bestimmungen dieser Gesetze erklären diese Grundsatzvorschriften als anwendbar auf alle einzelne Umwandlungsfälle, § 9 Abs. 2, § 16 Satz 2, § 15 Abs. 1, § 19 Abs. 3, § 20 Satz 1, § 21 Abs. 2, § 22 Abs. 2, § 23, § 24, § 25 Abs. 1, § 26, § 29 Abs. 1 des 2. UmwG., § 4 Satz 1, § 8 Abs. 1, § 9 Satz 2, § 12, § 13, § 14 des 1. UmwG.,

§ 1 Abs. 2 der 1. DVO. z. 1. UmwG.). Die Wirkung der Gesamtrechtsnachfolge wird je nach dem der Eintragung des Umwandlungsbeschlusses oder der behördlichen Genehmigung der Umwandlung angeknüpft.

Auf Sonderprobleme dieser Gesamtrechtsnachfolge, etwa schwebende gegenseitige Verträge, höchstpersönliche Rechte kann hier nicht eingegangen werden. Eins muß nur festgestellt und festgehalten werden und dieses ist der numerus clausus der Fälle der Gesamtrechtsnachfolge[177]. Neue Verschmelzungs- und Umwandlungsfälle können ohne gesetzliche Vorschrift nicht angenommen werden.

2. Die Frage der sog. Identität.

Bei sämtlichen Verschmelzungs- und Umwandlungsfällen ist die Fragestellung müßig, ob es sich um eine Änderung der „Rechtsform" eines Unternehmens handelt, während der Rechtsträger „derselbe" bleibt[178], oder ob es sich um ein neues Rechtssubjekt handelt, auf den einfach die Rechtsverhältnisse des alten Gebildes im Wege der Gesamtrechtsnachfolge übergehen. Sollte aber doch diese Frage von Bedeutung sein, so müßte man sich zugunsten des Subjektwechsels, d. h. zugunsten der Neuzuordnung der Rechtsverhältnisse der durch die Umwandlung aufgelösten jP entscheiden. Gleiches gilt auch für die Verschmelzungsfälle.

Die Verschmelzung und die Umwandlung treten nämlich an die Stelle der Liquidation der alten jP und die Gesamtrechtsnachfolge ersetzt den Anfall des Vermögens der alten jP auf die Anfallberechtigten. Der Anfall des Vermögens im Wege regelrechter Liquidation ist ja eine Einzelrechtsnachfolge und erfordert für die Übertragung des Liquidationserlöses oder des Anfallvermögens in natura die entsprechenden Übertragsakte[179]. Die Gesamtrechtsnachfolge bleibt ebensosehr „Nachfolge" (also Subjektswechsel) wie auch die

[177] RG 19.6.31 (RGZ 133, 102 ff), 26.4.10 (RGZ 74, 6 ff), KG 18.6.14 (OLGR 32, 120 Anm. 2) 6.6.14 (OLGR 32, 119), 22.12.02 (OLGR 6, 115), 11.2.27 (JR 27 Nr. 814, 821).

[178] BFH 19.8.58 (NJW 59, 214 ff), RFH 5.5.22 (JW 22, 1617), RAG 15.7.36 (DJ 36, 1767, bei Anerkennung eines Idealvereins als VVaG durch das Reichsversicherungsamt bleibt die Identität bestehen). – Das RG nimmt jedoch bei Verschmelzung und Umwandlung von jPen des Privat- oder öffentlichen Rechtes ausdrücklich einen Personenwechsel an, 1.4.40 (RGZ 163, 142 ff), 16.6.06 (RGZ 64, 10 ff). Aus diesem Grund stellt es sich auch die Frage, ob höchstpersönliche Rechte, etwa des § 515 BGB auf die neue jP übergehen. Das RG bejaht diesen Übergang auf Grund einer Hineininterpretierung der Organisationsidentität der jP in den Parteiwillen bei Begründung dieser Rechte, RG loc. cit. Frühere Entscheidungen haben die liquidationslose Verschmelzung sowie Vollbeendigung der jP dem Tode der natürlichen Person gleichgestellt und dadurch implicite die Identitätsauffassung abgelehnt, RG 12.2.29 (RGZ 123, 289 ff), 13.11.28 (RGZ 122, 253 ff). Man findet auch die Formulierung, bei Fusion höre die alte jP auf, wegen der Gesamtrechtsnachfolge gehen aber die Rechtsverhältnisse auf die neue jP über, RG 3.1.13 (RGZ 81, 153 ff), OLG München 24.1.10 (OLGR 22, 24). Die Gesamtrechtsnachfolge wird im Verschmelzungsfall in diesem Sinne als abgeleiteter Erwerb kraft Gesetzes auf Grund des Verschmelzungsvertrages bezeichnet, RG 27.9.12 (RGZ 80, 168 ff). Früher aber hat das RG die Identitätsformel doch gebraucht, RG 11.7.99 (RGZ 44, 278 ff), 9.7.90 (RGZ 26, 334 ff), seit der Entscheidung 26.6.06 (JW 06, 582) jedoch aufgegeben; die Identitätsformulierung benutzt auch OLG München 26. 3. 02 (OLGR 5, 279).

[179] KG 26.5.08 (OLGR 19, 338), 23.6.02 (OLGR 5, 378), PrOVerwG 21.5.08

Einzelrechtsnachfolge. Nur das Erfordernis einzelner Übertragungsakte entfällt. Die Formulierung andererseits, daß es sich um eine „Formveränderung" des sonst „identisch" bleibenden Rechtsträgers handelt[180], befriedigt schon deshalb nicht, weil sie nicht alle Verschmelzungs- und Umwandlungsfälle erfassen kann. Die Konstruktion der Formveränderung bei Identität des Rechtsträgers versagt z. B. bei der Verschmelzung im Wege der Aufnahme durch eine bestehende jP und bei der Umwandlung durch Übertragung des Vermögens an eine bestehende, rechtsfähige oder nicht rechtsfähige Gesellschaft oder einen Einzelunternehmer[181]. Eine Konstruktion ist nämlich nur dann akzeptabel, wenn sie gleichgeartete Fälle gleich erklärt. Alle Verschmelzungs- und Umwandlungsfälle haben das gemeinsam, daß eine Gesamtrechtsnachfolge stattfindet und daß das alte Gebilde nach der Verschmelzung oder Umwandlung nicht mehr besteht. Man kann ja nur unter Vergewaltigung der juristischen Denkkategorien die Umwandlung einer AG in eine GmbH zwar als Formveränderung bezeichnen, die die Subjektsidentität nicht berührt, die Umwandlung derselben AG in ein Einzelunternehmen in den Händen des Alleingesellschafters aber anders beurteilen. Wäre diese „Formveränderungstheorie" „bei Subjektsidentität" richtig, dann müßte sie alle Verschmelzungs- und Umwandlungfälle erklären können, da ja diese alle hinsichtlich der aufgenommenen jP gleichgeartet sind (Untergang des alten Gebildes, Vermögensfortsetzung im Wege der Gesamtrechtsnachfolge durch ein anderes Rechtssubjekt, keine Liquidation). Es wäre demnach folgerichtig, auch die AG, die eine andere AG im Wege der Kapitalerhöhung aufgenommen hat, als „dasselbe" Rechtssubjekt wie die aufgenommene AG zu bezeichnen. Dieses ist aber gerade unmöglich. Eine jP, die, solange eine andere jP bestanden hat, von dieser verschieden war, kann juristisch nicht deshalb mit dieser anderen jP identisch werden, weil diese nicht mehr besteht. Die Parole der „Subjektsidentität bei Formveränderung" ist demnach schärfstens abzulehnen. Es liegt nur Gesamtrechtsnachfolge vor, deren Vorraussetzung gerade die Subjektsverschiedenheit ist. In den Fällen also, in denen die Verschmelzung oder Umwandlung in der Form der Neugründung erfolgt, entsteht diese neugegrün-

---

(Entsch. 52, 125). Gleiches bei der Kapitalherabsetzung einer Kapitalgesellschaft, OLG Frankfurt 31.3.58 (BB 58, 647). Fragwürdig ist in dieser Hinsicht die Rechtsprechung über die Spaltung eines eingetragenen Vereins durch willkürliche Zweckänderung in einen Mehrheitsverein (e. V.) und in einen Minderheitsverein (nrfV); sie nimmt an, daß der nrfV das Vermögen des Vorspaltungsvereins automatisch weiterführt und vom e. V. herausverlangen kann. Übertragungsakte sind hier zugunsten des nrfV nicht nachweisbar. Wir haben also praktisch mit einer Umkehrung der Identitätskonstruktion zu tun, da der nrfV im Ergebnis als identisch mit dem Vorspaltungsverein, also mit einem vorangegangenen *rechtsfähigen* Verein angesehen wird: BGH 17.1.57 (BGHZ 23, 122 ff), 13.1.55 (BGHZ 16, 143 ff), RG 20.10.24 (JW 25, 237, in diesem Fall lag Zweckänderung bei einem nicht rechtsfähigen Verein vor). RG 1.12.26 (RGZ 117, 184 ff) hat umgekehrt den Mehrheitsverein als nrfV betrachtet und den Minderheitsverein als e. V. angesehen und die Identität zugunsten des neuen e. V. bejaht. Wir gelangen dadurch zur Identität (Umwandlung) zweier eingetragener Vereine, da der neue e. V. auf Grund einer selbständigen Eintragung und unter Namensänderung dem alten e. V. gegenüber entstanden war.

[180] Vgl. oben Anm. 178.

[181] Von einer Formänderung wird solchenfalls nicht gesprochen, z.B. BFH 16.4.58 (BStBl 58 III 280).

dete jP mit einem Vermögen, zu welchem nicht nur die Ansprüche auf die Einlagen und die eingezahlten Mindesteinlagebeträge, sondern das ganze Einlagevermögen der „Gründer" gehört. Erfüllungsgeschäfte, mit oder ohne Mitwirkung der Organe der neuen jP sind weder vor noch nach deren Entstehung erforderlich.

Ob steuerrechtlich oder rechtspolitisch die Verschmelzungs- und Umwandlungsneugründungen so behandelt werden sollen, als ob „Subjektsidentität" vorläge, ist eine andere Frage. Eine Sonderbehandlung dieser Fälle vom steuerrechtlichen Standpunkt bedarf der Subjektsidentitätskonstruktion weder zwecks Erklärung noch zwecks Begründung. Die einschlägigen steuerrechtlichen Vorschriften dürfen nicht in dieser Weise mit Wunschkonstruktionen verbunden werden. Ob faktisch-wirtschaftlich der Identitätsgedanke zutrifft, ist eine andere Frage, die nur das Substrat der jP betrifft[182].

Verglichen mit dem automatischen Erwerb der Ansprüche auf die Einlagen nach § 718 BGB analog, der eingezahlten Bareinlagebeträge nach § 28 Abs. 2 AktG und der durch Abtretungsvertrag übertragbaren Rechte nach § 82 Satz 2 BGB analog, weist die Gesamtrechtsnachfolge im Fall der Verschmelzung und Umwandlung durch Neugründung folgende Besonderheiten bzw. Ähnlichkeiten auf: Die Gesamtrechtsnachfolge ist keine Einzelrechtsnachfolge wie der Erwerb der eingezahlten Bareinlagebeträge und der durch Abtretungsvertrag übertragbaren Rechte, betrifft aber wie diese auch die dingliche Seite der Einlagepflichten. Insofern unterscheiden sich beide vom Erwerb der Ansprüche auf die Einlagen, der mit der Erfüllung dieser Einlagepflichten nichts zu tun hat. Die Erfüllungshandlungen hinsichtlich der übrigen Einlagepflichten bleiben nämlich trotz § 718 BGB erforderlich, während diese im Fall der Gesamtrechtsnachfolge und des § 82 Satz 2 BGB unterbleiben können. – Ein weiterer Unterschied besteht darin, daß der Erwerb der schuldrechtlichen Ansprüche auf die Einlagen originär ist, während der Erwerb der durch Abtretungsvertrag übertragbaren Rechte, der eingezahlten Bareinlagebeträge und des Vermögens der durch Verschmelzung und Umwandlung aufgelösten jPen ein derivativer Erwerb ist. Der Erwerb der eingezahlten Bareinlagebeträge weist noch die Besonderheit auf, daß er eine Mitwirkung der Organe bei den entsprechenden Erfüllungshandlungen der Aktionäre erforderlich macht. Bei den übrigen Erwerbsfällen entfällt das Bedürfnis einer Organhandlung, da der Erwerb kraft Gesetzes erfolgt. Beim Erwerb der eingezahlten Bareinlagebeträge besteht die Besonderheit der gesetzlichen Regelung darin, daß sie die Zurechnung von Organhandlung aus der Vorentstehungszeit der jP erlaubt.

III. Erwerb durch vorverlegte, bedingte Organhandlungen.

Erwerbsgeschäfte vor Eintragung der AG können ebenfalls bewirken, daß sich die AG mit ihrer Eintragung im Besitz eines über das bisher geprüfte Maß hinausgehenden Vermögens sieht, ohne daß neue Organhandlungen nach dieser Eintragung erforderlich sind.

---

[182] Dies klingt in den Formulierungen nach, daß die Identität eine Tatfrage ist, RG 11.7.14 (RGZ 85, 256 ff, Vereinsrecht), OLG Kiel 16.12.13 (SchlHA 14, 71).

1. Die AG als Begünstigte in Verträgen zugunsten Dritter.

Vorweggenommen muß nun eine Gruppe von Fällen werden, die zugunsten der entstandenen AG mit ihrer Eintragung automatisch wirken, ohne daß dadurch der AG irgendwelche Organehandlungen zugerechnet werden. Die künftige AG kann nämlich schon vor der Eintragung in Verträgen so begünstigt werden, daß die Vertragsparteien Leistungen zu ihren Gunsten als Dritte versprechen. Die Parteien schließen den Vertrag solchenfalls im eigenen Namen, und die AG nimmt nach Eintragung die Ansprüche des Dritten aus diesem Vertrag zugunsten Dritter wahr. Es ist eine Auslegungsfrage des Vertrages zugunsten Dritter, ob eine Annahmeerklärung der AG durch ihre Organe erforderlich ist. Grundsätzlich ist diese Erklärung nicht erforderlich. Die Rechte, die durch den Vertrag zugunsten Dritter für die AG begründet werden können, können allerdings nur obligatorischer Art sein. Daraus kann die AG also nur Ansprüche gegen die eine oder gegen beide Parteien des Vertrages erwerben. Diese Ansprüche können sehr verschieden sein, etwa mit oder ohne Gegenleistungspflichten. Der Vertrag zugunsten Dritter kann nämlich die Ansprüche des Dritten, hier also der AG von der Übernahme von bestimmten Gegenleistungspflichten abhängig machen. Die Übernahme der Gegenleistungspflichten seitens der AG kann auch stillschweigend durch die Inanspruchnahme der Forderungsrechte erfolgen. Wegen des § 34 Abs. 2 AktG kann die ausdrückliche oder stillschweigende Übernahme der Gegenleistungspflichten erst nach der Eintragung der AG erfolgen. Liegt eine solche Verbindung der Berechtigung des Dritten mit Gegenleistungspflichten nicht vor, so wirkt der Vertrag zugunsten Dritter automatisch zugunsten der entstandenen AG. Liegt demgegenüber die erwähnte Verbindung vor, so ist es eine Auslegungsfrage, ob dieser Vertrag zugunsten und zulasten Dritter schon vertraglich oder gesetzlich eine Garantie des Versprechensempfängers über den Eintritt des Dritten in den Vertrag enthält. Der Charakter dieser Frage als Auslegungsfrage ändert sich auch nicht durch § 34 Abs. 1 Satz 2 AktG, weil für die Haftung des Handelnden nur ein Handeln im Namen der AG, nicht bloß ein Handeln zugunsten und zulasten der AG genügt. Auch wenn hier ein Handeln im Namen der AG anzunehmen wäre, bleibt die Möglichkeit einer vertraglichen Ausschließung der Haftung des Handelnden unberührt.

Der Vertrag zugunsten und zulasten Dritter wird bei der Gründung der AG von deren Eintragung meistens aufschiebend bedingt sein und kann der AG wertvolle Dienste leisten. In dieser Form können insb. Erwerbsgeschäfte der AG über Gegenstände vorbereitet werden, die normalerweise nicht bedingt in ihrem Namen vor der Eintragung erworben werden können. Bei solchen Objekten wird etwa der Vertrag zugunsten der AG bestimmen, daß zugunsten der AG ein Anspruch auf Übertragung dieser Gegenstände begründet wird. Die Übertragungspflicht kann zunächst der ursprüngliche Besitzer dieser Gegenstände gegen Gegenleistung seitens der AG an ihn übernehmen. Diese Übertragungspflicht kann aber auch der Vertrauensmann der künftigen AG übernehmen, indem er diese Gegenstände vom Vertragspartner erwirbt, die Gegenleistung an ihn erbringt und zugleich ihm gegenüber verspricht, die erworbenen Gegenstände an die entstandene AG gegen Rückerstattung seiner Auslagen zu übertragen. Möglich ist auch, daß der Vertrauensmann der AG die Gegenleistung an den Vertragspartner leistet und dieser seine Übertragungspflicht zugunsten der AG von der Rückerstattung der Auslagen seines Gegners abhängig macht. Da der Vertrag zugunsten der AG keine Organhandlung ist oder voraussetzt, brauchen die Vertragspartner in keinerlei Beziehung zur AG zu stehen.

2. Echte vorverlegte, bedingte Organhandlungen.

Während nun der Vertrag zugunsten Dritter kein spezifisch aktienrechtlicher Vorgang ist, gehört die jetzt zu erörternde Möglichkeit von vorverlegten, durch die Entstehung der AG bedingten Organhandlungen ganz dem Aktienrecht bzw. dem Recht der juristischen Personen an. Eine solche Tätigkeit der Organe vor der Eintragung begegnet deshalb keinen aktienrechtlichen Bedenken, weil der Erwerb von Vermögen unter keinen Umständen zur Schädigung der AG führen kann. Wohlgemerkt behält diese Aussage ihren Wert nur bei reinen Erwerbsgeschäften, die nicht zugleich eine Verfügung (Tilgung) über Ansprüche darstellen, die der AG aus anderen Gründen zustehen. Letzteres ist der Fall z.B. beim Erwerb der Einlagegegenstände. Ein solcher Erwerb enthält zugleich eine Verfügung über Ansprüche der AG und unterliegt den oben, § 17, III, 1–2 dargestellten Einschränkungen. Liegt eine solche Verfügung nicht vor, so bestehen gegen reine Erwerbsgeschäfte des Vorstandes im Namen der AG keine Bedenken vom Standpunkt des Aktienrechts her. Sind diese Erwerbsgeschäfte mit Gegenleistungspflichten verbunden, so besagt der Erwerb noch nichts über das Schicksal der Gegenleistungspflichten. Sie müssen gemäß § 34 Abs. 2 AktG übernommen werden. Können sie etwa nach § 34 Abs. 3 AktG nicht übernommen werden, so wird dadurch an und für sich der Erwerb nicht betroffen. Auch wenn die AG zur Herausgabe des Erworbenen wegen ungerechtfertigter Bereicherung verpflichtet sein sollte, bleibt der Erwerb als solcher für die AG ein rein begünstigender Akt. Gleiches gilt für den Fall, daß das Erwerbsgeschäft kausal ist und bei Unwirksamkeit des Kausalgeschäftes rückgängig zu machen ist.

Die erwähnten, vorverlegten, durch die Eintragung der AG bedingten Erwerbshandlungen der Organe geben zugleich die Schranken an, die einer solchen vorverlegten Organtätigkeit kraft Gesetzes gesetzt sind. Die Möglichkeit solcher Organtätigkeit besteht hinsichtlich nur derjenigen Erwerbsgeschäfte, die eine Bedingung vertragen können. Bedingungsfeindliche Erwerbsgeschäfte werden dadurch ausgeschlossen, daß die vorverlegte Organtätigkeit eine bedingte Zurechnung der Erwerbstatbestände auf die künftige jP bewirkt. Die Bedingung besteht darin, daß die Zurechnung von der Eintragung aufschiebend abhängig ist. Für die bedingte Zurechnung kann nämlich nichts anderes gelten als für die anderen Bedingungen. Die Zurechnungsbedingung ist ja keine condicio juris, die deshalb den Normen über bedingungsfeindliche Rechtsgeschäfte nicht zu unterstellen wäre. Die Rechtsbedingung (condicio juris) unterliegt nur insoweit einer Sonderregelung, als sie ihre gesetzlich vorgeschriebene Wirkung entfaltet. Diese besteht bekanntlich in der Ergänzung eines gesetzlichen Tatbestandes. Innerhalb dieses Tatbestandes bleibt sie ohne weiteres Rechtsbedingung und kann den gewöhnlichen Bedingungen nicht gleichgestellt werden. Wird aber auf eine „Rechtsbedingung“ in einem anderen, vom Tatbestand dieser Rechtsbedingung unabhängigen Rechtsgeschäft Bezug genommen und wird sie somit zur Bedingung dieses Rechtsgeschäftes erhoben, so unterliegt sie keiner Sonderregelung mehr. Sie erfüllt die gleichen Aufgaben wie jede willkürliche Bedingung. (Das trifft den vorliegenden Fall ganz besonders, weil ja im System der Normativbedingungen die Gründung der juristischen Person grundsätzlich nur vom Willen der Gründer abhängt.) Man könnte ja sonst die Bedingungsfeindlichkeit der Rechtsgeschäfte durch Einführung einer „Rechtsbedingung" umgehen. Außerhalb des eigenen Tatbestandes ist die „Rechtsbedingung" keine Rechtsbedingung mehr, sie unterliegt nunmehr der normalen Regelung für willkürliche Bedingungen. Bedingungsfeindliche Erwerbsgeschäfte sind somit von der vorverlegten Organtätigkeit ausgeschlossen.

Die Fälle der Bedingungsfeindlichkeit brauchen hier nicht besonders dargestellt zu werden. Zu den bedingungsfeindlichen Rechtsgeschäften gehören nach Lehre und Rechtssprechung die Auflassung, die Aufrechnung, die einseitigen, empfangsbedürftigen Gestaltungsakte, manche Realhandlungen, die Vollmachtserteilung für bedingungsfeindliche Rechtsgeschäfte, die Prokuraerteilung, jedoch nicht z.B. die Vormerkung im Grundbuch sowie Verträge, die mit dem Empfänger der einseitigen Gestaltungsakte abgeschlossen werden und welche einerseits die Gestaltungswirkung im Wege eines Vertrages herbeiführen und andererseits den Verzicht auf die Bedingungsfeindlichkeit enthalten. Für eine Kasuistik der bedingungsfeindlichen Rechtsgeschäfte wird sonst auf die diesbezügliche Literatur und Rechtsprechung verwiesen.

Klarstellend zur Konstruktion und Funktion der Zurechnungsbedingungen ist folgendes hinzuzufügen: Die Zurechnung hängt nicht allein von der Eintragung der AG ab. Bedingung ist sowohl die Entstehung der jP, als auch die Beibehaltung der Organstellung durch den handelnden Vorstand. Die Abberufung des Vorstandes schließt also den Eintritt der Bedingung aus, falls die Abberufung schon vor der Eintragung der AG wirksam wird. Es liegt aber sonst kein dem Fall ähnlicher Vorgang vor, wo der Vertretene (= die jP) vom Vertreter (= Vorstand) nachträglich bestimmt wird (dann wäre ja eine Genehmigung des Vertretenen notwendig), weil der Vertretene (= die jP) dem Partner schon bekannt ist. Somit braucht der Vorstand seine vor Eintragung der AG in ihrem Namen abgegebene Willenserklärung hinsichtlich eines Erwerbsgeschäftes erlaubter Art nicht zu wiederholen, da die bedingte Zurechnung eine Vorwegabgabe der Willenserklärung des Vorstandes für die Zeit nach Entstehung der AG bedeutet. Es ist dabei so, daß die Vertretungsmacht des Vorstandes zwar auf seine Amtszeit beschränkt ist, diese Beschränkung bedeutet aber nicht, daß seine Tätigkeit keine Wirkungen für die jP über diese Zeit hinaus entfalten kann. Vielmehr ist es so, daß er zwar nur während seiner Amtszeit tätig sein kann, daß er aber zugleich durch seine Willenserklärungen die jP auch für die Zeit vor oder nach seiner Amtszeit binden kann. Er kann z.B. rückwirkende Verträge für die Zeit vor seiner Amtsübernahme, aber auch Verträge abschließen, die in der Zeit nach seiner Amtszeit wirken werden (bis auf Fälle, wo ein Mißbrauch seiner Vertretungsmacht vorliegt). So ist es auch mit Willenserklärungen eines Vorstandes vor der Eintragung der AG. Er kann die Willenserklärung, die er nach Eintragung der AG abgeben würde, schon vorher abgeben, und somit die Erwerbswirkung seiner Willenserklärung zugunsten der AG gleich mit der Eintragung eintreten lassen.

Wie schon gesagt, sind bei Abberufung des Vorstandes (§ 75 Abs. 3 Satz 2 AktG) zwei Alternativen gegeben: Entweder wird die Abberufung schon vor Eintragung der AG nach dem Willen des Aufsichtsrates wirksam oder nach der Eintragung. Im ersteren Fall bleiben seine Handlungen der AG gegenüber wirkungslos, weil die Bedingung, daß er Vorstand würde, nicht erfüllt werden konnte. Er hat auch die eingezahlten Einlagen herauszugeben, weil ja die Anmeldung der AG voraussetzt, daß sie zur Verfügung des „Vorstandes" stehen – und diese Eigenschaft hat er nach der Abberufung nicht. Die Einlagebeträge müssen vielmehr zur Verfügung des neuen Vorstandes stehen, der auch die Erwerbsgeschäfte seines Vorgängers zu genehmigen hat, falls sie der AG gegenüber überhaupt wirksam werden sollte. Wird die Abberufung nach Eintragung der AG wirksam, so werden die vorverlegten Organhandlungen der AG zugerechnet.

Es ist offensichtlich, daß der Erwerb durch solche vorverlegte, bedingte Organhandlungen auch ein ganzes Unternehmen betreffen kann, soweit mit diesem Erwerb keinerlei Verpflichtungen für die AG aus der Zeit vor ihrer Eintragung erwachsen. Das ist der Fall, wenn die Bestandteile des Unternehmens einer bedingten Übertragung zugänglich sind. Da andererseits die Haftung der AG für die Schulden des früheren Geschäftsinhabers eine Geschäfts- und Firmafortführung (§ 25 HGB) ihrerseits voraussetzt, besteht die Haftung der AG nicht bloß wegen des Erwerbs, sondern wegen der Fortführung; die Fortführung fällt aber offensichtlich in die Zeit nach der Eintragung der AG und deshalb steht dem bloßen Erwerb des Unternehmens nichts entgegen. Gleiches gilt für den Erwerb eines ganzen Vermögens, soweit es bedingte Übertragungsakte verträgt, da die Haftung für Schulden des früheren Vermögensinhabers nach § 419 BGB beschränkbar ist. Es steht also der AG frei, nach Eintragung ihre Haftung zu beschränken. Diese Beschränkung ist deshalb noch möglich, weil die AG erst mit der Eintragung das Vermögen erworben hat.

IV. Erwerb durch die Tätigkeit der sog. Vorgesellschaft.

1. Die Erwerbstätigkeit der Vorgesellschaft im Lichte der bisherigen Darstellung.

Nach den Grundsätzen, die oben, § 18, I–III dargestellt wurden, ist auch die Wirkung der Tätigkeit der sog. Vorgesllschaft zugunsten der eingetragenen AG zu berurteilen. Die AG wird durch diese Tätigkeit unmittelbar berechtigt, wenn diese Tätigkeit in der Form von Verträgen zugunsten Dritter oder in der Form von vorverlegten Organhandlungen stattgefunden hat.

Die Vorgesellschaft ist nicht etwa nach der häufigen Redeweise des Schrifttums und der Rechtsprechung ein solches „Entwicklungsstadium" der jP[183], daß die Geschäfte, die von dieser Vorgesellschaft vorgenommen wur-

[183] BGH 23.4.56 (BGHZ 20, 281 ff), RG 29.5.34 (RGZ 144, 348 ff), 1.12.27 (RGZ 117, 184 ff), 11.7.14 (RGZ 85, 256 ff). Die Entscheidungen, die in der Vorgesellschaft

den, automatisch auf die jP übergehen. Die jP entsteht als möglicher, juristisch relevanter Zuordnungs- und Zurechnungspunkt erst mit der Eintragung oder der Genehmigung. Die Eintragung oder die Genehmigung ist nicht, wie dies häufig – unter Einfluß der germanistischen Lehre von der jP – formuliert wird, eine reine Formalität, sondern ein unerläßlicher Bestandteil des Gründungstatbestandes. Es kann deshalb von einem Stadium der juristischen Person, als ob sie ein wachsendes Wesen der Naturwelt wäre, keine Rede sein. Wenn im Namen der Vorgesellschaft, d.h. der Mitglieder des Verbandes vor dessen Erhebung zu einer juristischen Person etwas erworben worden ist[184], sind folgende Alternativen möglich. Entweder wurde zugleich zugunsten der künftigen jP die Pflicht der Mitglieder der Vorgesellschaft begründet, das Erworbene an die entstandene jP zu übertragen oder wurde die Berechtigung der Vorgesellschaft durch die Entstehung der jP auflösend bedingt und mit einer bedingten Organhandlung zugusten der künftigen jP kombiniert oder wurde schlicht und einfach im Namen der Vorgesellschaft gehandelt[185]. Im ersteren Fall entsteht die jP mit dem Anspruch auf Vollziehung der Übertragung, im zweiten Fall erwirbt die entstandene jP automatisch das ihr zugunsten bedungene Objekt, im dritten Fall erwirbt die entstandene jP weder

---

eine Gesellschaft bürgerlichen Rechtes erblicken (Anm. 214), sprechen oft davon, daß diese Gesellschaft „auf die AG übergeht".

[184] Dieser Erwerb im Namen der Vorgesellschaft ist kein bedingter Erwerb zugunsten der künftigen jP – wie dies ausdrücklich zugelassen wird, OLG Celle, 4.12.07 (OLGR 20, 20) –, sondern ein unbedingter Erwerb zugunsten und im Namen der Mitglieder der Vorgesellschaft. Er kann auch immaterielle Rechte betreffen, z. B. Namensrecht, RG 13.12.11 (RGZ 78, 101 ff), OLG München 31.8.54 (MDR 55, 33), LG Essen 22.7.53 (NJW 53, 1716). Wechseln die Mitglieder der Vorgesellschaft, dann wechselt auch die Zuordnung der Rechtsverhältnisse der Vorgesellschaft. Ob wegen des Mitgliederwechsels Übertragungshandlungen erforderlich sind, damit die neuen Mitglieder an diesem Vermögen teilnehmen können, ist nach allgemeinen Grundsätzen zu beantworten. Der „Vorverein" (nrfV) ist ein typischer Fall, wo die Vorgesellschaft eines rechtsfähigen Vereins Vermögen erwirbt und sowohl zivilrechtlich als auch steuerrechtlich die erwähnten Übertragungshandlungen vermieden werden sollen. Zum Sonderproblem des Grundbesitzerwerbes seitens des nicht rechtsfähigen Vereins hat die Rechtsprechung ablehnend Stellung genommen: RG 1.3.30 (RGZ 127, 309 ff), OLG Kiel, SchlHA 08, 34 (ohne Datum), OLG Jena 30.3.09 (ZBlFrG 1910, 505), OLG München 3.1.25 (DJZ 25, 674), RG 19,12,25 (JR 26 Nr. 388). Die Ablehnung dieses Erwerbs betrifft aber nicht die zivilrechtliche Seite – nämlich ob die Mitglieder eines nrfV als solche Grundbesitz erwerben können –, sondern die Eintragungsart und Eintragungsfähigkeit dieses Erwerbes im Grundbuch. Eine Eintragung im Namen der einzelnen Mitglieder ist möglich, und kritisch ist die Lage nur beim Mitgliederwechsel. Ähnlich ist die Problematik der Wechselfähigkeit eines nrfV, wo es darum geht, ob der Name des nrfV eine den Erfordernissen des Wechselrechts genügende Bezeichnung der Vereinsmitglieder ist, RG 20.11.35 (RGZ 112, 124 ff), 22.7.26 (JW 26, 2907), OLG Koblenz 18.3.55 (MDR 55, 424). Daß ein Erwerb im Namen der Mitglieder der Vorgesellschaft in der Rechtsprechung anerkannt ist, beweisen die Entscheidungen, die für Aktivprozesse eines nrfV die erhobene Klage als eine Klage der Mitglieder behandeln (LG Bonn 10.5.57, AP 1 zu § 54 BGB, LG Essen 22.7.53, NJW 53, 1716 f), und bejahen ausdrücklich RG 11.7.14 (RGZ 85, 256 ff), 16.2.04 (RGZ 57, 90 ff), 5.3.84 (RGZ 12, 229 ff), KG 17.10.35 (JW 35, 3638, Vermächtnis an einen nrfV wird als Vermächtnis an die Mitglieder umgedeutet), RG 30.10.12 (JW 13, 43), 13.12.11 (RGZ 78, 101 ff), OLG Braunschweig 3.2.11 (OLGR 24, 105), RG 13.1.14 (R 14 Nr. 1858), OLG Kiel 16.12.13 (SchlHA 14, 71).

[185] Es ist Tatfrage, welche von den Alternativen vorliegt, BGH 15.6.55 (L–M 6 zu § 11 GmbHG).

einen Übertragungsanspruch noch die im Namen der Vorgesellschaft erworbenen Gegenstände. Sowohl für die Begründung der Übertragungspflicht als auch für die Übertragung selbst bedarf es in diesem letzteren Fall der Mitwirkung der Organe der jP und der Vertreter der Vorgesellschaft. Besteht eine Personenidentität zwischen Organen und Vertretern, so kann der Übertragungsakt entweder bedingt vor der Eintragung oder unbedingt nach der Eintragung durch Insichgeschäft des Vorstandes erfolgen, das deshalb möglich ist, weil der Vorstand nicht in eigenem Namen handelt und somit den Tatbestand des Selbstkontrahierens nicht verwirklicht. Beim ersteren Fall bedarf es der Mitwirkung von Organen und Vertretern zwar nicht zur Begründung der Übertragungspflicht, wohl aber zur Vornahme der Übertragungsakte selbst. Die Übertragungspflicht der Vorgesellschaft bzw. dessen (z. B. des Vorstandes in seiner Eigenchaft als Vertreter der Vorgesellschaft), der in eigenem Namen, aber für ihre Rechnung[186] etwas erworben hat, hinsichtlich des Erworbenen kann entweder auf ausdrücklichem Versprechen zugunsten der AG oder auch auf einem stillschweigenden solchen Versprechen beruhen. Letzteres wird im Zweifel in jedem Erwerb der Vorgesellschaft zu erblicken sein, da ja diese auf keine eigene selbständige Existenz, sondern auf Vorbereitung der jP abzielt.

2. Die sog. Identität der Vorgesellschaft mit der AG hinsichtlich des aktiven Vermögenserwerbs.

Eine sog. Identität der Vorgesellschaft mit der eingetragenen AG hinsichtlich des Aktivvermögens der Vorgesellschaft ist m. E. abzulehnen[187]. Die jP kann mit der Außenwelt nur im Wege von Handlungen ihrer Organe oder der von ihnen bevollmächtigten Personen in Kontakt kommen. Das ist für die Zeit nach der Eintragung der jP unbestritten. Bis auf die extremen Fälle

---

[186] Dieser Methode bedienen sich die nicht rechtsfähigen Vereine und gründen eine AG oder GmbH, die als Verwaltungsstelle für das Vereinsvermögen fungiert, KVStÄndG v. 19.7.53 (BGBl I, 711 ff). Aus der Rechtsprechung vgl. dazu RG 15.6.28 (RGZ 121, 294 ff), KG 17.5.21 (OLGR 42, 254), OLG Stuttgart, WürttZ 11,255*.

[187] BFH 5.12.56 (Slg. 64, 74 ff), LAG Mannheim 22.5.53 (DB 53, 695), OFH 19.4.50 (BB 50, 389), RG 3.4.36 (RGZ 151, 86 ff), 29.5.34 (RGZ 144, 348 ft), 13.2.34 (RGZ 143, 368 ff), 4.11.31 (RGZ 134, 121 ff), 1.12.27 (RGZ 117, 184 ff, Verein), 26.10.15 (RGZ 87, 246 ff, Identität wurde hier angenommen, weil „keine besonderen Vorschriften eine Übertragung verlangen"), 11.7.14 (RGZ 85, 256 ff, Beschränkung der Identität auf die notwendigen Geschäfte, wenn der nicht rechtsfähige Verein bald eingetragen wird, sonst erstreckt sich die Identität auf das ganze Vermögen), 16.12.13 (RGZ 83, 370 ff, ebenfalls notwendige Geschäfte), 20.4.04 (RGZ 58, 55 ff: durch einstimmigen Beschluß können die Gesellschafter einer GmbH schon vor der Eintragung die für die Entstehung der GmbH notwendigen Anordnungen, z. B. Erweiterung der Einlageleistungspflicht mit dem Vorbehalt treffen, daß die sich hieraus ergebenden Rechte und Pflichten ohne weiteres für die GmbH nach ihrer Eintragung wirksam werden sollen). Die Entsch. RG 17.1.94 (RGZ 32, 97 ff) wird oft zitiert, als ob sie die Identität vertrete, ohne daß dies der Fall ist. Die Identität „hinsichtlich der Rechte, die im Gesellschaftsvertrag für die AG bestimmt sind", nimmt aber schon an RG 6.7.89 (RGZ 24, 14 ff), ohne daß die Genehmigung seitens der AG einen neuen Abschluß (nämlich hinsichtlich der Sacheinlagen) darstellt. In dieser Entscheidung wird dahingestellt, ob dies ein Vertrag zugunsten Dritter oder eine Gesamtrechtsnachfolge ist (letzteres nach Zitaten dieser Entscheidung durch PreußOT in Striethorsts Archiv 76, 138 ff, 80, 57 ff vertreten). Identität der Vorgesellschaft und

eines Durchgriffs auf das Substrat der jP wird die jP durch Handlungen der Mitglieder oder durch Handlungen Dritter im Namen der Mitglieder weder verpflichtet noch berechtigt. Bei der AG besteht eine Verschärfung dieses Grundsatzes dahin, daß das einzige vertretungsberechtigte Organ der Vorstand ist und gleiches gilt für die GmbH und die Gen. Vertretungshandlungen der Mitglieder als solcher sind ausgeschlossen[188], solange diese Mitglieder nicht als Vorstand oder – in bestimmten Fällen – als Aufsichtsrat handeln. Der Grundsatz der ausschließlichen Vertretungsmacht des Vorstandes in diesen Fällen duldet auch vor Eintragung der AG, GmbH oder Gen keine Ausnahme. Die Zurechnung von Erwerbshandlungen der Vorgesellschaft, d. h. ihrer Mitglieder bzw. deren Beauftragter wäre eine solche Ausnahme, die das Gesetz bis auf die Fälle der Verschmelzung und Umwandlung nicht vorsieht. Es ist allerdings eine andere Frage, ob diese Handlungen der Vorgesellschaft zugleich vorverlegte, bedingte Organhandlungen der künftigen AG sind. Trifft das zu, so ist es selbstverständlich, daß die entstandene AG unter der Voraussetzung, daß es sich nicht um bedingungsfeindliche Geschäfte handelt, durch diese Handlungen automatisch berechtigt wird. Hinsichtlich bedingungsfeindlicher Erwerbsgeschäfte kann die Vorgesellschaft bzw. deren Beauftragte nur eine Übertragungspflicht zugunsten der künftigen AG eingehen. Solchenfalls gelten die Grundsätze, die oben, III, 1, dargestellt wurden, d.h. die Grundsätze des Vertrages zugunsten Dritter. Die Übertragungspflicht trifft normalerweise nur denjenigen, der die zu übertragende Sache besitzt.

---

der jP nimmt auch an ROHG 7.3.77 (ROHG 22, 103 ff), ROHG 21.1.76 (ROHG 20, 207 ff), ROHG 15.12.71 (ROHG 4, 310 ff, mit Angaben über entsprechenden sächsischen Rechtsgebrauch), KG 8.10.36 (JW 37, 46), OLG Kiel 28.2.29 (JW 30, 1423), RG 4.11.04 (JW 05, 31), 12.1.00 (JW 01, 142), 5.4.00 (JW 00, 414), OLG Frankfurt 29.6.16 (LZ 17, 145), RG 24.4.12 (LZ 12, 666), 11.4.11 (LZ 11, 610, Vereinsrecht), OLG Bamberg 1.3.10 (LZ 10, 872), OLG Königsberg 16.11.12 (PosMschr 1913, 12), OLG Colmar 25.5.03 (OLGR 6, 486), OLG Stuttgart, WürttZ 1928 Sprbeil 11*, OLG Hamburg 7.5.01 (OLGR 2, 462, Verein), 4.2.38 (R 38 N. 8122), OLG Frankfurt 21.12.08 (R 09 Nr. 147), OLG Dresden 16.4.19 (SächsOLG 40, 254), RG BauersZ 18, 66* (Identität der VorGmbH und der GmbH bejaht, obwohl aus der letzteren einer der Gründer ausgeschieden war; die GmbH habe sogar auch seine Einlage erworben), OLG Frankfurt, Frankf.Rdsch 1912, 40*. – Gegen die Identität im Vereinsrecht: OLG Frankfurt 17.12.08, R 09 Nr. 192, und OLG Stuttgart, WürttZ 19, 55* (Übertragungsakte sind zwar immer erforderlich, können aber auch stillschweigend stattfinden; aus diesem Grund ist die Übertragung schon mit der Eintragung des Vereins als geschehen zu betrachten, falls für die Übertragung eine formfreie Einigung der Parteien genügt).

Die Identitätskonstruktion bewirkt eine Unklarheit der Gründungsverhältnisse. Sie erhöht die Gefahrtragung der jP für unzulässigerweise voreingezahlte Einlagen, weil ja die jP mit der Vorgesellschaft identisch sein soll und deren Handeln sich zurechnen lassen müßte. Andererseits erscheint die Vorgesellschaft dadurch als rechtsfähig, während sie das gerade *nicht* ist. Die Identitätskonstruktion wird im Steuerrecht zu dem Zweck benutzt, um die Grunderwerbssteuerpflicht für Übertragungen von der Vorgesellschaft an die GmbH abzulehnen, BFH 15.12.56 (Slg 64, 74) und RFH 26.7.32 (Slg 31, 253). Es leuchtet aber keineswegs ein, daß dies wünschenswert ist. Wenn die Parteien die Eintragung der jP nicht abwarten oder sonstwie die Tätigkeit der GmbH bzw. AG schon vor Eintragung beginnen, dann müssen sie auch die Konsequenzen der doppelten Übertragung tragen (nämlich zunächst an die Vorgesellschaft, dann von dieser auf die jP).

[188] OLG Hamburg 21.5.58 (Die AG 59, 22 f).

Eine Übertragungspflicht der Vorgesellschaft wird also dann in Betracht kommen, wenn sie etwas im eigenen Namen, d. h. im Namen der Mitglieder erworben hat, das sie nunmehr der AG übertragen soll. Hat jemand als Treuhänder der Vorgesellschaft die zu übertragende Sache erworben, so trifft ihn die Übertragungspflicht.

Zur noch nicht abgeschlossenen Erörterung der Frage der sog. Vorgesellschaft und deren Identität mit der künftigen AG sei noch hier folgendes hinzugefügt, bevor unten die Identitätsfrage hinsichtlich der Verpflichtungen der Vorgesellschaft erörtert wird: Die Verneinung der Identität schließt nicht aus, daß die Vorgesellschaft als solche in ihrem Namen ein Aktivvermögen erwerben kann. Das kann sie durchaus erwerben, nur muß sie dann im eigenen Namen handeln. Dieses Aktivvermögen aber – hier zeigt sich die Bedeutung der Verneinung der Identität der Vorgesellschaft und der künftigen jP – geht nur dann automatisch auf die entstandene jP über, wenn eine vorverlegte, bedingte Organhandlung der künftigen jP im obigen Sinne vorliegt. Das Aktivvermögen der Vorgesellschaft kann auch Rechte umfassen, deren Übertragung nicht bedingungsfeindlich ist. Der Erwerb jedoch durch die Vorgesellschaft oder durch eine vorgeschobene Person ist bei bedingungsfeindlichen Rechtsgeschäften die beste Methode, diese bedingungsfeindlichen Rechtsgeschäfte für die jP zu sichern. Sonst kann nämlich nur eine Übertragungspflicht des Berechtigten zugunsten der jP statuiert werden, dieser Berechtigte bietet jedoch hinsichtlich der immer noch erforderlichen Erfüllungshandlungen nicht so große Garantien wie die Mitglieder der jP.

Die Übertragungspflicht der Vorgesellschaft hinsichtlich deren Aktivvermögens, soweit die vorerwähnte bedingte Organhandlung zugunsten der künftigen AG nicht vorliegt, darf nicht befremden. Die Personenidentität bedeutet keine Rechtssubjektsidentität und es ist unumstrittene Tatsache, daß die Mitglieder einer jP parallel auch eine Personalgesellschaft betreiben können (z. B. Doppelgesellschaft), ohne daß etwa wegen der Zweck- und Anteilegleichheit eine Identität bestünde[189]. Übertragungsakte sind deshalb auch dann erforderlich, wenn eine Gesellschaft bürgerlichen Rechtes, OHG oder KG sich in eine AG, GmbH oder Gen umwandelt, obwohl die Personen, die Anteile und der Zweck identisch bleiben[190]. Es ist dabei nur eine Tatfrage, ob die Übertragungsakte von den einzelnen Gesellschaftern nach Auflösung und

---

[189] BGH 27.1.59 (BB 59, 353 f), BFH 23.7.57 (DB 58, 999), 25.6.57 (Die AG 57, 282 f), OLG Oldenburg 3.6.55 (BB 55, 713), LAG Düsseldorf 10.10.52 (BB 52, 1026), OGH 24.2.49 (OGHZ 1, 347 ff), RG 15.5.36 (RGZ 151, 321 ff) 21.4.36 (RGZ 151, 139 ff), 4.6.32 (RGZ 136, 402 ff), 21.2.16 (RGZ 88, 122 ff). Hierzu gehört auch die Rechtsprechung darüber, daß die Zweigstelle eines Verbandes (Dachvereins) trotz Mitgliegeridentität einen selbständigen nrfV darstellen kann, falls diese Zweigstelle die entsprechende verwaltungs- und vermögensmäßige Autonomie besitzt: BGH 8.2.52 (RdA 52, 159), RG 14.10.27 (RGZ 118, 196 ff), RAG 18.10.30 (ArbRspr 31, 85), KG 6.7.28 (JW 28, 3261), RG 25.2.27 (JW 27, 2363), PreußOVG 4.7.11 (PreußVerwBl 33, 566), RAG 26.10.29 (Slg 5, 1), 9.5.28 (Slg 1, 349), RG 29.10.26 (R. 26 Nr. 1331), 26.9.12 (R. 12 Nr. 3166), 13.5.12 (R. 12 Nr. 2130), OLG Hamburg 14.5.08 (R. 08 Nr. 2452), RG 1.12.09 (DJZ 10, 314), OLG Hamburg31.3.13 (HansGZ 14 Beibl. 173).

[190] BFH 20.2.58 (BStBl 58 III 271), 27.11.52 (Slg 57, 114 ff), OFH 12.5.50 (Slg 54, 481 ff), RG 22.1.18 (RGZ 91, 428 ff), 26.4.10 (RGZ 74, 6 ff), OLG Dresden 8.5.05 (R. 05 Nr. 1002).

Auseinandersetzung der Personalgesellschaft oder ohne diese Auseinandersetzung durch die Vertreter der Gesellschaft selbst vorzunehmen sind[191]. Ein Subjektswechsel bleibt in diesen beiden Fällen unvermeidlich. Die Interessenlage, die für die Identität der Vorgesellschaft und der jP angeblich spricht, müßte hier auch die Übertragungsakte überflüssig machen, das ist aber nicht der Fall. Etwas anderes wäre nur dann möglich, wenn diese Identität zu den Fällen des Durchgriffs auf das Substrat der jP hinzuzuzählen wäre.

Die Tatsache, daß die Vorgesellschaft als solcheVermögen erwirbt, das nicht automatisch auf die entstandene jP übergeht, stellt die Frage der Rechtsnatur dieser Vorgesellschaft. Hier ist jedoch diese Frage nicht abschließend zu beantworten. Es geht hier nur um die Natur dieses Vermögens der Vorgesellschaft, falls sie Vermögen erwirbt. Es besteht m. E. kein Bedenken, dieses Vermögen als Gesamthandsvermögen zu charakterisieren, § 719 BGB[192].

§ 19. Die Belastung der entstehenden AG mit Verpflichtungen.

I. Verpflichtungen außerhalb der Mitgliedschaftsregelung.

1. Verpflichtungen, die vor Eintragung der AG in ihrem Namen eingegangen werden können.

Sondervorteile, Gründungsaufwand, Gründungslohn und Sachübernahmen sind nach §§ 19, 20 AktG[193] von der Aufnahme der entsprechenden Vereinbarungen in die Satzung abhängig. § 34 Abs. 3 AktG ergänzt diese Bestimmungen dadurch, daß er solche Vereinbarungen von Genehmigungsverfahren nach § 34 Abs. 2 AktG ausschließt. Zwar erwähnt § 34 Abs. 3 AktG nicht den Gründungslohn und den Gründungsaufwand, aber nach § 19 Abs. 3 Satz 2 AktG kommt man auf dasselbe hinaus. Wenn nämlich die Unwirksamkeit solcher, in die Satzung nicht aufgenommener Vereinbarungen auch eine Satzungsänderung nicht heilen kann, dann kann das vielmehr die Genehmigung seitens des Vorstandes nicht tun.

In allen diesen Fällen handelt es sich um Vereinbarungen, die entweder Umsatzgeschäfte oder einseitige Verpflichtungen der AG betreffen. Aus Rücksicht auf Interessen der Allgemeinheit und der Aktionäre wird die Wirksamkeit dieser Vereinbarungen und deren Erfüllungshandlungen von der Aufnahme des Grundinhalts dieser Abmachungen in die Satzung abhängig gemacht. Es handelt sich auf alle Fälle um Abmachungen, die mit Dritten oder mit Aktionären als Dritten getroffen werden und den Inhalt der Mitgliedschaft nicht beeinflussen. Die Aufnahme in die Satzung bedeutet jedoch noch

---

[191] Vgl. folgende Anmerkung.

[192] BGH 29.10.52 (L-M 1 zu § 11 GmbHG), OLG München 4.5.51 (GRUR 51, 468 ff), RG 18.1.34 (RGZ 143, 212 ff), 16.10.15 (RGZ 87, 246 ff), 29.4.11 (RGZ 76, 276 ff), 17.4.03 (RGZ 54, 297 ff), KG 17.10.35 (JW 35, 3638), RG 7.5.09 (RGZ 71, 140 ff), OLG Frankfurt 29.6.16 (LZ 17, 145), RG 8.12.36 (RGZ 154, 65), OLG Hamburg 27.3.11 (HansGZ 11 Beibl. 281).

[193] Im GmbHG ist diese Aufnahme nicht vorgesehen und demgemäß fehlt auch das dem § 34 Abs. 3 AktG entsprechende Übernahmeverbot. Nur wegen des Einlageverrechnungsverbotes müssen u. U. solche Verträge in die Satzung aufgenommen werden, vgl. z. B. BGH 10.11.58 (NJW 59, 383 f), 13.10.54 (BGHZ 15, 52 ff).

keinen Vertragsabschluß der AG mit den Betroffenen. Sie dient vielmehr einerseits der Publizität und andererseits dem Schutz der Aktionäre, von deren Zustimmung die Wirksamkeit der Abmachungen abhängig ist. Die Zustimmung der Aktionäre in der Form der entsprechenden Satzungsgestaltung kann deshalb nicht nach außen hin wirken und etwa einen Anspruch der in der Satzung erwähnten Dritten auf Vertragsabschluß mit den Organen der AG begründen, weil die Aktionäre kein Vertretungsorgan der AG sind. Aus ihren Handlungen, ob sie die Form von Beschlüssen oder Satzungsvorschriften haben, können Dritte keine Rechte ableiten. Die Satzungsvorschriften wirken nur als interne Vorgänge der AG und als Ermächtigung des Vorstandes, die entsprechenden Vereinbarungen zu treffen.

Im Gesetz wird nun nichts darüber gesagt, ob die entsprechenden Vereinbarungen schon vor der Eintragung der AG getroffen werden müssen oder ob sie das nur können und ob im letzteren Fall Voraussetzung der Abschlußtätigkeit des Vorstandes das Vorhandensein einer festgestellten Satzung ist. Aus der Anmeldungspflicht nach § 29 Abs. 2 Ziffer 2 AktG ergibt sich zunächst, daß diese Verträge schon vor der Eintragung abgeschlossen werden *können*. Man kann aber nicht zugleich daraus den Schluß ziehen, daß die Verträge auch zu diesem Zeitpunkt abgeschlossen sein *müssen*. Dieser Schluß würde der Natur dieser Vorschrift widersprechen, die nur den Umfang der Anmeldungspflicht regeln will. Später abgeschlossene Verträge sind zwar nach dieser Vorschrift ebenfalls anzumelden, daraus ergibt sich aber nicht etwa, daß die Abmachungen der §§ 19, 20 AktG unwirksam sind, weil sie nach der Eintragung der AG getroffen wurden. Ihre Aufnahme in die Satzung erlaubt auch einen späteren Abschluß.

Im Gesetz wird weiter nichts darüber gesagt, mit welchen Personen die Dritten ihre Vereinbarungen treffen sollen. M. E. ist hier eine Abschlußtätigkeit des Vorstandes erforderlich, da ja nur er die AG vertreten kann und es nicht einzusehen ist, warum es vor der Eintragung der AG anders sein sollte. Das AktG statuiert nämlich keine Vertretungsmacht der Gründer vor Eintragung der AG. Der Grundsatz der ausschließlichen Vertretungsmacht des Vorstandes erleidet aber keinen Durchbruch, wenn man im Fall des Gründungsaufwands, der Sondervorteile und des Gründungslohnes die Gründer als Vertreter ohne Vertretungsmacht ansieht, deren Handlungen der Vorstand notwendigerweise genehmigt hat und genehmigen mußte, als er seine Bestellung angenommen hat, soweit diese Abmachungen in die Satzung aufgenommen wurden. Ohne diese Vereinbarungen hätten sich nämlich die Gründer auf die Gründung der AG und somit auch auf die Bestellung eines Aufsichtsrates und mittelbar auch eines Vorstandes gar nicht eingelassen. Bei den Sachübernahmen ist andererseits die Annahme einer solchen Genehmigung bzw. Vollmachtserteilung des Vorstandes an die Gründer keine notwendige Konsequenz seiner Amtsübernahme, sondern allein eine Auslegungsfrage[194]. Wenn der Vorstand

[194] Dies gilt auch für die GmbH und die Genossenschaft. Das GmbHG und das GenG schreiben die Aufnahme bestimmter Umsatzgeschäfte in die Satzung nicht vor. Die Gründererklärung bindet den Vorstand, wenn sie a) in der Satzung erwähnt wird und b) von der Annahme seines Amtes untrennbar war. Es ist Auslegungsfrage, ob er auch eine anderweitige Gründertätigkeit durch Ermächtigung oder Bevollmächtigung anerkannt hat. Diese Auffassung führt zur analogen Anwendung

aber schon selbst vor Eintragung der AG diese Abmachungen treffen kann, dann kann er auch andere, nämlich die Gründer dazu bevollmächtigen. Deshalb ist es keine Ausnahme vom Grundsatz seiner ausschließlichen Vertretungsmacht, wenn er die Gründer dazu bevollmächtigt oder ihre Handlungen genehmigt. Diese Genehmigungsmöglicheit zeigt zugleich, daß diese Abmachungen nicht erst vom Vorstand und somit nicht erst nach Satzungsfeststellung getroffen werden können. Erst aber dann können sie genehmigt werden, weil diese Genehmigung immer eine Vorstandshandlung ist.

Die Konstruktion einer solchen Betätigung des Vorstandes vor Eintragung der AG unterscheidet sich nicht von den vorverlegten, bedingten Erwerbshandlungen des Vorstandes, die oben, § 18, III, 2, untersucht wurden. Sie belasten automatisch die entstehende AG und enthalten stillschweigend die Bedingung der Eintragung der AG. Eine Haftung des Handelnden ist – bis auf die Honorare der an der Gründung herangezogenen Notare, Anwälte

---

der §§ 19, 20 AktG auf die GmbH und die Genossenschaft dahin, daß zwar die Aufnahme in die Satzung fakultativ bleibt und die spätere Genehmigung durch die Nichtaufnahme keineswegs ausgeschlossen ist, daß aber die Aufnahme zugleich ein Handeln vor der Eintragung der GmbH und der Genossenschaft ermöglicht. Das wird ein Handeln des Vorstandes sein müssen (wegen der Ausschließlichkeit seiner Vertretungsmacht) oder Dritter mit seiner Genehmigung. – Die Identitätstheorie vertritt hierbei den automatischen Eintritt der jP in die notwendigen bzw. in die Satzung aufgenommenen Rechtsgeschäfte, ohne die Frage zu untersuchen, ob überhaupt und wie ein Vertragsschluß mit dem Gegner vorliegen soll (dazu vgl. Anm. 187). Sie behauptet nur, daß der Vorstand schon vor Eintragung zur Vornahme dieser sog. notwendigen Geschäfte *befugt* ist, z. B. RG 12.11.35 (RGZ 149, 293 ff), OLG München 22.6.00 (SeuffA 56, 96: bei der AG *müssen* sogar die Sachübernahmen vor Eintragung stattfinden).

[194a] § 34 Abs. 1 Satz 2 AktG muß m. E. dahin ausgelegt werden, daß er den Handelnden nur dann haften läßt, wenn es sich um Verpflichtungen und Verfügungen handelt, die auf die AG nur im Wege der Genehmigung nach § 34 Abs. 2 AktG übergehen können. Gehen solche Verpflichtungen auf die AG ohne Genehmigung ihrer Organe nach Eintragung über, dann muß die Haftung des Handelnden m. E. deshalb entfallen, weil diese Abreden automatisch die Bedingung der Eintragung der jP in sich tragen. Bei solchen bedingten Verträgen entfällt bekanntlich die Haftung der Handelnden, RG 17.1.94 (RGZ 32, 97 ff), OLG Dresden 11.4.16 (OLGR 34, 356), OLG München 25.10.11 (OLGR 24, 135: der Handelnde haftet nicht, wenn die eingetragene AG automatisch haftet), ROHG 3.5.62 (ROHG 6, 94). Die Vereinbarung dieser Bedingung wirkt wie vertragliche Ausschließung der Haftung des Handelnden, die ja möglich ist. Nur die Gründungskosten sind durch die Eintragung nicht bedingt und deshalb greift die Haftung des Handelnden immer Platz; diese Haftung muß aber beim Übergang der Verpflichtung auf die jP auch aufhören, a. A. LG Bochum 2.10.25 (JW 26, 624). Die Praxis kennt viele Fälle, wo die Gründer die Gründungskosten übernehmen, z. B. RG 2.1.12 (RGZ 78, 169 ff), 18.9.17 (JW 18, 177), 24.9.12 (RGZ 80, 115 ff). Die Haftung des Handelnden wird sich sowieso aus der Inanspruchnahme der Notare usw. ergeben, OLG München 14.8.03 (R. 03 Nr. 2405). Bei Sacheinlagen und Gründerlohn entfällt die Haftung des Handelnden auch deshalb, weil diese Personen nicht als Dritte dem Handelnden gegenüber stehen. Die Haftung des Handelnden gilt ja nur Dritten gegenüber, OLG Hamburg (HansGZ 17 B 233, ohne Datum), 7.7.09 (OLGR 20, 32), OLG München 22.12.30 (BayRPflZ 31, 163), ad hoc OLG Colmar 11.5.04 (OLGR 9, 265). Die Nichthaftung in solchen Fällen ist deshalb notwendig und unvermeidlich, weil diese Abreden nur von der jP erfüllt werden können. Der Handelnde hat also keine Erfüllungsmöglichkeit.

Die Geschäfte, die ohne Genehmigung auf die jP übergehen, werden im Schrifttum als „notwendige Geschäfte" bezeichnet. Genauer wäre die Bezeichnung „erlaubte Geschäfte", die je nach jP verschieden sind. Sie schließen auf alle Fälle die Haftung des

und anderer Fachleute – im Zweifel nicht vorhanden[194a]. Ein Vorstandswechsel berührt die Wirksamkeit der Handlungen des abgelösten Vorstandes nach Maßgabe der oben entwickelten Grundsätze.

Nicht untersucht zu werden braucht der Begriff des Gründungslohnes, Gründungsaufwands und der Sachübernahmen. Unter Verweisung auf das diesbezügliche Schrifttum, insbesondere Kommentarschrifttum, genügt es hier, darauf hinzuweisen, daß jede Einschränkung bzw. Erweiterung dieser Begriffe umgekehrt die Erweiterung bzw. Einschränkung der Haftung des Handelnden und der nach Eintragung der AG genehmigungspflichtigen Abreden des § 34 Abs. 1 Satz 2 und Abs. 2 AktG zur Folge hat (Arg. § 19 Abs. 3 Satz 2 und § 34 Abs. 3 AktG[195]). – Hinzuzufügen ist noch, daß das Schicksal der Verpflichtungen aus den hier untersuchten Vereinbarungen mit dem Erwerb der an die AG erbrachten Gegenleistung nichts zu tun hat. Ob dieser Erwerb vor Eintragung möglich ist, beurteilt sich nach den oben, § 17 und insb. § 18, III, 2, dargestellten Grundsätze. Ein Erwerb der Vorgesellschaft ist kein Erwerb der AG und somit keine Vertragserfüllung seitens des Partners. Aus der Unwirksamkeit des Verpflichtungsgeschäftes wird der Erwerb in zweierlei Hinsicht jedoch beeinflußt: bei synallagematischen Verträgen entsteht auch zugunsten der AG kein Anspruch gegen den Gegner, wenn ihre eigene Verpflichtung nicht wirksam entstanden ist, und eine etwa an die AG erbrachte Leistung, die nach § 18, III, 2 wirksam wäre, kann nach den allgemeinen zivilrechtlichen Grundsätzen rückgängig gemacht werden.

2. Verpflichtungen, die vor Eintragung der AG nur im Namen des Handelnden eingegangen werden können.

Sonstige Verpflichtungen (d.h. bis auf die zu 1 untersuchten) unterliegen nach dem AktG einer doppelten Regelung. Sie belasten nur denjenigen, der bei der Vornahme der entsprechenden Abmachung als Handelnder anzusehen ist, § 34 Abs. 1 Satz 2 AktG[196]. Zulasten der AG wirken sie nur dann, wenn

---

Handelnden aus. Es wäre sinnlos, eine solche Vertretungsbefugnis des Vorstandes vor der Eintragung dahin zu verstehen, daß er sich dadurch persönlich haftbar macht. Die Vertretungsbefugnis muß eben bedeuten, daß er diese Abreden treffen kann, ohne daß dadurch seine persönliche Haftung entsteht. Diese Vertretungsbefugnis des Vorstandes bedeutet, daß nur in diesem Rahmen vorverlegte Organhandlungen zu Lasten der künftigen jP möglich sind. Darüber hinaus gehende Verpflichtungsgeschäfte müssen von der AG nach Eintragung genehmigt werden, die Genehmigung kann allerdings bei formfreien Abreden auch stillschweigend sein, RG 23.3.28 (Warn 28, 103), 4.1.21 (R. 21 Nr. 920), 12. 6. 14 (R. 14 Nr. 2748). Übertrieben scheint die Konstruktion des Reichsgerichts zu sein, daß bei einer für den Handelnden befreienden Genehmigung bzw. bei der Befreiung schlechthin dieser wegen des § 181 BGB nicht mitwirken kann, falls er zugleich Handelnder und Organ ist, RG 14.5.07 (LZ 07, 661), 7.2.02 (RGZ 51, 422). Die Befreiung ist ja privative Schuldübernahme, die nur mit dem Gläubiger abgeschlossen wird. Gegen die prinzipielle Anwendung des § 181 BGB auf die Gründung einer jP ist sonst nichts einzuwenden, nur bestätigt diese Anwendung die vertragliche Natur der Gründung, RG 20.3.08 (RGZ 68, 172), KG 24.9.08 (OLGR 19, 297).

[195] *R. v. Godin,* AcP 147, 26 ff.

[196] So ist die Frage zu beantworten, in wessen Namen im Zweifel die nicht notwendigen Geschäfte vor Eintragung der AG abgeschlossen werden (dahingestellt in BGH 15.6.55, L-M 6 zu § 11 GmbHG; als Tatfrage bezeichnet in RG 27.3.97, (RGZ

die Vertretungsorgane der AG nach deren Eintragung die entsprechenden Verpflichtungen übernommen haben.

Eine Mitwirkung des Schuldners bei dieser Schuldübernahme ist unter den Voraussetzungen des § 34 Abs. 2 AktG überflüssig. Die Schuldübernahme durch einseitige Genehmigungserklärung nach § 34 Abs. 2 AktG oder durch Vertrag mit dem Gläubiger muß nach Eintragung der AG stattfinden, weil die Bestimmungen des § 34 Abs. 1 Satz 2 und Abs. 2 AktG offensichtlich den Grundsatz aufstellen, daß verpflichtende Vertretungshandlungen der AG nur nach Eintragung möglich sind. Trifft aber dieses zu, dann liegt in der Genehmigung bzw. im Abschluß des Schuldübernahmevertrages – dieser ist erforderlich, falls die Frist des § 34 Abs. 2 AktG erfolglos verstrichen ist und der Gläubiger sich vertraglich nicht für längere Zeit gebunden hat – eine Vertretungshandlung der AG vor, die naturgemäß nur vom Vorstand vorgenommen werden kann. Deshalb kann die Genehmigung bzw. der Abschluß des Vertrages durch den Vorstand nicht etwa dadurch überflüssig gemacht werden, daß die Genehmigung bzw. der Vertragsabschluß von den Mitgliedern der AG durch Beschluß oder Satzungsänderung ersetzt werden.

Auch die Aufnahme in die ursprüngliche Satzung ist möglich und zulässig nur für die Fälle der §§ 19, 20 AktG und darüber hinaus bleibt sie wirkungslos. Das ergibt sich aus der Zielsetzung der §§ 19, 20 AktG über die Aufnahme dieser Abreden in die Satzung einerseits und des § 34 Abs. 1 Satz 2, Abs. 2 AktG über das Erfordernis einer Verpflichtungserklärung der AG durch ihre Organe nach Eintragung andererseits. Die Aufnahme in die Satzung bezweckt Publizität und Einwilligung der Aktionäre und macht eine Handlung der Organe der AG nicht überflüssig, nur ermöglicht sie eine solche Handlung schon vor Eintragung der AG. Das Erfordernis der Genehmigung andererseits schließt Verpflichtungshandlungen der Organe vor der Eintragung der AG aus und macht solche Verpflichtungen von einer Vertretungshandlung der AG nach deren Eintragung abhängig. Eine Mitwirkung der Aktionäre in Form der Satzungsfeststellung ist dabei irrelevant, weil die Satzungsfeststellung nach Entstehung der AG – und erst dann verlangt das Gesetz eine Vertretungshandlung der AG – diese nach außen hin nicht binden kann. Als verantwortliches Vertretungsorgan hat der Vorstand allein darüber zu entscheiden, ob die Genehmigung erteilt werden soll oder nicht.

39, 25 ff). Damit zusammen hängt die Frage, ob der Handelnde aus seinen Abschlüssen persönlich berechtigt ist (dafür: KG 8.10.36, JW 37, 46; dagegen – wenigstens nach Übernahme seitens der jP – RG 20.3.24, LZ 24, 466). Auf jeden Fall ist seine Haftung so geartet, als ob es sich um die Haftung der AG oder GmbH selbst handelte (z. B. hinsichtlich Schiedsklausel, Verjährung usw.: RG 1.6.27, RGZ 117, 192 ff, KG 10.4.29, JW 29, 2163).

[197] Gleiches gilt für die GmbH und die Genossenschaft, die ebenfalls eine ausschließliche Vertretungsmacht des Vorstandes kennen. Genehmigungshandlungen der Mitgliederversammlung sind also nur beim Verein und bei der Stiftung möglich, wo die Vertretungsmacht des Vorstandes beschränkbar ist. Trotzdem hat die Rechtsprechung Beschlüsse der Mitgliederversammlungen als Genehmigungen behandelt z.B. bei Gen BGH 23.4.56 (BGHZ 20, 281 ff). Das ist aber inkonsequent, da, wenn die Außenwirkung der Satzung schlechthin verneint wird (RG 30.3.42, RGZ 169, 65 ff), dann muß vielmehr den Beschlüssen der Mitglieder die Außenwirkung versagt bleiben. (Die Außenwirkung der Satzung ist konsequenterweise im Vereinsrecht bejaht worden, indem Außenstehenden aufgrund der Satzung ein Aufnahmeanspruch gegen

Auch wenn die Satzung die Genehmigung vorgesehen hätte, wirkt diese Satzungbestimmung nicht nach außen und der Vorstand bleibt immer noch das nach außen hin wirksam handelnde Gesellschaftsorgan[197]. Wir haben ja oben gesehen, daß er auch bei den Sachübernahmen mitwirken muß und daß er durch die Sachübernahmebestimmung der Satzung nicht zum Abschluß des Sachübernahmevertrages verpflichtet ist. Im Bereich der Genehmigung bzw. der vertraglichen Schuldübernahme nach § 34 Abs. 2 AktG besteht den Sachübernahmeverträgen gegenüber der Unterschied, daß die Satzungsbestimmung über diese gesetzmäßig ist und die Vorstandshaftung ausschließt, während die Satzungsbestimmung über die Schuldübernahme nicht gesetzmäßig ist und die Vorstandshaftung nicht ausschließt (§ 84 Abs. 4 Satz 1 AktG ist wohl auf Fälle analog anzuwenden, wo die Handlung des Vorstandes nicht auf Beschluß der HV, sondern direkt auf der Satzung beruht).

---

den Verein zuerkannt wurde, RG 23.11.22, RGZ 106, 120 ff, 19.11.00, RGZ 47, 76 ff). Die Außenwirkung von Mitgliederbeschlüssen hat implicite das Reichsgericht dadurch bejaht (7.7.11, RGZ 77, 44 ff), daß es eine Übernahme von neugeschaffenen Mitgliedschaften in der Mitgliederversammlung seitens anwesender, alter Mitglieder zuläßt oder daß es den Beschluß der Mitgliederversammlung über Verteilung des Vermögens einer jP in der Liquidation als Veräußerungsvertrag zwischen jP und Mitgliedern deutet. Beides gehört jedoch mehr oder weniger zur Mitgliedschaftsregelung, deren Außenwirkung nicht angezweifelt werden kann.

Im Bereich der Identitätstheorie finden sich Formulierungen, die auf eine Außenwirkung von Mitgliederbeschlüssen vor Eintragung schließen. Nach RG 20.4.04 (RGZ 58, 55 ff) können die Gründer einer GmbH schon vor Eintragung die notwendigen Anordnungen mit dem Vorbehalt treffen, daß die sich hieraus ergebenden Rechte und Pflichten ohne weiteres für die GmbH nach ihrer Eintragung wirksam werden sollen. Eine Außenwirkung der Satzung dahin, daß aus Geschäftsführungsbindungen bei AG, GmbH und Gen Dritte Rechte ableiten können, ist abgelehnt worden in RG 17.11.99 (RGZ 45, 150 ff).

Da die Mitgliederversammlung nicht vertretungsberechtigt ist, muß man solchenfalls eine Genehmigung des Vorstandes verlangen, § 182 BGB, obwohl ein Genehmigungsbeschluß der Mitglieder schon vorliegt. Vertretungsberechtigt wäre die Mitgliederversammlung im Vereinsrecht nur nach der Eintragung der entsprechenden Satzungsänderungen, BGH 21.10.55 (BGHZ 18, 303 ff), bei Berggewerkschaften allerdings auch ohne Satzungsänderungen, RG 1.4.36 (RGZ 151, 78 ff). Es ist eine andere Frage, ob der Vorstand die Mitglieder bevollmächtigt oder ihre Handlung nachher genehmigt, z. B. RG 22.5.36 (RGZ 151, 287 ff). BGB 16.6.55 (BGHZ 17, 385 ff) leitet aus konkreten Bestimmungen des GenG die Möglichkeit eines für die einzutragende Gen verbindlichen Handelns des Vorstandes schon vor Eintragung der Gen ab; diese Schlußfolgerung kann aber aus dem GenG nicht gezogen werden, da das GenG durch diese Vorschriften nichts darüber sagt, in wessen Namen diese Vorstandshandlungen vorzunehmen sind. Fragwürdig ist auch die Behauptung der Entscheidung, daß – im Gegenteil zur AG und GmbH – eine „Genossenschaft" schon vor der Eintragung besteht, weil ihre Entstehung von der Eintragung „unabhängig" ist. Die Eintragung wirkt für alle handelsrechtlichen jPen gleichmäßig, also konstitutiv. Ebenfalls fragwürdig ist die Aussage (BGH 15.6.55, L-M 6 zu § 11 GmbHG), daß dem deutschen Recht der Grundsatz bekannt sei, daß im Namen einer erstentstehenden jP schon verbindlich vor der Eintragung gehandelt werden könne. Man muß vielmehr das Gegenteil behaupten, da die jPen – wenigstens im Handelsrecht – nur dann durch Voreintragungsgeschäfte verpflichtet werden, wenn sie diese Geschäfte nachher genehmigen, oder wenn diese Geschäfte eine Aufnahme in die Satzung gefunden haben. Argument dafür, daß Verpflichtungen zu Lasten einer jP vor ihrer Eintragung grundsätzlich nicht eingegangen werden können, ist gerade die Haftung des Handelnden und das Genehmigungserfordernis, § 34 Absatz 1 und 2 AktG, § 11 Absatz 2 GmbHG, § 54 Satz 2 BGB.

Welche Verpflichtungen somit durch Genehmigung bzw. Schuldübernahme nach Eintragung der AG diese belasten können, braucht hier nicht besonders untersucht zu werden. Dazu gehören auf jeden Fall die einseitig verpflichtenden Verträge bzw. einseitige Rechtsgeschäfte und im allgemeinen alles, was nicht unter §§ 19, 20 AktG fällt. Die letzteren Fälle, die unter §§ 19, 20 AktG fallen, können nach Eintragung der AG entweder im Nachgründungsverfahren vorgenommen werden (so für die Fälle des § 20 AktG nach § 45 Abs. 9 AktG) oder nicht mehr wirksam vorgenommen werden (§ 19 Abs. 3, § 49 Abs. 9 AktG). Von den gegenseitigen Verträgen gehören andererseits nicht alle zu dem § 19 und insb. § 20 AktG. Sachübernahmeverträge in einschränkender Auslegung dieser Terminologie sind nur Verträge, die die AG zur Übernahme von Sachlieferungen gegen Sach- oder Barmittel verpflichten oder ebenfalls gegen Bar- oder Sachmittel zum derivativen Erwerb von Rechten, etwa Patenten führen. Verträge, die der AG Ansprüche auf Dienstleistungen und immaterielle Leistungen jeder Art verschaffen oder sie gegen Entgelt zu Dienst- oder Sachleistungen verpflichten, ebenfalls Gesellschaftsgründungsverträge sind keine Sachübernahmeverträge. Diese Auslegung entspricht m. E. am besten den Bedürfnissen der Praxis und weder der Wortlaut noch der Zweck des § 20 AktG sprechen gegen diese lockere Handhabung der Regelung der Sachübernahmen.

Das Ergebnis nun dieser Untersuchung ist also, daß die Verpflichtungen aus diesen Vereinbarungen niemals automatisch auf die entstehende AG übergehen, auch wenn sie in der Satzung vorgesehen sind. Das Gegenteil ist mit den Vorgängen der §§ 19, 20 AktG der Fall. Diese gehen, falls sie in der Satzung vorgesehen sind und eine Vertretungshandlung des Vorstands oder seiner Bevollmächtigten vor der Eintragung der AG schon dem Partner der AG gegenüber vorliegt, automatisch auf die AG mit ihrer Eintragung über. Die enge Auslegung des Sachübernahmebegriffes hat nicht nur die Folge, daß das Nachgründungsverfahren, sondern daß auch die Anfangsbelastung der entstehenden AG durch Verpflichtungen eingeschränkt werden.

Nur durch das gesetzliche Erfordernis der Anstellung und Bestellung von Organen vor der Eintragung der AG wird der Grundsatz des § 34 Abs. 2 AktG dahin durchbrochen, daß diese Handlungen der AG gegenüber ohne Aufnahme in die Satzung – sie sind ja keine Sachübernahmen – und ohne nachträgliche Genehmigung wirksam sind. Würde man auch für sie eine Genehmigung nach § 34 Abs. 2 AktG verlangen, so würde das bedeuten, daß vorher die Anstellung und Bestellung der AG gegenüber unwirksam ist. Das kann aber angesichts der Tatsache, daß das AktG selbst in § 23 die Bestellung und somit auch die Anstellung verlangt, nicht angenommen werden. Wenn es sie verlangt, dann muß es sie auch ermöglichen. Die Haftung des Handelnden nach Eintragung der AG entfällt also, weil es sich um Dauerverhältnisse handelt und diese auf die AG übergegangen sind. Diese Wirkung hat zwar nach der Rechtsprechung[198] nur die Schuldübernahme nach § 34 Abs. 2 AktG,

[198] BGH 15.6.55 (L-M 6 zu § 11 GmbHG), OLG Frankfurt 18.6.53 (GmbHR 54, 12), BGH 21.11.52 (L-M 2 zu § 11 GmbHG), LAG Mannheim 21.3.52 (RdA 52, 359), RG 28.1.27 (RGZ 116, 71 ff), 1.6.27 (RGZ 117, 192 ff), OLG Frankfurt, 21.12.08 (R 09 Nr. 147).

muß aber vielmehr auch der gesetzliche Übergang solcher Dauerverhältnisse auf die AG haben. Ob die Handelnden (Gründer gegenüber dem Aufsichtsrat, Aufsichtsrat gegenüber dem Vorstand) dafür haften, daß der Bestellte schon für seine Tätigkeit vor Eintragung der AG honoriert wird und daß die AG tatsächlich entsteht, ist Tatfrage. Wegen des § 98 Abs. 2 AktG wird eine Haftung der Gründer dem Aufsichtsrat gegenüber in diesem Sinne unwahrscheinlich sein. Gleiches gilt für den Vorstand, der am Gründungsverfahren ebensosehr eine maßgebende Rolle spielt wie die Gründer und für den Erfolg bzw. das Scheitern der Gründung meistens mitverantwortlich sein wird. Eine Haftung der Gründer ist aber, obwohl unwahrscheinlich, nicht ausgeschlossen. Die entstehende AG wird allerdings von den Anstellungs- und Bestellungsverträgen nur für die Zeit *nach* der Eintragung verpflichtet. Sie hat also die Gehälter und Tantiemen usw. nur für diese Zeit, nicht für die Zeit vor Eintragung der AG zu leisten. Gehälter für die Zeit vor der Eintragung sind ja Gründungsaufwand, weil die Tätigkeit der Organe vor Eintragung der AG von Gesetzes wegen nur einen Zweck hat, nämlich die Entstehung der AG als jP. Gehaltsansprüche des Vorstandes für Dienstleistungen vor der Eintragung der AG unterliegen also dem § 19 AktG und können daher nach Eintragung der AG weder übernommen noch erfüllt noch durch Nachgründungsverfahren bzw. durch Satzungsänderung geheilt werden. Die Frage entsteht allerdings nur für den Vorstand, da die Bezüge des ersten Aufsichtsrates der Sonderregelung des § 98 Abs. 2 AktG unterliegen. Gründungsaufwand in diesem Sinne sind alle Entgelte für Dienstleistungen, die zugunsten der AG vor der Eintragung erbracht werden und somit nur die Entstehung der AG zu fördern bestimmt sind. Für das Übernahmeverfahren des § 34 Abs. 2 AktG bleiben also nur solche Verpflichtungen von Bedeutung, die für die Gründung nicht erforderlich waren. Waren sie für die Gründung erforderlich, dann sind sie Gründungsaufwand und fallen unter § 19 AktG. Die sog. Identitätstherorie vertritt z. T. die Ansicht, daß „gründungsnotwendige Geschäfte" auf die AG automatisch übergehen, während gerade diese Geschäfte, soweit sie Verpflichtungen für die AG erzeugen sollen, als Gründungsaufwand behandelt und dem § 19 AktG unterworfen werden. Gründungsaufwand in diesem Sinne sind allerdings die juristisch notwendigen Geschäfte, die auch dann vorzunehmen sind, wenn die AG wegen Unterbleibens der Eintragung nicht entsteht. Sie sind dann juristisch notwendig, wenn sie die juristischen Voraussetzungen dieser Eintragung bilden (also Rechtsanwälte, Notare, Steuerberater, Vorstände, Aufsichtsräte, Banken als Kontostellen für den Vorstand, deren Tätigkeit vor der Eintragung der AG vergütet werden soll, sind auf § 19 AktG angewiesen). Der Übernahmeweg des § 34 Abs. 2 AktG steht somit nur den sog. wirtschaftlich notwendigen Geschäften offen.

II. Verpflichtungen der AG in Bezug auf die Mitgliedschaft.

Verpflichtungen der AG, die mit der Mitgliedschaftsregelung der Satzung in Verbindung stehen[199], sind die Sacheinlagen, die gemäß § 20 AktG in die Satzung aufzunehmen sind und ohne diese Aufnahme nach der Eintragung der AG weder durch Übernahme noch durch Satzungsänderung, wohl aber durch Nachgründung geheilt werden können, § 34 Abs. 3, § 20 Abs. 3, § 45 Abs. 9 AktG. Da im Bereich der Mitgliedschaftsregelung die Satzung, wie schon dargestellt, eine Außenwirkung besitzt, sind Organhandlungen zur Begründung der Sacheinlagepflichten bzw. der Rechte auf die Sacheinlagen nicht erforderlich. Es genügt die Aufnahme in die Satzung, die ein schwächeres Formerfordernis des schuldrechtlichen Vertrages ersetzt. Ist für diesen Vertrag eine stärkere Form vorgeschrieben, so muß man einen Anspruch der Partner auf Einhaltung dieser Form und formgerechten Abschluß der Sacheinlagepflicht bejahen. Organhandlungen sind demgegenüber hinsichtlich der Erfüllung der Sacheinlagepflichten erforderlich, solange § 82 Satz 2 BGB keine Anwendung findet. Wir haben oben § 17, III, 2 die Auffassung zu begründen versucht, daß eine Erfüllung der Sacheinlagepflichten, wenn auch

---

[199] Das GmbH- und Genossenschaftsrecht schreibt die Aufnahme von Sachübernahmen und Gründungsaufwand in die Satzung nicht vor. Diese Abreden sind also einerseits genehmigungsfähig und andererseits genehmigungspflichtig, falls sie vor der Eintragung getroffen wurden. Gegen eine analoge Anwendung des § 34 Abs. 2 AktG (einseitige Übernahmemöglichkeit der eingetragenen jP) dürfte nichts sprechen, dagegen jedoch BGH 21.11.52 (L-M 2 zu § 11 GmbHG). Daß ohne diese Genehmigung solche Abreden die GmbH oder Gen nicht binden, ist auch in der Rechtsprechung gesagt worden, BGH 23.4.56 (BGHZ 20, 281 ff, Genossenschaft). In die Satzung aufzunehmen und ohne diese Aufnahme unheilbar sind somit bei der GmbH und der Gen nur die Modalitäten der Mitgliedschaftsregelung, etwa Bar- oder Sacheinlagen, Gründervorteile, Sonderrechte oder Nebenpflichten (Sacheinlagen sind allerdings bei der Gen unzulässig, RG 23.2.07, RGZ 65, 223 ff). Dies ist keine analoge Anwendung der §§ 19, 20 AktG auf die GmbH oder die Gen, sondern eine Folge davon, daß die Mitgliedschaftsregelung nur in der Satzung getroffen werden kann. Da die Mitgliedschaftsregelung den Befugnissen der Vertretungsorgane bei GmbH und Gen entzogen ist, kommt eine Genehmigung dieser Abreden durch die entstandene GmbH oder Gen nicht in Frage. Praktisch gilt also auch im GmbH-Recht der § 34 Abs. 3 AktG hinsichtlich der Mitgliedschaftsregelung, vgl. RG 26.10.40 (RGZ 165, 129 ff). Satzungsänderung heilt aber eine unwirksame Mitgliedschaftsregelung, etwa Gründerlohn (RG 28.6.29, RGZ 125, 323 ff, 22.5.13, RGZ 82, 299 ff). Die Rechtsprechung hat allerdings die Unwirksamkeit der in der GmbH-Satzung nicht aufgenommenen Sacheinlageabreden mit einer analogen Anwendung der aktienrechtlichen Vorschriften, insbes. § 186 Abs. 4 HGB = § 20 Abs. 2 AktG begründet, RG 27.9.27 (RGZ 118, 113 ff). Diese analoge Anwendung hat einen Sinn nur hinsichtlich des Schicksales der Erfüllungsgeschäfte, die, falls die aktienrechtlichen Vorschriften nicht analog anzuwennden wären, nur dann unwirksam sein würden, wenn sie kausal wären. Für den Fall der GmbH hat also der von § 20 Absatz 2 Satz 1 AktG beigelegte Streit über die Wirksamkeit der Erfüllung einer unwirksamen Sacheinlageabrede immer noch Bedeutung, dazu vgl. zuletzt RG 19.5.41 (RGZ 167, 99 ff), 13.10.30 (RGZ 130, 248 ff). Das RG 9.10.16 (LZ 17, 141) hat implicite ohne Satzungsaufnahme die Wirksamkeit des Erfüllungsgeschäftes einer unwirksamen Sacheinlageabrede bei der GmbH verneint. Gründersondervorteile bei der GmbH wurden ohne Berufung auf das Aktienrecht für unwirksam gehalten, falls sie in die Satzung nicht aufgenommen waren, RG 16.4.26 (RGZ 113, 241 ff).

diese in bedingter Form zivilrechtlich möglich wäre, vor Eintragung der AG aktienrechtlich nicht zugelassen ist. Wäre sie zugelassen – wobei allerdings die bedingte Zurechnung nach Zivilrecht ein nicht bedingungsfeindliches Erwerbsgeschäft voraussetzt – dann würde die AG mit der Eintragung auch die so geleisteten Sacheinlagegegenstände erwerben. Hier liegt der Fall genauso wie bei einer Personalgesellschaft, wo nach § 718 BGB der Anspruch auf Übereignung automatisch der entstandenen Gesellschaft zukommt, dadurch aber die Erfüllungshandlung keinesfalls überflüssig wird. Von einer „Identität" kann also hier keine Rede sein. Was für Sacheinlagen gilt, gilt auch für Sonderrechte als Sondervorteile gemäß § 19 AktG, nur hier ist die Heilung einer etwaigen Unwirksamkeit nach Eintragung der AG weder durch Satzungsänderung noch durch Nachgründung und m. E. auch nicht durch Übernahme nach § 34 Abs. 2 AktG möglich. Sonderrechte (Sondervorteile) wirken obligatorisch zugunsten und zulasten der AG automatisch, weil im Bereich der Mitgliedschaftsregelung Vertretungshandlungen nicht erforderlich sind. Die Erfüllungshandlungen bleiben jedoch unerläßlich.

III. Die Wirkung von Verfügungen.

Anläßlich der Zulässigkeit der Entgegennahme von Einlagen seitens der Organe der AG vor deren Eintragung wurde schon der Standpunkt vertreten, daß die entstehende AG durch § 34 Abs. 1 Satz 2 und Abs. 2 AktG nicht nur gegen die Belastung mit Verpflichtungen, sondern auch gegen die Belastung mit dinglich wirkenden sonstigen Verfügungs- (= Veräußerungs-) vorgängen geschützt werden soll. Wie die Organe und deren Bevollmächtigte vor Eintragung der AG keine Verpflichtung im Namen der AG und mit Wirkung gegen sie vornehmen können, so können sie auch keine Verfügungen während dieser Zeit zulasten der AG vornehmen.

Hier muß man jedoch eine Unterscheidung beachten. Das Einlagevermögen der AG kann nach § 28 Abs. 2 Satz 1 AktG bei der Anmeldung um Steuern und Gebühren gekürzt sein, die ihrerseits nur dann für die AG bezahlt werden durften, wenn sie unter den Voraussetzungen des § 19 AktG als Gründungsaufwand in der Satzung vorgesehen waren. Verfügungsgeschäfte also im Bereich des Einlage- und Agiovermögens der AG sind also nur nach Maßgabe des § 28 Abs. 2 Satz 1 AktG zulässig. Aus diesem Vermögen dürfen demnach auch nicht Verpflichtungen erfüllt werden, die von der AG nach §§ 19, 20 AktG wirksam übernommen sind[200].

Nun gilt § 28 Abs. 2 Satz 1 AktG erstens nur für die Zeit bis zur Anmeldung der AG und zweitens nur für das Einlage- und Agiovermögen. Nach der Anmeldung hinsichtlich des ganzen Vermögens der AG, vor dieser Anmeldung hinsichtlich eines etwaigen sonstigen Vermögens der AG gelten die

[200] Der Vorbehalt des § 28 Abs. 2 AktG fehlt in der entsprechenden Bestimmung des GmbHG § 8 Abs. 2. Nach stenger Auslegung sind also bei der GmbH bis zur Anmeldung gar keine Verfügungen gesetzlich zugelassen. Die entsprechende Anwendung des § 28 Abs. 2 AktG auf die GmbH ist daher nur angebracht. Bei der Gen fehlt die Bestimmung des § 28 Abs. 2 AktG, § 8 Abs. 2 GmbHG ganz. Für sie gilt also auch vor der Anmeldung das, was auch nach der Anmeldung zu gelten hat, vgl. Anm. 197.

Grundsätze des § 34 Abs. 2 Satz 2 und der §§ 19, 20 AktG. Danach sind Verfügungen vor Eintragung der AG nur soweit zulässig als sie zur Erfüllung wirksamer, nach Maßgabe der §§ 19 und 20 AktG übernommener Verpflichtungen dienen. Betreffen diese Verfügungen Verpflichtungen, die nach §§ 19, 20 AktG nicht wirksam übernommen wurden, so sind sie für die entstandene AG auch dem Gegner gegenüber unwirksam, §19 Abs. 3, § 20 Abs. 3 AktG. Die AG kann dinglich durch Herausgabeansprüche gegen ihn vorgehen. Zugleich belasten diese Verfügungen nur denjenigen, der sie vorgenommen hat, § 34 Abs. 1 Satz 2 AktG. Weder er noch der Empfänger der Leistung kann also etwas gegen die AG einwenden. Ob die Verfügungsgeschäfte kausal sind oder nicht, spielt für die Unwirksamkeit nach § 19 Abs. 3, § 20 Abs. 3 AktG keine Rolle.

Für sonstige Verfügungen der Zeit vor Eintragung muß man folgendes beachten: Verfügungen aus dem Vermögen, das jemand im eigenen Namen, aber für Rechnung, d. h. zugunsten der künftigen AG besitzt, spielen hier keine Rolle, sie können höchstens nur seine Haftung der AG gegenüber begründen. Es kommen nur Verfügungen in Frage, die das begingte künftige, durch vorverlegte Organhandlungen des Vorstandes erworbene Vermögen der AG belasten sollen. Den Verfügungen, die schon vor Eintragung der AG wirken sollen, steht der § 161 BGB entgegen, der solche Verfügungen, die den bedingten Erwerb der AG vereiteln, für unwirksam erklärt. Den Verfügungen andererseits, die unter der Bedingung der Eintragung der AG, somit bedingt – soweit sie nicht bedingungsfeinlich sind – vorgenommen wurden, steht § 34 Abs. 2 AktG entgegen, der eine Genehmigung der AG als Wirksamkeitsvoraussetzung der Verfügung verlangt. Diese Genemigung – sie wirkt wie die Einwilligung des § 185 BGB – entfällt nur dann, wenn es sich um Erfüllung wirksamer, nach §§ 19, 20 AktG übernommener Verpflichtungen handelt. In diesen Fällen muß die Wirkung des § 161 BGB entfallen. Da allerdings diese erlaubten Verfügungen unter der Voraussetzung (Bedingung) der Entstehung der AG stehen, können sie nur dann vorgenommen werden, wenn es sich um nicht bedingungsfeindliche Verfügungsgeschäfte handelt. Die Haftung des Handelnden bleibt außerhalb der Fälle der §§ 19, 20 AktG unberührt.

IV. Abschließende Bemerkungen zur Belastung der entstehenden AG mit Verpflichtungen.

1. Verträge.

Keiner Sonderbehandlung bedürfen die Verträge in der Zeit vor Eintragung der AG. Soweit ein genetisches Synallagma vorliegt, entstehen die Rechte der AG nur dann, wenn auch ihre Pflichten zugunsten des Partners wirksam werden. Vertraglich können natürlich die Partner davon abweichen.

2. Gesetzliche Verpflichtungen.

Die Unwirksamkeit der Verpflichtungen, die nach Eintragung der AG nicht übernommen wurden, umfaßt selbstverständlich nicht die gesetzlichen

Verpflichtungen, z. B. Steuerpflichten der AG. Es muß sich allerdings um gesetzliche Steuerpflichten handeln, die kraft Gesetzes die AG belasten, obwohl der Steuertatbestand etwa vor der Eintragung liegt[201]. Die Haftung der entstehenden AG aus Quasikontrakten, etwa aus Geschäftsführung ohne Auftrag, beruht nicht auf dem Gesetz, weil es sich ja hier eben um quasi-vertragliche Tatbestände handelt. Diejenigen also, die im eigenen Namen für die AG gehandelt haben, können sich nicht auf die Bestimmungen der Geschäftsführung ohne Auftrag berufen, um Ansprüche gegen die eingetragene AG daraus abzuleiten. Bereicherungsansprüche sind hiergegen gesetzliche Verpflichtungen, die von der Bestimmung des § 34 Abs. 1 Satz 2 und Abs. 2 AktG nicht betroffen werden[202] und für die AG gefahrlos sind, weil sie ja erstens eine Bereicherung voraussetzen und andererseits über diese nicht hinausgehen können.

3. Delikte.

§ 34 Abs. 2, auch Abs. 1 Satz 2 AktG schließt eine Haftung der AG, wenn schon für Verpflichtungen, dann vielmehr auch für Delikte aus der Zeit vor der Eintragung aus. § 31 BGB und auch § 831 BGB können für Delikte aus der Zeit vor Eintragung der AG zulasten der entstehenden AG nicht angewandt werden. Die eingetragene AG kann allerdings die Verpflichtungen der Personen, die rechtswidrig gehandelt haben, übernehmen. Die Haftung der Handelnden bleibt natürlich, wie auch beim § 31 und § 831 BGB dadurch unberührt[203].

4. Schuldübernahmen.

Unter welchen Voraussetzungen sich der Dritte die befreiende Schuldübernahme der entstandenen AG auch nach Fristablauf nach § 34 Abs. 2 AktG gefallen lassen muß, ist Auslegungsfrage und braucht hier nicht erörtert zu werden. Überhaupt gehört die Haftung des Handelnden nicht zur rechtsdogmatischen Problematik des Gründungsvorganges.

5. Haftung der AG nach § 25 HGB und § 419 BGB.

Eine Haftung der AG für Verbindlichkeiten, die vor ihrer Eintragung entstanden sind, kann auf § 25 HGB und § 419 BGB beruhen[204], wenn die

---

[201] Das ist der Fall bei der Gesellschaftssteuer, die die AG für Leistungen ihrer Gesellschaftter an sie gemäß KVStG § 10 nach der Eintragung schuldet, obwohl die Leistungen vor der Eintragung erbracht wurden, BFH 2.4.52 (Slg. 56, 384 ff), OFH 19.4.50 (BB 50, 389). Eine andere Frage ist dabei, ob die Gesellschaftssteuer nach dem Wert der Leistungen im Leistungszeitpunkt – so OFH a.a.O. – oder im Eintragungszeitpunkt zu berechnen ist.

[202] So für die GmbH: BGH 29.10.52 (L-M 1 zu § 11 GmbHG).

[203] LAG Frankfurt 20.2.53 (RdA 53, 195 ff), RG 25.6.90 (RGZ 28, 238 ff), 20.9.11 (JW 11, 939), 20.6.07 (R 07 Nr. 241).

[204] Aus der Fortführung eines Handelsgeschäftes nebst Firma durch die Vorgesellschaft kann andererseits die unbeschränkte, aber beschränkbare Haftung der Vorgesellschaftsmitglieder vor der Eintragung abgeleitet werden, OLG Saarbrücken 9.3.51 (JZ 52, 35), RG 13.2.34 (RGZ 143, 368 ff), OLG Dresden 16.4.19 (SächsOLG 40, 254 ff). Die Haftung der AG aus § 25 HGB bejahen mehrere Entscheidungen, RG 11.5.42 (RGZ 169, 133 ff), 20.10.34 (RGZ 145, 275 ff), 15.12.31 (RGZ 135, 104 ff), 9.12.30 (RGZ 131, 27 ff), 30.10.14 (RJA 15, 39), 12.10.07 (LZ 08,59), RG

Voraussetzungen dieser Bestimmungen gegeben sind. Die Fortführung jedoch des Handelsgeschäfts bzw. die Übernahme eines Vermögens sind Vorgänge, die erst mit der Eintragung und nach ihr vollzogen werden. Nur nämlich eine bestehende, also eingetragene AG kann das Geschäft fortführen oder das Vermögen erwerben. Die Haftung beruht also auf dem Fortführungs- bzw. Erwerbstatbestand, der erst nach Eintragung der AG virulent wird. Dadurch wird also das Prinzip des § 34 Abs. 1 Satz 2, Abs. 2 AktG nicht durchbrochen. Auch der Erwerb des Vermögens bzw. des Handelsgeschäftes im Wege der Sacheinlage erfüllt u. U. den Tatbestand der § 25 HGB und § 419 BGB. Ist inzwischen das Geschäft von der Vorgesellschaft bzw. vom Vorstand, nach § 34 Abs. 1 Satz 2 AktG notwendigerweise im eigenen Namen des Handelnden fortgeführt worden, so kann dadurch eine Haftung der AG für Schulden der Vorgesellschaft über das Maß des § 34 Abs. 2 AktG hinaus entstehen. Das darf aber nicht befremden, weil es sich um eine gesetzliche Haftung handelt. Gleiches gilt für § 419 BGB.

6. Fragen des § 181 BGB.

Die Genehmigung bzw. Schuldübernahme der AG erfolgt nach § 34 Abs. 2 AktG, wie schon dargestellt, durch den Vorstand. Ist er der Handelnde zugleich gewesen, der nach § 34 Abs. 1 Satz 2 AktG haftet, so kann die Frage des Selbstkontrahierungsverbots nach § 181 BGB auftauchen. § 181 BGB greift jedoch nicht Platz, weil in der Genehmigung bzw. Schuldübernahme kein Vertragsabschluß der AG mit ihm erblickt werden kann. § 181 BGB greift aber wohl Platz, wenn Abmachungen der AG mit dem Handelnden getroffen werden (z. B. zwecks Erstattung etwa von ihm erbrachter Leistungen an den Gegner, die sich die AG anrechnen ließ). Vgl. Anm. 194a (a. E.).

7. Geschäftsführung ohne Auftrag.

Oben zu 2 wurde der Standpunkt vertreten, daß zulasten der entstehenden AG ohne ihre Genehmigung auch keine Verpflichtungen aus Geschäftsführung ohne Auftrag entstehen können. Da nun der Vorstand zugleich in Anstellungsverhältnis zur AG steht, fragt es sich, ob er in der Lage ist, Aufwendungen vor Eintragung der AG im eigenen Namen zu machen, die er nach Eintragung nach § 670 BGB zurückverlangen kann. Das ist deshalb zu verneinen, weil er dadurch einen eigenen Anspruch gegen die AG durch eigenes Handeln begründet. Dieses aber fällt offensichtlich unter § 181 BGB. Aus dem Anstellungsverhältnis kann er sich allerdings zur Herausgabe des von ihm persönlich Erworbenen verpflichten, § 667 BGB, wenn er diesen Weg beim Erwerb eines Gegenstandes vorgezogen hat, dessen Übertragung bedingungsfeindlich und somit im Wege der bedingten Zurechnung un-

---

R. 09 Nr. 2528*, OLG Dresden 16.4.19 (SächsOLG 40, 254). Ebenfalls bejaht wird die Haftung aus § 419 BGB, RG 5.6.35 (RGZ 148, 257 ff), 9.12.30 (RGZ 131, 27 ff), 4.11.31 (RGZ 134, 121 ff). Der Tatbestand des § 419 BGB ist insbes. bei Veräußerung des Vermögens einer jP im ganzen gegeben, z. B. RG 7.7.25 (RGZ 111, 227 ff), 29.5.23 (RGZ 107, 31 ff). Das RG 9.12.30 (RGZ 131, 27 ff) läßt dabei die Erklärung des § 25 Abs. 2 HGB schon vor Eintragung zu, jedoch nicht vor Errichtung. Deshalb muß die Kenntnis des Erwerbers, daß er ein ganzes Vermögen erwirbt, eine Kenntnis der Organe der jP sein, RG 3.3.39 (RGZ 160, 7 ff).

möglich war. Die Herausgabe kann er durch Insichgeschäft vollziehen, weil er dadurch allein eine Verbindlichkeit erfüllt, § 181 BGB.

8. Heilung unwirksamer Verpflichtungsabreden.

Bei Sachübernahmen, die nach § 34 Abs. 3 AktG nicht übernommen werden können, scheint eine Lücke im Gesetz dadurch zu entstehen, daß der einzige Heilungsweg, der für sie gegeben ist, nämlich das Nachgründungsverfahren, nur für Fälle über eine bestimmte Summe hinaus vorgeschrieben ist. Für Sacheinlagen und Sachübernahmen, die unwirksam wegen Nichtaufnahme in die Satzung sind und die ein Zehntel des Grundkapitals nicht ausmachen, scheint somit das Nachgründungsverfahren nach § 45 Abs. 1 AktG unmöglich. Zugleich schließen die §§ 19, 20 (jeweils Abs. 3) AktG die Heilung durch Satzungsänderung aus. Die Lücke ist m. E. dadurch auszufüllen, daß man das Nachgründungsverfahren zwecks Heilung dieser Vorgänge auch unter der Grenze des einen Zehntels zuläßt. Zu bemerken ist noch, daß § 20 Abs. 3 AktG die Heilung einer unwirksamen Sacheinlageabrede durch Satzungsänderung ausschließt und daß daran auch durch das Nachgründungsverfahren nichts geändert werden kann, weil dies ja noch nicht einmal eine Satzungsänderung bringt. Für Sacheinlagen und für die Vorgänge des § 19 AktG ist also das Nachgründungsverfahren keine Hilfe. Interessant ist es allein für unwirksame Sachübernahmen und für diese darf es eben an der Mindestgrenze des § 45 Abs. 1 AktG m. E. nicht festgehalten werden. Im Entwurf eines neuen AktG müßte eigentlich das Nachgründungsverfahren, das ja beibehalten worden ist, auch die Fälle des § 19 AktG umfassen und eine Klarstellung darüber gebracht werden, ob das Übernahmeverbot des § 34 Abs. 3 AktG auch die Vorgänge des § 19 AktG betrifft – was eben in der vorliegenden Arbeit bejaht wurde.

§ 20. Der Vermögenserwerb der entstehenden AG und die Aktienrechtsreform.

Eine Reform des Aktienrechtes hätte das Gründungsverfahren ohne Gefahren vereinfachen können. Die Angst des Gesetzgebers gegen Sachgründung ist in der heutigen inflationsbedrohten Zeit sehr fragwürdig. Trotzdem wären die Sacheinlagebestimmungen in der jetzigen Form beizubehalten. Ebenfalls wären beizubehalten die Vorschriften, daß nur die entstandene AG Verpflichtungen aus der Zeit vor Eintragung übernehmen kann und daß ohne diese Übernahme die AG nicht verpflichtet wird. Die Übernahme-, Satzungsänderungs- und Nachgründungsbeschränkungen jedoch müßten *nur für die Sacheinlagen und Sondervorteile* (Sonderrechte) beibehalten werden. Für *Umsatzgeschäfte* müßte man demgegenüber die Vertretungsmacht des Vorstandes nach Entstehung der AG durch Nachgründungserfordernisse bzw. Übernahmeverbote nicht mehr einschränken, sondern wie für alle Bereiche der Vertretung der AG ihm auch in dieser Beziehung eine unbeschränkte Vertretungsmacht zubilligen, die allerdings mit verschärfter Haftung gekoppelt sein würde. Diese Änderung wäre m. E. die einzige konsequente Durchführung des Prinzips der ausschließlichen und unbeschränkten Vertretungsmacht des Vorstandes auch auf Umsatzgeschäfte, die mit der Gründung zusammenhängen. Nur die Mitgliedschaftsregelung kann man ihm nicht überlassen und deshalb müßten Sacheinlagen und Gründervorteile der heutigen Regelung unterstellt bleiben. Bei Zugrundelegung dieser Vorstellungen würden bei einer Reform der Gründungsbestimmungen rechtstechnisch folgende Änderungen vorzunehmen sein: a) Das Übernahmeverbot des § 34 Abs. 3 AktG wäre auf Sacheinlagen zu beschränken; b) § 45 AktG wäre völlig abzuschaffen; c) § 20 AktG müßte die Regelung der Sacheinlagen und Gründersondervorteile vereinigen und sie von einer Aufnahme in die Satzung ohne jegliche Heiligungsmöglichkeit abhängig machen; d) § 19 AktG müßte ein Handeln des Vorstandes vor Eintragung der AG für Gründungsaufwand und Sachübernahmen zulassen, soweit die entsprechenden Abreden in die Satzung aufgenommen sind; e) § 34 Abs. 2 müßte die Genehmigung des Vorstandes nach Eintragung der AG für alle, vor Eintragung der AG nicht wirksam übernommene Verpflichtungen bzw. getroffene Verfügungen verlangen, aber zugleich auch zulassen. f) Die heutige Gründungshaftung wäre aufrechtzuerhalten. Ebenfalls wünschenswert wäre bei einer Reform die Regelung der Bezüge des ersten Vorstandes, etwa in Anlehnung an § 98 Abs. 2 AktG. Zuletzt wäre von einer Reform die Klarstellung zu erwarten, daß die Haftung des Handelnden nicht Platz greift, wenn die Handlung ordnungsgemäß der AG zugerechnet wird (z. B. bei Aufnahme in die Satzung oder bei der Anstellung und Bestellung der gründungsnotwendigen Organe, d. h. des Aufsichtsrates und Vorstands).

Achtes Kapitel

Die Eintragung und die Folgen ihres Unterbleibens

§ 21. Die Wirkung der Eintragung.

Die bisherige Darstellung ergibt die doppelte Funktion der Eintragung: Sie vollendet den Gründungstatbestand und wirkt somit „konstitutiv" einerseits, andererseits bewirkt sie, daß die mit der Eintragung entstandene juristische Person alles das erwirbt, was ihr von Gesetzes wegen, durch Verträge zugunsten Dritter und durch vorverlegte, bedingte Organhandlungen ausbedungen worden ist.

1. Gründungsvollendung.

Das AktG steht unzweideutig auf dem Boden einer konstitutiven Eintragung, § 34 Abs. 1 Satz 1 AktG. Die konstitutive Gründungseintragung hat während des Bestehens der AG ihr Analogon in der konstitutiven Eintragung von Satzungsänderungen, § 148 Abs. 3, § 156, § 177, § 193 Satz 1, erste Alternative, § 170 Abs. 1, § 182 Abs. 2 AktG. Die zweite Alternative von § 193 Satz 1 und der § 167 AktG bleiben somit Ausnahmen. Die konstitutive Eintragung ist auch bei der Verschmelzung und Umwandlung vorgesehen. Die diesbezüglichen Bestimmungen brauchen nicht aufgezählt zu werden.

Die Tatsache, daß auch für einzelne Satzungänderungen eine konstitutive Eintragung bis auf die erwähnten zwei Ausnahmen erforderlich ist, zeigt zugleich, daß die Eintragung nicht allein die Entstehung der AG als selbständiger Zuordnungspunkt von Rechten und Pflichten, wie zu dieser Annahme die Formulierung des § 34 Abs. 1 Satz 1 AktG verleiten könnte, sondern auch die materielle Wirksamkeit der Satzung der AG[205] und somit auch der von ihr geregelten Rechtsverhältnisse bedingt. Es ist daher inkonsequent, die konstitutive Wirkung der Eintragung nur auf einen Teil des beabsichtigten Rechtserfolges, nämlich „nur" der Rechtsfähigkeit zu beschränken. Die Eintragung ist konstitutiv erforderlich für die gesamte Rechtsfolge, d. h. auch für die Mitglieder- und Organverhältnisse, die von der Rechtsfähigkeit nicht ge-

---

[205] Daher die Ablehnung einer Rückwirkung der Satzungsänderung, z. B. AG München 27.10.58 (BB 59, 57), OLG München 27.9.57 (GmbHR 58, 77 f), BFH 24.6.57 (Die AG 58, 18 f), BGH 1.3.56 (BGHZ 20, 144 ff), z. T. a. M. KG 19.2.42 (DR 42, 735 mit Angaben). Steuerrechtlich wird die Wirkung der Satzungsänderung u. U. jedoch vorverlegt, BFH 12.11.57 (BStBl 58 III 42), 12.11.57 (BB 58, 184), FG Düsseldorf 27.2.57 (EFG 57, 243*, Rückwirkung der Gründungseintragung).

trennt werden können. Die Satzung als solche bindet zwar die Gründungsteilnehmer schon in einzelnen gesetzlich vorgesehenen Fällen schon vor der Eintragung, diese Bindung bedeutet aber keinen Teileintritt der Rechtsfolge, sondern nur eine Teilverwirklichung des Gründungstatbestandes. Die Bindung durch die Teilverwirklichung des Gründungstatbestandes beruht darauf, daß die Teilverwirklichung des Tatbestandes die daran beteiligten Personen zur Ergänzung des Tatbestandes verpflichtet und daß die Ergänzung nur unter Aufrechterhaltung des vorangegangenen Tatbestandsteils „Ergänzung“ heißen kann. Alles dies ist schon ausgeführt worden und braucht hier nicht wiederholt zu werden. Ohne Aufrechterhaltung des vorangegangenen Tatbestandsteils liegt nicht eine Ergänzung, sondern ein neuer Tatbestand vor. Eine Teilverwirklichung der Rechtsfolge muß auch als dem Willen der Gründer widersprechend bezeichnet werden, weil die Gründungserklärungen gesetzlich typisiert sind und in dieser gesetzlichen Typisierung als einziger rechtlich relevanter Inhalt die Unterwerfung der Mitglieder unter die Satzung zugelassen ist. Da nun ihrerseits die Satzung – bis auf die Vorschriften, die für die Voreintragungszeit gelten – mit der Eintragung ihre Wirkung entfaltet, liegt es auf der Hand, daß ein anderer Partnerwille aktienrechtlich gar nicht beachtlich ist. Aktienrechtlich ist nur die Teilverwirklichung dahin zulässig, daß eine erhöhte Mindesteinlagezahlung an den Vorstand vor Anmeldung der AG einzuzahlen ist. Sonst bleibt der Vorstand an seine gesetzlichen Pflichten und Rechte gebunden.

2. Vermögenserwerb.

Die andere Wirkung ist der Erwerb des Vermögens, daß zugunsten der AG unter der Bedingung ihrer Eintragung ausbedungen worden ist. Die Organe können nunmehr uneingeschränkt Verpflichtungs-, Berechtigungs- und Verfügungsgeschäfte im Namen der jP vornehmen, ohne auf Bedingungsfeindlichkeit usw. angewiesen zu sein. Geschäfte dieser Art, die vor der Eintragung vorgenommen wurden, konnten nur bedingt vorgenommen werden, weil ja eine direkte Zuordnung der Rechtsfolgen und Zurechnung der Tatbestände einen virulenten Zuordnungspunkt voraussetzt, den es ja erst mit der Eintragung, d. h. mit der Vollendung des Gründungstatbestandes gibt. Ein unbedingtes Organhandeln vor Eintragung der AG ist somit logisch ausgeschlossen. Auf diesem Grundsatz beruht die Darstellung im 6. Kapitel der Arbeit. Vor Eintragung der AG ist somit unmittelbarer, unbedingter Geschäftsabschluß nur im eigenen Namen des Handelnden oder im Namen anderer vorhandenen, von ihm vertretenen Rechtssubjekten möglich. Er wirkt für oder gegen sie und die AG wird dadurch nur dann berechtigt oder verpflichtet, wenn dieser unmittelbare Erwerb dritter, mit der AG nicht identischer Personen mit einem bedingten Erwerb oder einem Vertrag zugunsten Dritter oder einem automatischen gesetzlichen Übergangstatbestand zugunsten der künftigen AG gekoppelt ist. Bis zur Eintragung der AG besteht hinsichtlich ihrer Berechtigung bzw. Verpflichtung der bei allen Bedingungen geläufige Schwebezustand und die unbedingte Rechts- bzw. Pflichtenträgerschaft des jeweiligen Vermögensträgers. Ob dieser die Vorgesellschaft, der Vorstand oder ein Dritter ist, spielt keine Rolle, da in allen diesen Fällen (wenigstens bis zur Eintragung) andere und nicht die AG Vermögensträger sein können und müssen.

Gleiches gilt für den nicht rechtsfähigen Verein, die nicht eingetragene GmbH und die nicht eingetragene Genossenschaft. Ob die jeweils aktuellen Vermögensträger Bindungen zugunsten der künftigen jP eingegangen sind, – die Möglichkeit davon ist nach den Grundsätzen des 7. Kapitels der Arbeit zu beurteilen –, ist eine andere Frage. Das besagt offensichtlich die Bestimmung des § 54 Satz 1 BGB, wenn sie Gesellschaftsrecht vor Eintragung der jP für anwendbar erklärt. Im Bereich der Vermögensträgerschaft bedeutet diese Bestimmung nur, daß Vermögensträger entweder die Mitglieder im Wege der Vertretung oder einige von ihnen bzw. auch Dritte sind, letzteres wenn keine Außengesellschaft vorliegt.

§ 22. Das Unterbleiben der Eintragung.

I. Die Abwicklung des Gründungsverbandes.

Nun kann die Eintragung der AG unterbleiben. Die erste Alternative solchenfalls ist, daß eine Abwicklung des Gründungsverbandes stattfindet.

a. Die bedingt vorgenommenen Geschäfte entfalten solchenfalls naturgemäß keine Wirkung. Die Einlagen, die etwa vorgeleistet wurden, sind zurückzugewähren[206]. Ebenfalls ist alles zurückzugewähren, was Vorausleistungen auf die wirkungslosen bedingten Geschäfte darstellte. Gründer und Zeichner bekommen also ihre Einlagen sowie die Zeichnungsscheine zurück.

b. Den Partnern der bedingten Geschäfte, darunter auch den Mitgründern und insbesondere den Zeichnern können Schadensersatzansprüche gegen diejenigen zustehen, die die Bedingungserfüllung garantiert haben oder für den Nichteintritt der Bedingung bzw. für die Nichtentstehung der Mitgliedschaft nach allgemeinen Grundsätzen haften. Diese Haftung ist kein spezifisch aktienrechtliches Problem. Ebenfalls nicht spezifisch aktienrechtlich ist der interne Ausgleich einer gesamtschuldnerisch haftenden Personenmehrheit.

c. Unbedingte Rechtsgeschäfte können, wie schon gesagt, nur im Namen existenter Rechtssubjekte vorgenommen werden. Vor Eintragung der AG kommt also in Frage der jeweilige Handelnde und die von ihm Vertretenen. Sie haften nicht nach Aktienrecht, sondern ebenfalls nach allgemeinen Grundsätzen. Der interne Ausgleich bei Personenmehrheit ist Auslegungsfrage des einzelnen Falles, z. B. ob diese Personen einen Ausgleich nach Köpfen oder nach Kapitalanteilen gewollt haben. Haftungsbeschränkung ist für sie nicht gegeben. Solch unbedingte Rechtsgeschäfte werden meistens durch die Inanspruchnahme von Notaren, Anwälten, Wirtschaftsfachleuten, Zeichnungsstellen bei Stufengründung usw. durch die Gründer zustande kommen. Es ist durchaus möglich, daß intern nicht alle Handelnden haften, z. B. die Strohmänner, wenn sie vorgeschobene Personen eines anderen Gründers sind.

d. Rechtsgeschäfte, die im Namen der AG vor der Eintragung und nicht unter der Bedingung des Entstehens der jP[207] vorgenommen wurden, ver-

---

[206] BGH 13.6.58 (BB 58, 1035).
[207] BGH 21.1.58 (BB 58, 280).

pflichten nach § 34 Abs. 1 Satz 2 AktG nur den Handelnden persönlich und stellen somit keine Sonderkategorie den Geschäften zu c gegenüber dar. Die Frage des internen Ausgleichs ist bei eventueller Personenmehrheit hier auch keine spezifisch aktienrechtliche Frage. Es ist durchaus möglich, daß nach § 34 Abs. 1 Satz 2 AktG der Vorstand nach außen hin haftet, obwohl intern die Haftung in Form von Regreßansprüchen allein den Gründern zu Lasten fällt. Auch der andere Fall ist möglich, daß die Gründer intern nicht haften, weil der Vorstand die Geschäftsführungsbedingungen, die sie ihm auferlegt haben, verletzt hat.

Hier zeigt sich die Bedeutung des § 34 Abs. 1 Satz 2 AktG (auch des § 54 Satz 2 BGB, § 11 Abs. 2 GmbH), die darin besteht, daß der Handelnde auch dann haftet, wenn er für Rechnung und im Namen anderer gehandelt hat (z. B. als Strohmann oder der Vorstand im Namen der Gründer)[208], und daß diejenigen Personen, die sich mit seinem Handeln einverstanden erklärt haben, nach außen hin auch dann haften, wenn sie intern ihre Haftung ihm gegenüber ausgeschlossen oder beschränkt haben[209]. Im ersteren Fall sind die

---

[208] Schweiz. BG 5.7.57 (BGE 83 II 291 ff), BGH 21.5.57 (NJW 57, 1186), OLG Oldenburg 3.6.56 (BB 55, 713), LAG Bremen 19.3.52 (DB 52, 491), RG 22.5.13 (RGZ 82, 294 ff, Handelnder ist auch der Beauftragte oder Bevollmächtigte des Vorstandes), 22.7.26 (JW 26, 2907), 5.3.01 (JW 01, 253), 30.5.11 (LZ 11, 610: § 54 Satz 2 BGB setzt Vertretungsmacht nicht voraus), 4.12.06 (LZ 07, 142), OLG Hamburg 24.2.06 (OLGR 12, 249), RG 23.1.12 (R 12 Nr. 967).

[209] Die Rechtsprechung zur Haftung desjenigen, der mit dem Handelnden einverstanden war, hat die internen Beziehungen des Handelnden zu seinen Auftraggebern bisher nicht zu beurteilen gehabt. Sie hat nur die Haftung nach außen hin geprüft und bejaht, BGH 8.5.57 (BB 57, 726), 21.5.57 (NJW 57, 1186), 8.7.56 (GmbHR 57, 150 f), OLG Hamburg 8.7.55 (GmbHR 55, 228), BGH 15.6.55 (L-M 6 zu § 11 GmbHG), LAG Mannheim 21.3.52 (RdA 52, 359), OLG Saarbrücken 9.3.51 (JZ 52, 35), LG Berlin 13.10.50 (NJW 51, 281), RG 19.2.09 (RGZ 70, 296 ff), 22.9.03 (RGZ 55, 302 ff), RAG 12.3.30 (JW 30, 3790), OLG Dresden 13.11.05 (OLGR 14, 362), OLG Stuttgart 14.11.02 (OLGR 6, 27), OLG Frankfurt 28.4.04 (R 04 Nr. 2199) OLG Frankfurt 14.11.02 (R 03 Nr. 1607). Die Haftung des „mittelbar" Handelnden bejaht sie allerdings beim nicht rechtsfähigen Verein und bei der Vorgenossenschaft meistens nicht, OLG Nürnberg 24.2.55 (BayJMBl 55, 151*), LG Münster 24.10.51 (JR 53, 261), OLG Breslau 10.11.05 (OLGR 12, 3), jedoch PrOVG 29.3.38 (R 39 Nr. 928: Haftung der Mitglieder der Vorgenossenschaft für Steuerschulden bejaht). Die verschiedene Behandlung der Haftung des Handelnden vor der Entstehung einer jP macht natürlich die Frage, ob diese Haftung einen allgemeinen Grundsatz des deutschen Rechtes darstellt, nicht gegenstandslos (dahingestellt in RG 29.10.38, RGZ 159, 33 ff, bejaht vom Berufungsgericht in diesem Urteil). Gleichzeitig wird aber eine Haftbarkeit der Mitglieder des nicht rechtsfähigen Vereins und der Gen innerhalb und auf Grund der Vertretungsmacht des Vorstandes angenommen. Sie tritt neben die Haftung des Handelnden. Das Haftungssystem ist also vor der Eintragung folgendes: a) Haftung des unmittelbar Handelnden nach § 54 Satz 2 BGB, § 34 Abs. 1 Satz 2 AktG, § 11 Abs. 2 GmbHG, b) Haftung des mittelbar Handelnden nach § 34 Abs. 1 Satz 2 AktG und § 11 Abs. 2 GmbHG; beim rechtsfähigen Verein und bei der Vorgenossenschaft wird diese Haftung abgelehnt; sie ist sowie die Haftung zu a unbeschränkt; c) Haftung der Mitglieder nach Vertretungsrecht innerhalb der Vertretungsmacht der Organe; diese Haftung ist bei Betätigung von Grundhandelsgeschäften nach OGH-Recht unbeschränkbar, bei Betätigung sonstiger Art beschränkbar, beim nicht rechtsfähigen Verein sogar im Zweifel als beschränkt zu behandeln, vgl Anm. 223; d) bei Anwendung des § 31 BGB kommt hinzu die deliktische Haftung, e) es kann noch die Haftung aus § 25 HGB, § 419 BGB

Gründer, im letzteren der Handelnde regreßpflichtig[210]. Beim Handeln in der Form von unbedingten Geschäften im Namen bestehender Rechtssubjekte (oben zu c) findet § 34 Abs. 1 Satz 2 AktG keine Anwendung und die Haftung nach außen bzw. intern wird demgemäß nach Vertretungsrecht bzw. nach Auftragsrecht beurteilt.

e. Haben vor Eintragung der AG Erwerbstatbestände stattgefunden, die nicht unter der Bedingung der Eintragungen standen, sondern direkt wirken konnten, so liegt ein Erwerb entweder im Namen der Mitglieder des Gründungsverbandes oder des Handelnden vor. Nach BGB ist der Handelnde nach § 667 BGB bzw. nach § 681 Satz 2 BGB zur Herausgabe des Erlangten an die Geschäftsherren verpflichtet, die als Gläubigermehrheit zu behandeln sind, §§ 428 ff. BGB. Unter den Voraussetzungen der Geschäftsführung ohne Auftrag hat der Handelnde (also auch der Vorstand) Anspruch auf Ersatz seiner Aufwendungen bzw. auf Herausgabe der Bereicherung, §§ 683, 684 BGB.

f. Verfügungen kommen nicht in Betracht, weil diese, soweit sie aktienrechtlich vor der Eintragung zugelassen sind, nur bedingt für den Eintragungsfall vorgenommen werden können. Unbedingte Verfügungen, soweit sie vorgenommen wurden, betreffen entweder das bedingt erworbene Gesellschaftsvermögen seitens der Organe und sind somit nach § 161 BGB unwirksam oder belasten das unbedingt erworbene Vermögen der Organe (zu e) und spielen nur eine Rolle für die Bemessung der Ansprüche der Gründer gegen sie nach dem Recht der Geschäftsführung ohne Auftrag.

II. Fortbestand des Gründungsverbandes.

1. Die verschiedenen Möglichkeiten.

Die andere Alternative beim Unterbleiben der Eintragung ist das Festhalten an der Form der Gründungsgemeinschaft. Allerdings kann dieses Festhalten keinem Gründungsteilnehmer aufgezwungen werden. Nach Ablauf der Bindungsfrist im Zeichnungsschein bzw. der verkehrsmäßig üblichen Frist[211] kann er aus dem Gründungsverband austreten und seine Einlage zurückverlangen. Hat er sich bis dann mit einer über die juristisch notwendige

---

sowie die Haftung nach den Grundsätzen über die faktische Gesellschaft hinzukommen. Übersichtlich kann man dieses Haftungssystem nicht nennen.

Die Rechtsprechung prüft nicht, ob die interne Regreßhaftung und die Haftung des Handelnden nach außen hin den gleichen Umfang haben (etwa wie im Recht der OHG, z. B. RG 5.1.37, RGZ 153, 305 ff = JW 37, 1637 f mit Anm. *Würdinger*). Die Frage einer etwaigen Haftungsbeschränkung wird nur hinsichtlich der Außenverhältnisse geprüft, z. B. BGH 21.5.57 (NJW 57, 1186), AG Naila 16.7.53 (MDR 55, 234). Trotz unbeschränkter Außenhaftung wäre m. E. eine Beschränkung der internen Haftung der Mitglieder einer Vorgesellschaft u. U. angebracht, z. B. bei Strohmännern (RG 21.9.38, RGZ 158, 248).

[210] Vgl. vorige Anm.

[211] RG 8.12.36 (RGZ 154, 65 ff), 6.4.35 (RGZ 147, 257 ff; diese Entscheidung muß allerdings richtig verstanden werden: sie lehnt eine automatische Zeitbindung der Beitritterklärung ab, läßt aber eine Eintragungsfrist als Zeitbindung auf dem Beitrittserklärungsschein zu); wie die vorige Entscheidung ist auch OLG Köln, 28.11.34, JW 35, 227 zu verstehen; RG 28.9.15 (RGZ 87, 164 ff), 22.11.27 (RGZ 119, 179 ff), 28.9.15 (JW 16, 47), OLG München 21.12.32 (LZ 33, 546).

Gründungsvorbereitung hinausgehende Tätigkeit der Gründungsgemeinschaft einverstanden erklärt, so ist es eine Auslegungsfrage des einzelnen Falles, ob dadurch eine Personalgesellschaft gegründet worden ist. Ist dies zu bejahen, dann kann er seine Einlage nicht mehr zurückverlangen, sondern nur die Gesellschaft kündigen und Abfindungsansprüche geltend machen[212]. Trifft das nicht zu, so kann er ohne weiteres austreten sowie nach den Grundsätzen der Geschäftsführung ohne Auftrag die Herausgabe seines Anteils an etwa erworbenem Vermögen verlangen.

Ein faktisches oder ausdrückliches Festhalten an der Form der Gründungsgemeinschaft kann zweierlei bedeuten. Entweder wollen die Gründungsteilnehmer eine günstige Eintragungsmöglichkeit abwarten oder auf jeden Fall die Eintragung verschieben, ohne daß diese Gründungsgemeinschaft über ihren Zweck hinauskommt. Dieser Fall bereitet keine Schwierigkeiten.

Kompliziert und umstritten ist die Deutung dieses Festhaltens, wenn die Gründungsgemeinschaft eine über die juristisch notwendige Gründungsvorbereitung hinausgehende Tätigkeit entfalten soll, und/oder tatsächlich entfaltet. Solchenfalls sind zwei Probleme zu unterscheiden, erstens ob nach dieser Entwicklung die Eintragung immer noch möglich ist und zweitens wie die Verhältnisse bis zur Eintragung zu beurteilen sind. Nur die erstere von diesen beiden Fragen betrifft das Aktienrecht.

2. Die Eintragungsfähigkeit des fortbestehenden Verbands.

Die Frage der Eintragungsfähigkeit eines solchen Gebildes ist nach dem AktG zu beurteilen. Ist eine Bargründung beabsichtigt worden und liegen wegen dieser Tätigkeit der Vorgesellschaft die Voraussetzungen der Eintragung nicht mehr vor, weil etwa die Einlagen nicht bei einer Bank zur freien Verfügung des Vorstandes stehen, so ist die Eintragung unzulässig. Findet sie trotzdem statt, dann bleiben die Satzungsbestimmungen über die Einlagepflichten der Mitglieder und die Haftung der anmeldenden Personen bestehen. Hat sich inzwischen z. B. die Tätigkeit der Vorgesellschaft zu einem Unternehmen entwickelt, dann werden die Aktionäre der Bargründung von ihren Bareinlagepflichten auch dann nicht befreit, wenn das Unternehmen auf die AG übergeht. In diesen Fällen ist eine Neugründung vorzunehmen, die das Einbringen dieses Unternehmens als Einlagepflicht der Mitglieder vorsieht. Das Unternehmen der Vorgesellschaft gehört ja solchenfalls denjenigen, in deren Namen die entsprechenden Geschäfte getätigt wurden. Die Mitglieder tragen also die Gefahr des noch-einmal-leisten-müssens. Gleiches gilt, wenn

[212] Die Kündigungsmöglichkeit wäre auch dann gegeben, wenn keine Personalgesellschaft vorliegen würde, da ja eine Kündigung aus wichtigem Grunde bei allen Dauerschuldverhältnissen erlaubt ist, z. B. BGH 15.1.59 (BB 59, 355). Die Anwendung des Gesellschaftsrechtes hat hier Bedeutung für den Fall, daß eine Frist nicht vereinbart ist (§ 723 Abs. 1 BGB). Die Rechtsprechung hatte die Möglichkeit eines Widerrufs des Einverständnisses zur Aufnahme des Geschäftsbetriebes der Vorgesellschaft bejaht: BGH 8.7.57 (BB 57, 726), 8.7.56 (GmbHR 57, 150 f: „wenigstens aus wichtigem Grunde"), RG 19.2.09 (RGZ 70, 296). Dadurch dürfte die frühere Rechtsprechung über die Unmöglichkeit des Widerrufs einer unbefristeten Beitrittserklärung (z. B. RG 6.4.35, RGZ 147, 257 ff) aufgegeben sein. Bei Widerruf (Kündigung) entsteht nicht ein Einlageherausgabe-, sondern ein Auseinandersetzungsanspruch. Vgl. die Rechtsprechung zu den faktischen Vertragsverhältnissen.

Sachgründung beabsichtigt ist, und die Sachleistungen schon vor Eintragung der AG von der Vorgesellschaft in Anspruch genommen wurden.

3. Rechtsnatur des fortbestehenden Verbands.

Die nicht aktienrechtliche, zweite Frage betrifft den Rechtscharakter der Zusammenarbeit der Gründungsteilnehmer. Das ist eine Frage der Auslegung ihres Willens[213] im Rahmen der gesellschaftsrechtlichen Gestaltungsmöglichkeiten. Es ist also eine Tatfrage, ob in dieser Zusammenarbeit die Begründung einer Gesellschaft zu erblicken ist. Sie können diese Zusammenarbeit als Außengesellschaft betreiben, die dann je nach Objekt und Art der Gesellschaft[214] BGB-Gesellschaft oder offene Handelsgesellschaft[215] sein kann (eine Kommanditgesellschaft ohne Eintragung sowie eine interne Haftungsbeschränkung der offenen Handelsgesellschaft wirken sich ja Dritten gegenüber nicht aus). Sie können

[213] Diese Auslegung ähnelt einer Umdeutung der Satzung unter Berücksichtigung der Teilnichtigkeitsvorschriften, §§ 139, 140 BGB (die rechtsfähigkeitsbedingten Satzungs- bzw. Gesetzesbestimmungen können ja nicht gelten). Im Gesellschaftsrecht ist die Umdeutung zugelassen, BGH 15.12.55 (BGHZ 19, 269 ff). Daß die Rechtsnatur der Vorgesellschaft eine Auslegungsfrage ist, hat OGH 24.2.49 (OHGZ 1, 347 ff) zutreffend formuliert. Das RG 11.12.28 (RGZ 123, 23 ff) hat eine nichtige GmbH-Gründung in eine BGB-Gesellschaft umgedeutet.

[214] OLG Stuttgart 14.7.58 (GmbHR 58, 195 f), BFH 5.12.56 (Sgl. 64, 74), 6.5.52 (Sgl. 56, 446), LG Münster 24.10.51 (JR 53, 261), OLG Saarbrücken 9.3.51 (JZ 52, 35), LG Berlin 13.10.50 (NJW 51, 281), LG Berlin-Tempelhof 22.5.50 (DGVZ 51, 137*), OLG Celle 5.1.50 (NJW 51, 36), LG Würzburg 7.10.49 (DRZ 50, 88), OLG Tübingen 27.7.49 (DRZ 50, 18), OLG Hamm 5.3.48 (JR 48, 323), RG 8.12.36 (RGZ 154, 65 ff, mit dem Vorbehalt, daß bei Stufengründung die Gesellschaft nur zwischen den Gründern besteht), 3.4.36 (RGZ 151, 86 ff), 13.2.34 (RGZ 143, 368 ff), 20.6.33 (RGZ 141, 204 ff), 4.11.31 (RGZ 134, 121 ff), 9.12.30 (RGZ 131, 27 ff), 28.1.30 (RGZ 127, 186 ff), 22.11.27 (RGZ 119, 170 ff), 17.10.22 (RGZ 105, 228 ff), 26.10.15 (RGZ 87, 246 ff), 16.12.1913 (RGZ 83, 73 ff), 22.5.13 (RGZ 82, 288 ff), 20.4.04 (RGZ 58, 55 ff), 7.5.88 (RGZ 21, 244 ff), 7.4.86 (RGZ 16, 189 ff, mit Rechtsprechung über den Gesellschaftscharakter der Vorgenossenschaft), ROHG 21.1.76 (ROHG 20, 207 ff mit Angaben), 8.6.75 (ROHG 18, 354 ff mit Verweisung auf die Rechtsprechung des preußischen Obertribunals, insbes. Bd 42, 243 ff und auf den § 3 des preußischen EisenbahnG. v. 3.11.1838, wonach „die zur Anlegung einer Eisenbahn errichtete AG bis zur landesherrlichen Bestätigung den allgemeinen gesetzlichen Vorschriften über Gesellschaftsverträge unterliegt"; das Aktienrecht hatte also damals eine dem § 54 Satz 1 BGB entsprechende Bestimmung), 24.1.73 (ROHG 9, 135 ff), 15.12.71 (ROHG 4, 310 ff). Andere Gerichte: KG 8.10.36 (JW 37, 46), RAG 24.10.34 (JW 35, 443), OLG Köln, RheinA 103, 56*, KG 6.12.10 (KG Bl 11, 25), 28.2.19 (KGJ 51A 130), 21.5.09 (KGJ 38A 171), RG 23.5.13 (LZ 13, 946), OLG Bamberg 1.3.10 (LZ 10, 872), OLG Königsberg 19.11.12 (PosMschr 13, 12), KG 30.6.11 (OLGR 27, 382), OLG München 25.10.11 (OLGR 24, 135), OLG Hamburg 11.2.05 (OLGR 10, 245), KG 30.6.11 OLG Dresden 16.4.19 (SächsOLG 40, 254), OLG Stuttgart, WürttZ 28 SprBeil. 11*.

[215] BGH 29.11.56 (BGHZ 22, 240 ff), 23.4.56 (BGHZ 20, 281 ff, allerdings nur „bei Mißbrauch der Form der Vorgesellschaft"), OLG Oldenburg 3.6.55 (BB 55, 713), LAG Stuttgart 24.7.53 (DB54,107), OLG Hamburg 25.3.52 (DB 52,760), LAG Mannheim 31.1.52 (GmbHR 52, 140), OLG Saarbrücken 9.3.51 (JZ 52, 35), BFH 30.1.51 (BStBl 51 III 53), OLG Celle 5.1.50 (NJW51,36), OGH 24.2.49 (OGHZ 1,347ff), OLG Frankfurt 11.12.47 (NJW 47/48, 429). Früher hatte das Reichsgericht 7.12.20 (RGZ 101, 55 ff) bejaht, daß die Gesellschafter einer GmbH für ihre internen Verhältnisse die Geltung des OHG-Rechtes vereinbaren können. Vgl. auch KG 17.12.00 (JFG 21A 75). Einen nicht rechtsfähigen Verein hat schon das OLG Hamburg 6.6.07 (OLGR 15, 305) als OHG wegen Betätigung von Grundhandelsgeschäften behandelt;

diese Tätigkeit auch als Innengesellschaft[216] oder stille Gesellschaft betreiben. Alle diese Gesellschaftsformen sind nämlich formfrei und können auch stillschweigend gegründet werden. Ausgeschlossen ist es nicht, vielmehr sogar wahrscheinlich ist es, daß die Mitglieder dabei eine Anwendung der in der Satzung enthaltenen Regelung auf ihre Verhältnisse wollen, das ist aber Auslegungsfrage. Dann wird ein der kapitalistischen Personalgesellschaft entsprechender Tatbestand vorliegen. Demnach wäre auch eine Zulassung der Anteilsübertragung vor Eintragung der AG zu bejahen. Alles dies ist aber nur vom Standpunkt dieser neugegründeten kapitalistischen Personalgesellschaft zuzulassen (z. B. Mehrheitsbeschlüsse, Drittorganschaft, Anteilsübertragung, kapitalistische Beteiligung) und hat mit der Eintragungsfähigkeit des Gebildes nichts zu tun[217]. Die Eintragungsfähigkeit setzt z. B. einen unveränderten Gründer- und Zeichnerbestand voraus, da die Gründungsaufgaben erst mit der Eintragung der AG aufhören und demgemäß ein Gründerwechsel nur durch eine Satzungsneufeststellung stattfinden kann[218]. Dies zeigt sich noch in der Haftung für die Rechtsnachfolger, § 59 AktG. Der Gründerwechsel hat also ohne Neugründung weder für die Gründerhaftung noch für die Vor-

---

interessanterweise wird die OHG-Behandlung in diesem Urteil durch den § 54 Satz 1 BGB begründet, der allgemein die Anwendung des Gesellschaftsrechtes anordne und somit je nach dem Fall zur Anwendung der §§ 705 ff BGB oder §§ 105 ff HGB führe, d. h. hier zu § 140 HGB.

[216] So der Fall OLG München 4.5.51 (GRUR 51, 468), wo die einzelnen Mitglieder eines nicht rechtsfähigen Vereins allein und im eigenen Namen, aber für Rechnung aller handelten.

[217] Bei der Eintragung der AG und der GmbH führt die Regelung der Eintragungsvoraussetzungen zur Änderung der materiellen Regelung. In der Anm. 171 wurde z. B. die Rechtsprechung darüber angeführt, daß satzungsmäßige Einlageleistungen vor Eintragung befreiende Wirkung haben .Dadurch aber, daß der Registerrichter die Eintragung ablehnen kann, falls die eingezahlten Beträge nicht zur freien Verfügung des Vorstandes bzw. Geschäftsführers stehen (§ 8 Abs. 2 GmbHG, § 28 Abs. 2 AktG), müssen Veruntreuungen oder satzungswidrige Ausgaben der Organe die Ablehnung der Eintragung zur Folge haben. Die Organe sind allerdings den Gründern bzw. Zeichnern gegenüber für diese satzungswidrigen Maßnahmen verantwortlich, gleichgültig, ob die Letzteren zwecks Erreichung der Eintragung nochmals leisten müssen. Die materielle Regelung bleibt aso nur im Vereins- und Genossenschaftsrecht von der Eintragungsregelung unberührt. Bei der Aktiengesellschaft und der GmbH trägt zwar die jP die Gefahr der geleisteten Einlagen, aber *die Gefahr der Eintragung tragen die Mitglieder immer noch.*

[218] BGH 16.2.59 (BGHZ 29, 300 ff, Gründerwechsel), 12.7.56 (BGHZ 21, 242 ff), LAG Mannheim 21.3.52 (RdA 52, 359), KG 28.2.19 (KGJ 51A 130), RG 26.2.18 (LZ 18, 856), OLG München 12.4.02 (R. 02 Nr. 1376), RG SächsRpflZ 11, 40*, RG 1.3.12 (SächsArch 12, 430). Durch einstimmige Satzungsänderung kann vor der Eintragung der jP auch die Art der Einlagen geändert werden, RG 9.11.89 (RGZ 26, 68 ff), 2.2.14 (LZ 14, 1369), RAG 24.10.34 (JW 35, 443). Eine andere Frage ist es, ob künftige Anteile schon vor der Eintragung übertragen werden können (bejaht: BGH 9.10.56, BGHZ 21, 378 ff, 12.7.56, ebenda 242 ff) und die Folgen der Nichteintragung der jP auf eine solche Übertragung, RG 15.3.29 (RGZ 123, 401 ff), 26.11.27 (JW 28, 620), 5.1.04 (JW 04, 123). Bei Zweimann-GmbH läßt die Abtretung des Anteils des einen an den anderen die Problematik der Scheingründung entstehen, OLG Celle 18.10.50 (GmbHR 51, 26), BFH 14.10.24 (JW 25, 158). Wiederum eine andere Frage ist es, ob und wie bei der Umwandlung einer jP (AG in GmbH) die Anteile vor der Eintragung dieser Umwandlung übertragbar sind, da die Mitglieder der früheren jP keine Gründer sind, BGH 2.7.56 (BGHZ 21, 175 ff). Ob bei solchen Satzungsänderungen vor der Eintragung der jP Verhandlungseinheit erforderlich ist,

männerhaftung Bedeutung. Bei Zeichnern wird dieser Grundsatz faktisch dadurch abgeschwächt, daß die Zeichnungsscheine gewechselt werden können, ohne daß die Öffentlichkeit etwas davon erfährt. Mehrheitsbeschlüsse bei der Bestellung der Organe der Vorgesellschaft wirken ebenfalls u.U. hindernd für die Eintragungsfähigkeit der AG. Das AktG geht z. B. bei der Einheitsgründung offensichtlich, soweit sich die Gründer durch die Satzungsfeststellung nicht Mehrheitsbeschlüsse vorbehalten haben, davon aus, daß Gründungsvorbereitungen der Gründer von diesen einstimmig zu treffen sind (Bestellung des Aufsichtsrates, Anmeldung der AG usw.), § 23 Abs. 1 AktG. Das Einstimmigkeitsproblem taucht bei Aufsichtsratsabberufung nicht auf, weil der erste Aufsichtsrat bis zur ersten Hauptversammlung nach § 87 Abs. 3 AktG gar nicht abberufen werden kann. Die Vorstandsabberufung ist aus wichtigen Gründen zulässig, § 75 Abs. 3 Satz 3 AktG. Beim Verein, bei der GmbH und Gen fehlen die den § 87 Abs. 3 und § 75 Abs. 3 AktG entsprechenden Vorschriften. Die jP wird vom Vorstand angemeldet, § 59 Abs. 1 BGB, § 78 GmbH, § 11 Abs. 1 GenG, so daß die Gründungshaftung, soweit vorhanden, nur ihn betrifft. Der Vorstand wird nun von den Mitgliedern durch Beschluß bzw. gemäß Satzung berufen und abberufen, § 27 Abs. 1 BGB, § 6 Abs. 2 Satz 2 GmbH. Mehrheitsbeschlüsse vor der Eintragung im Bereich der Organebestelung müssen demgemäß grundsätzlich zugelassen werden. Der Gründerwechsel steht bei diesen juristischen Personen der Eintragung nicht entgegen, soweit er überhaupt zulässig ist (also nur beim Verein, § 38 Satz 1, § 40 BGB, und bei der GmbH, Arg. § 15 GmbH, nicht aber bei der Genossenschaft, die keine Mitgliedschaftsübertragung kennt). Auch die Ausfällehaftung des § 24 GmbH ist ja an die Mitgliedschaft und nicht an die Gründereigenschaft angeknüpft. Ohne Neugründung der GmbH wird der ausgetretene Gründer für seinen Rechtsnachfolger nach § 22 GmbHG haften müssen.

Der Anwendung der Satzungsbestimmungen des AktG oder GmbHG, die ja im Eintragungsfall die Satzung ergänzen würden, vor der Eintragung der AG oder GmbH auf diese Vorgesellschaft, die eine über die Gründungsvorbereitung hinausgehende Tätigkeit entfaltet, steht nur eins im Wege. Da diese Vorgesellschaft nur eine – meistens kapitalistische – Personalgesellschaft sein kann, kommen diejenigen Satzungs- bzw. Aktiengesetz-Bestimmungen nicht zum Zuge, die mit den zwingenden Vorschriften des Rechtes der Personalgesellschaften unvereinbar sind. So ist z. B. ein Kündigungsrecht wegen wichtigen Grundes immer gegeben. Bis auf solche zwingenden Vorschriften ist das gesetzliche oder statuarische Recht der AG soweit anwendbar, als es eben dem Willen der Parteien entspricht und nicht von der Rechtsfähigkeit abhängig ist[219]. Im einzelnen Fall ist jedoch immer die Interessenlage und der Wille der Parteien zu beachten.

---

bleibt dahingestellt (dagegen KG 24.4.24, OLGR 43, 299). Die Berichtigung eines lückenhaften Gründungsvertrages ist zwar keine Neugründung, muß aber einstimmig sein, KG 6.3.24 (OLGR 43, 296). Ebenfalls einstimmig muß jede Änderung sein, KG 6.12.23 (OLGR 43, 292).

[219] BGH 21.1.58 (BGHZ 21, 378 ff), 12.7.56 (BGHZ 21, 242 ff), 23.4.56 (BGHZ 20, 281 ff), 16.6.55 (BGHZ 17, 385 ff), OLG Königsberg 19.11.12 (PosMschr 13, 12).

4. Anwendung der für nicht rechtsfähige Vereine geltenden gesetzlichen Sonderbestimmungen auch auf den werbenden Gründungsverband.

Wenn nun die Vorgesellschaft der AG, der GmbH und der Gen als kapitalistische Personalgesellschaft aufgefaßt wurde, falls sie über die Gründungsvorbereitung hinausgeht, so bedeutet das nicht, daß diese Vorgesellschaft von der Sonderregelung für nicht rechtsfähige Vereine ohne weiteres ausgeschlossen ist. Die gesetzliche Sonderregelung besteht bekanntlich in der Haftung des Handelnden, § 54 Satz 2 BGB, § 34 Abs. 1 Satz 2 AktG, § 11 Abs. 2 GmbHG, in der Angreifbarkeit des nicht rechtsfähigen Vereins im Prozeß, in der Zwangsvollstreckung, im Konkurs und im Vergleichsverfahren und in der Körperschaftssteuerpflicht, § 50 Satz 2, § 735 ZPO, § 213 VO, § 108 Abs. 1 VerglO, § 1 Abs. 1 Ziffer 5 KStG[220]. Genau so wie beim nicht rechtsfähigen Verein die Anwendung dieser Vorschriften von der Unterstellung des nicht rechtsfähigen Vereins unter das Gesellschaftsrecht des BGB in § 54 Satz 1 BGB nicht berührt wird, so wird hier auch der Anwendung dieser Vorschriften auf die sog. werbende Vorgesellschaft (unechte Vorgesellschaft) die Kennzeichnung der Vorgesellschaft als kapitalistische Personalgesellschaft nichts im Wege stehen können.

Wir haben zwar bei der Untersuchung der Verbandstypen die Auffassung vertreten, daß der nicht rechtsfähige Verein und der Verein überhaupt wegen der Elastizität des Gesellschaftsrechts im BGB, wenn überhaupt, dann als Unterarten der Gesellschaft bürgerlichen Rechts zu betrachten sind, an dieser Stelle hier ist aber eine Korrektur dieser These anzubringen. Der nicht rechtsfähige Verein ist nämlich in dem Sinne Gesellschaft bürgerlichen Rechts, daß die zwingenden Vorschriften dieser Verbandsart und nicht die zwingenden Vorschriften des Vereinsrechtes gelten. Diese ist die Bedeutung des § 54 Satz 1 BGB. Da aber die erwähnte Sonderregelung des nicht rechtsfähigen Vereins auf die Gesellschaft bürgerlichen Rechtes keine Anwendung[221] findet,

[220] Dazu kommt die Parteifähigkeit im Verwaltungsstreitverfahren, OVG Münster13.11.57 (BB 58, 496), OVG Hamburg 13.12.51 (VRspr 4, 882), anders früher PrOVerwG 1.3.01 (Entsch. 39, 440), 30.1.03 (Entsch. 42, 386), 16.11.11 (Entsch. 62, 282), sowie im Eintragungsverfahren, SächsOVG 30.5.07 (DJZ 08, 1349, allerdings anders die h. M.). Im Stiftungsrecht hat das Reichsgericht 9.9.42 (RGZ 170, 22 ff) die Parteifähigkeit schon vor Genehmigung der Stiftung in einem Prozeß bejaht, der Klarstellung über das Bestehen der jP bezweckte. Diese „bedingte", bis zur rechtskräftigen Entscheidung über sie bestehende Rechtsfähigkeit müßte auch im Verbandsrecht bejaht werden.

[221] LAG Heidelberg 15.12.49 (DB 50, 96), RG 26.5.06 (JW 06, 452). Diese Ablehnung wird bei den kapitalistischen Personalgesellschaften inkonsequent erscheinen, weil dort doch die körperschaftliche Struktur vorhanden ist. Inkonsequent ist das insbes. bei der Besteuerung einer kapitalistischen Personalgesellschaft, z. B. BFH 6.11.58 (BB 59, 146), 16.9.58 (BB 58, 1235). Es ist überhaupt recht schwierig, die Grundsätze der Rechtsprechung über den Begriff des nicht rechtsfähigen Verein anzuwenden. Wenn nämlich der Begriff des nicht rechtsfähigen Vereins von ihr bejaht wird, obwohl die Mitglieder ihren Zusammenschluß als Gesellschaft bezeichnet haben, dann ist es nicht ersichtlich, warum eine kapitalistische Personalgesellschaft nur deshalb als Gesellschaft zu bezeichnen ist, weil einfach die dispositiven gesellschaftsrechtlichen Normen diese kapitalistische Struktur der Gesellschaft ermöglichen, RG 27.5.21 (LZ 21, 617). Derselbe Fall war in RG 6.6.13 (R 13 Nr. 2408) auf Grund des objektiven Inhalts der Satzung als nicht rechtsfähiger Verein beurteilt

wird der Gesetzgeber zur Prägung von Sondermerkmalen gezwungen, die *bestimmte* Personalgesellschaften zum Sondertatbestand des nicht rechtsfähigen Vereins erheben. Das Gesetz gebietet also durch die Sonderregelung, daß der Begriff des nicht rechtsfähigen Vereins enger als der Begriff der Personalgesellschaft schlechthin gehalten wird. Der nicht rechtsfähige Verein ist somit Unterart der Gesellschaft bürgerlichen Rechtes, § 54 Satz 1 BGB, jedoch finden die Sonderregelung des § 54 Satz 2 BGB, § 50 Satz 2, § 735 ZPO, § 213 KO, § 108 Abs. 1 VerglO, § 1 Abs. 1 Ziffer 5 KStG nicht auf alle Personalgesellschaften Anwendung. Anderenfalls müßte ja jede Personalgesellschaft als nicht rechtsfähiger Verein behandelt werden können. Der Sonderbegriff des nicht rechtsfähigen Vereins[222] dient somit nicht etwa der Anwendung und Auslegung des § 54 Satz 1 BGB, da dieser weder einen Sonderbegriff verlangt noch eine Sonderbehandlung einführt, sondern der Abgrenzung der erwähnten Bestimmungen, die den nicht rechtsfähigen Verein von der normalen Gesellschaft bürgerlichen Rechtes absondern. Daß auf diesen Sonderbegriff des nicht rechtsfähigen Vereins die Beseitigung *dispositiver* Bestimmungen des Gesellschaftsrechts trotz Fehlens einer ausdrücklichen anderweitigen Bestimmung in der Satzung des nicht rechtsfähigen Vereins begründet werden konnte[223], ist dogmatisch folgendermaßen zu verstehen: Dispositive Bestimmungen

---

und ein gleich gearteter Fall wurde vom Reichsgericht 26.5.06 (SeuffA 69, 54) als Gesellschaft bürgerlichen Rechtes bezeichnet.

[222] LG Lüneburg 19.10.56 (Arbeisrecht-Fundheft 57 Nr. 3748), OLG München 31.8.54 (MDR 55, 33), 4.5.51 (GRUR 51, 468), RG 29.10.40 (RGZ 165, 140 ff), 18.1.34 (RGZ 143, 212 ff), 15.3.26 (RGZ 113, 125 ff), 22.5.13 (RGZ 82, 294 ff), 22.3.11 (RGZ 76, 25 ff), 25.10.10. (RGZ 74, 371 ff, der nicht rechtsfähige Verein war in diesem Fall von den Mitgliedern selbst als Gesellschaft bezeichnet), 2.2.05 (RGZ 60 , 94 ff), 2.12.11 (RGZ 78, 52 ff), 26.5.06 (JW 06, 452) KG 11.10.17 (KGBl 17, 85), RG 20.10.06 (LZ 07, 139), OLG Braunschweig 5.4.21 (BraunschwZ 68, 39*), OLG Breslau 10.7.11 (OLGR 23, 161), OLG Stettin 17.12.01 (OLGR 4, 201), RAG 26.10. 29 (Slg. 5, 1 ff), OLG Marienwerder 8.11.07 (R 08 Nr. 682, 683), OLG München SeuffA 63, 345*, RG 15.2.27 (JR 27 Nr. 908), LG Hamburg 6.7.32 (HansRGZ 32B 697).

[223] *(Zugleich Exkurs: Das Recht des nicht rechtsfähigen Vereins).* Das gilt auch für die Beschränkung der Ausschließungsnachprüfung, da eine Ausschließungsoption der Mehrheit auch im Recht der Personalgesellschaft zulässig ist, BGH 27.2.54 (BGHZ 13, 5 ff). Die Ausschließung ist ja auch im Vereinsrecht nur dann möglich, wenn sie in der Satzung vorgesehen ist oder sonst nur aus wichtigem Grunde, RG 23.3.10 (RGZ 73, 187 ff 24.11.08 (LZ 09, 141), OLG Braunschweig 3.2.11 (OLGR 22, 342), KG 10.2.11 (OLGR 22, 178), OLG Braunschweig 6.3.02 (OLGR 4, 419), RG 8.3.17 (R 17 Nr. 755, 756).

Der Fortbestand eines nicht rechtsfähigen Vereins im Liquidationsstadium ist auch nach BGB § 730 Absatz 2 möglich, BVerwG 14.2.54 (Entsch. 1, 266 ff), OVG Hamburg 13.12.51 (VRspr 4, 882), RG 28.2.35 (RGZ 147, 121 ff), 18.3.05 (JW 05, 315 ff), 22.6.36 (DJ 36, 1271), OLG Hamburg 15.6.25 (OLGR 45, 106), KG 19.9.10 (OLGR 22, 115), RAG 16.10.29 (Slg. 5, 1 ff), LAG Berlin 26.11.31 (ArbRspr 32, 5), RG 6.5.13 (R. 13 Nr. 1867, 1868), OLG München 13.12.00 (R. 01 Nr. 377), OLG Dresden 19.4.11 (SächsRpflA 11, 365), OLG Darmstadt 4.4.17 (Hess.Rspr. 18, 157*).

Die Beschränkung der Vertretungsmacht des Vorstandes ist sowohl nach Vereinsrecht als auch nach Gesellschaftsrecht möglich, BGH 30.3.53 (LM 6 zu § 16 UWG), RG 19.1.22 (R. 22 Nr. 782).

Die Satzung genügt dem Erfordernis der §§ 1027, 1048 ZPO sowohl beim e.V. als auch beim nicht rechtsfähigen Verein, RG 29.10.40 (RGZ 165, 140 ff).

§ 708 BGB für die Haftung des Vorstandes gilt beim nicht rechtsfähigen Verein als vertragsmäßig ausgeschlossen, RG 18.1.34 (RGZ 143, 212 ff).

gelten nur im Zweifel und dieser Zweifel besteht nicht, wenn die Parteien durch die ganze Gestaltung ihrer Willenserklärungen auf eine andere Regelung hingewiesen haben. Die korporative Verfassung des nicht rechtsfähigen Vereins läßt keinen Zweifel darüber, daß die Parteien, soweit dies mit § 54

Eine Beschränkung der Mitgliederhaftung kann auch nach Gesellschaftsrecht (Vertretungsbeschränkung) konstruiert werden, RG 18.1.34 (RGZ 143, 212 ff), 16.3.06 (RGZ 63, 62 ff), 14.10.36 (JW 37, 392), 10.1.007 (JW 07, 136), 16.3.06 (JW 06, 298), 5.10.16 (LZ 17, 131), KG 7.10.26 (JW 27, 1026), OLG Posen 30.6.16 (PosMschr 16, 90), OLG München 13.11.20 (OLGR 42, 252), OLG Hamburg 24.2.06 (OLGR 12, 249, wie auch die vorige Entscheidung hat das Gericht im konkreten, vorliegenden Fall die Haftungsbeschränkung abgelehnt), OLG Karlsruhe 15.5.05 (OLGR 12, 2), RG 1.3.17 (R 17 Nr. 1546), 5.10.16 (R 16 Nr. 2054, 2126), OLG Dresden 17.12.12 (SächsRpflA 13, 526), RG 10.1.07 (Gruchot 53, 398).

Der Begriff des Vereinsvermögens, der etwa bei der Zwangsvollstreckung, dem Konkurs und dem Vergleich wichtig ist, indem diese Verfahren nur dieses Vermögen betreffen, kann ebenfalls nach Gesellschaftsrecht konstruiert werden, RG 18.1.34 (RGZ 143, 212 ff) 29.4.11 (RGZ 76, 276), 17.4.03 (RGZ 54, 297 ff). Fraglich ist allerdings das Schicksal dieser Bestimmungen (§ 735 ZPO, § 213 KO), wenn der nicht rechtsfähige Verein als Innengesellschaft gestaltet ist und somit kein Gesamthandsvermögen besitzt.

Selbstverständlich ist, daß der nicht rechtsfähige Verein als solcher nicht aktiv parteifähig ist, OLG München 31.8.54 (MDR 55, 33), LG Essen 22.7.53 (NJW 53, 1716 f), LG Köln 31.10.52 (BB 53, 413), und die Grundrechte nicht hat (BayVerfG. 5.8.52, VGHE 68 II 204*). Er kann also als solcher einer anderen jP nicht beitreten, OLG Hamburg 9.12.07 (OLGR 20, 30), KG 25.6.08 (OLGR 19, 354).

Zur Frage der Klageerhebung seitens des nicht rechtsfähigen Vereins vgl. KG 23.2.07 (OLGR 15, 69) und oben, Anm. 184.

Der nicht rechtsfähige Verein wird durch Mitgliederwechsel in seiner Identität dahin betroffen, daß ausscheidende Mitglieder Abfindungsansprüche nur gegen die alten, nicht gegen neue Mitglieder besitzen, OLG Hamburg 29.5.02 (OLGR 5, 380).

Der nicht rechtsfähige Verein und die Vorgesellschaft werden durch den Konkurs eines Mitglieds nicht aufgelöst, da der Parteiwille auf Anwendung des Rechtes der jP hinausgeht und die Bestimmung des § 728 BGB abdingbar ist, RG 22.5.13 (RGZ 82, 288 ff), OLG Königsberg 19.11.12 (PosMschr 13, 12). Gleiches gilt für den Tod eines Gründers, falls im Gründungsvertrag – wie z. B. RG 8.10.12, RGZ 80, 175 ff – keine besondere Regelung getroffen ist, § 727 Absatz 1 BGB. Bei der VorGmbH wurde beim Tode eines Gründers die Auflösung der VorGmbH angenommen, OLG Bamberg 1.3.10 (ZL 10, 872), dagegen hat aber OLG Dresden 4.12.00 (OLGR 4, 22) eine Ergänzung der Gründung durch die Erben zugelassen.

Der Austritt der Mitglieder kann auch nach Gesellschaftsrecht konstruiert werden, RG 3.1.12 (RGZ 78, 134 ff), das Kündigungsrecht aus wichtigem Grunde kann allerdings nach § 723 BGB nicht ausgeschlossen werden, während § 39 BGB dabei unanwendbar bleibt, LG Frankfurt 4.1.23 (JW 24, 66), RG 1.4.11 (LZ 11, 455).

§ 29 BGB ist auf den nicht rechtsfähigen Verein unanwendbar, aber auch nicht notwendig, weil die Mitglieder nach § 709 BGB die Mitgliederversammlung einberufen können, KG 14.1.11 (KGBl 11, 35) und die Möglichkeit einer Vorstandsbestellung haben, RG 2.12.11 (RGZ 78, 52 ff), OLG Braunschweig 5.2.04 (R 04 Nr. 420). § 29 BGB ist allein im Bereich der passiven Parteifähigkeit des nicht rechtsfähigen Vereins notwendig, weil der Gläubiger ohne die Möglichkeit der Vorstandsbestellung nach § 29 BGB sämtliche Mitglieder verklagen muß; § 29 BGB ist auch im Bereich der aktiven Prozesse notwendig, wenn das einzelne Mitglied die Klagemöglichkeit des § 432 BGB nicht haben sollte, wie dies in der Rechtsprechung die h. M. zu sein scheint, RG 29.4.11, RGZ 76, 276 ff, 27.4.12, R 12 Nr. 1996, a.M. OLG Kiel 15.6.15, SchlHA 15, 197.

Zwecksänderungen müssen sowohl nach Vereinsrecht als auch nach Gesellschaftsrecht einstimmig sein, RG 22.12.06 (LZ 07, 216); ob überhaupt im nicht rechtsfähigen Verein nur einstimmige Beschlüsse möglich sein sollen, wie OLG Braunschweig 3.2.11, OLGR 22, 342 annimmt, ist zweifelhaft; bei der Vorgesellschaft läßt nämlich

Satz 1 BGB und demnach mit *zwingenden* Vorschriften des Gesellschaftsrechtes des BGB vereinbar ist, Vereinsrecht angewandt wissen wollten. Die Bildung des Sonderbegriffs des nicht rechtsfähigen Vereins war somit für die Nichtanwendung des dispositiven Gesellschaftsrechtes entgegen der Verweisung des § 54 Satz 1 BGB nicht notwendig. Entsprechendes gilt nun für die Vorgesellschaft[224]: Der Wille der Parteien kommt durch das Festhalten an der Satzung und an der Regelung des AktG, des GmbHG oder des GenG schon klar genug zum Ausdruck, um der Anwendung der dispositiven Vorschriften der §§ 705 ff BGB den Boden, nämlich das Bestehen eines Zweifels über den Willen der Parteien, zu entziehen. Diese Bezeichnung der Vorgesellschaft als nrfV wäre aber von Bedeutung allein für die Anwendung auf sie der gesetzlichen Sondervorschriften über nicht rechtsfähige Vereine.

Genauer formuliert lautet nun die Frage, ob die Vorgesellschaft schon eo ipso die Rechtsnatur eines nicht eingetragenen Vereins i. S. dieser Sonderbestimmungen hat oder ob sie hinzu die Merkmale aufweisen muß, die die Rechtsprechung in concreto für den Begriff des nicht rechtsfähigen Vereins verlangt. Muß also die körperschaftliche-kapitalistische Struktur der jeweiligen Vorgesellschaft besonders untersucht und bejaht werden oder genügt die abstrakte Tatsache, daß es sich um eine werbende Vorgesellschaft handelt? M. E. ist letzteres zu bejahen. Dafür sind auch Ansätze in der Rechtsprechung zu finden[225]. Wollen die Gründer einer jP eine werbende Tätigkeit entfalten, ohne ausdrücklich die Form einer Personalgesellschaft in Anspruch zu nehmen, und behalten dabei die Form der Vorgesellschaft, so müssen sie die Sonderbehandlung der Vorgesellschaft wie eines nicht rechtsfähigen Vereins hinnehmen. Diese Sonderbehandlung ist eine Benachteiligung der Gründer, die dem Schutz des Verkehrs dient. Die Gründer müssen also die Nachteile ihres

---

die Rechtsprechung Mehrheitsbeschlüsse zu (RG 9.5.04, R. 05 Nr. 238, KG 30.6.11, R. 12 Nr. 1706) und nichts dürfte gegen die Zulassung von Mehrheitsbeschlüssen auch im nicht rechtsfähigen Verein sprechen.

Vor Inkrafttreten des BGB war dem nicht rechtsfähigen Verein eine größere Selbständigkeit zuerkannt, jedoch meistens unter dem Vorbehalt, daß er eine zugelassene, moderne Modifikation der Gesellschaft war, RG 22.10.82 (RGZ 8, 121 ff), 30.4.81 (RGZ 4, 155 ff), ROHG 1.12.71 (ROHG 4, 199 ff), KG 11.10.00 (KGBl 00, 99), 14.2.07 (OLGR 15, 70). Die Vereine, die aus der Zeit vor Inkrafttreten des BGB stammten, haben auch nachher ihre Sonderstellung z. T. beibehalten, RG 22.5.00 (SächsArch 00, 602). Später betont das RG öfters, daß der nicht rechtsfähige Verein „keine bloße Gesellschaft, sondern eine Körperschaft" ist, und stützt darauf z. B. die Drittorganschaft, RG 11.12.11 (LZ 12, 310).

[224] Demnach konnte z. B. das OLG Tübingen 27.7.49 (DRZ 50, 18) die Satzungsanwendung vor der Eintragung der GmbH auf Grund des Parteiwillens bejahen, obwohl es die VorGmbH als Gesellschaft bürgerlichen Rechtes aufgefaßt hat.

[225] OLG Stuttgart 8.8.55 (GmbHR 55, 210, Konkursfähigkeit der VorGmbH), OLG Nürnberg 24.2.55 (BayJMBl 55, 151*, Anwendung des § 54 Satz 2 BGB auf die Vorgenossenschaft), BFH 23.3.53 (StRK KörpStG § 1 R. 15), 16.5.52 (Slg. 56, 465), OHG 11.8.48 (Slg. 54, 263, Körperschaftssteuerpflicht der werbenden VorGmbH), LG Memmingen 17.12.52 (MDR 54, 234, § 54 Satz 2 BGB), BFH 6.5.52 (Slg. 56, 446, Körperschaftssteuerpflicht der Vorgesellschaft unter der Voraussetzung ihrer kapitalistischen Struktur), FG Stuttgart 24.5.50 (DStZ 51 B 58* VorGmbH als nicht rechtsfähiger Verein im Sinne des SoforthilfeG), RG 18.1.95 (RGZ 34, 169 ff, Vorgenossenschaft wurde hier als nicht passiv parteifähig angesehen), RheinA 110, 382* (Religionsgesellschaft ist vor der Oktroiierung als nicht rechtsfähiger Verein passiv parteifähig).

falschen Auftretens in der Öffentlichkeit hinnehmen[226]. Danach gelten die besagten Sonderbestimmungen über nicht rechtsfähige Vereine auch bei einer Vorgesellschaft, die gar keinen kapitalistischen Einschlag, vielmehr personalistische Züge aufweist. Wäre die Prüfung in concreto zu führen, so würde sich eine solche Vorgesellschaft, z. B. die Vorgesellschaft einer personalistischen GmbH dieser benachteiligenden Sonderbehandlung entziehen können. Andererseits wäre diese Prüfung um so mehr schwierig, als der Begriff des nicht rechtsfähigen Vereins ohnehin auf die Kapitalgesellschaften und deren Vorgesellschaft schwer paßt. Die Rechtsprechung[227] verlangt z. B., daß der nicht rechtsfähige Verein keinen festen Mitgliederbestand haben muß, während dies gerade ein Merkmal der Kapitalgesellschaft ist. Die Übertragbarkeit der Mitgliederschaft an der Vorgesellschaft ist, wie schon dargestellt, ebenfalls sehr eingeschränkt. Zwar ist neuerdings die Rechtsprechung über den Begriff des nicht rechtsfähigen Vereins vom Erfordernis einer offenen Mitgliederzahl abgegangen[228], die Prüfung dieser Frage bei den einzelnen Vorgesellschaften hätte aber überhaupt eine allgemeine Anpassung des Begriffes des nicht rechtsfähigen Vereins auf die Vorgesellschaft gefordert. Für die allgemeine Bejahung der Rechtsnatur der Vorgesellschaft als eines nicht rechtsfähigen Vereins spricht die Tatsache, daß die erwähnten Sonderbestimmungen zwar nur den nicht rechtsfähigen Verein erwähnen, wohl aber alle nicht rechtsfähigen Körperschaften in herkömmlichem Sinne des Wortes meinen. Man merkt das schon an § 1 Abs. 1 Ziffer 5 KStG, der als neuere Rechtsquelle weiter als die anderen Vorschriften gefaßt ist. Diese älteren Vorschriften stammen nämlich aus einer Zeit, wo man bei der Problematik der nicht rechtsfähigen Körperschaften über das Vereinsrecht hinaus nicht völlig im klaren war.

Eine genaue Untersuchung über die Anwendbarkeit von aktienrechtlichen und statutarischen Bestimmungen, die weder die Rechtsfähigkeit voraussetzen noch die zwingenden Bestimmungen des Rechtes der Personalgesellschaften verletzen, auf die Vorgesellschaft kann hier nicht unternommen werden. Sie wäre eine äußerst detaillierte und penible Arbeit, die keinen Vollständigkeitsanspruch erheben könnte, weil der Parteiwille meistens vermutet werden müßte und dies nur auf Grund der konkreten Interessenlage geschehen kann. Insbesondere bei personalistischen Vorgesellschaften ist bei der Übernahme von aktienrechtlichen und statutarischen Regeln größte Vor-

---

[226] Die Rechtsprechung ist bei der Anwendung dieses Grundsatzes nicht völlig konsequent. Für die Haftung des Handelnden verlangt sie eine regelrechte Errichtung der Gesellschaft nicht (RG 26.10.28, RGZ 122, 172 ff, KG 26.4.27, JW 27, 2437, 4.2.29, JW 29, 1402), sie lehnt aber die Haftung des Handelnden, der im Namen einer OHG bzw. GmbH, aber unter einer unzulässigen bzw. falschen GmbH-Firma gehandelt hat, ab (BGH 29.11.56, BGHZ 22, 240 ff). RG 26.10.28 (RGZ 122, 172 ff) hat für die Haftung des Handelnden das Vorhandensein von „greifbaren Ansätzen" der künftigen GmbH verlangt. An anderer Stelle bezeichnet die Rechtsprechung den nicht rechtsfähigen Verein beim Vorhandensein eines vollen Handelsgeschäftsbetriebes als offene Handelsgesellschaft (vgl. Anm. 215).

[227] Vgl. Anm. 222.

[228] BGH 10.10.57 (BGHZ 25, 311 ff), RG 29.10.40 (RGZ 165, 140 ff). Beide Entscheidungen haben den Begriff des nicht rechtsfähigen Vereins von einem festen Mitgliederbestand losgelöst.

sicht geboten. Bei der Vorgesellschaft der AG und der GmbH ist das Vereinsrecht nur insoweit heranzuziehen, als diese Heranziehung auch nach Eintragung der AG oder GmbH möglich ist[229]. Die Frage der Anwendbarkeit des § 31 BGB hätte allerdings bei Vorgesellschaften, die als offene Handelsgesellschaften zu charakterisieren wären, bejaht werden müssen, während bei gewöhnlichen nicht rechtsfähigen Vereinen und bei Gesellschaften bürgerlichen Rechts § 31 BGB nach dem heutigen Stand der Rechtsprechung unanwendbar wäre.

Daß die werbende oder nicht werbende Vorgesellschaft keinesfalls mit der später eingetragenen AG oder GmbH oder Gen identisch ist, wurde bei mehreren Zusammenhängen in §§ 17–20 der Arbeit dargestellt. Nur ist die Vorgesellschaft in den Fällen des § 50 Satz 2, § 735 ZPO, § 213 KO, § 108 Abs. 1 VerglO, § 1 Abs. 1 Ziffer 5 KStG unter bestimmten Aspekten als rechtsfähig zu behandeln. Dieses bedeutet aber nicht, daß die Rechtsfähigkeit schon hinsichtlich dieser Fragen als „Teilpersönlichkeit" anerkannt wird. Wäre dies der Fall, dann müßte man im passiven Prozeß, in der Zwangsvollstreckung, in der Erfüllung der Körperschaftssteuerpflicht, im Konkurs, wo ja nach dieser Auffassung die Vorgesellschaft als rechtsfähig zu behandeln ist, das Recht der juristischen Personen anwenden. Das hätte zur Folge, daß § 31 BGB und insbesondere der automatische Übergang der Rechte und Pflichten der Vorgesellschaft aus dem Prozeß, dem Vergleich, dem Konkurs, der Zwangsvollstreckung und der Besteuerung mit Körperschaftssteuer auf die eingetragene AG oder GmbH oder Gen ohne weiteres zu bejahen wären. Die prozessualen Bestimmungen regeln aber nur die Prozeßfähigkeit bzw. Konkurs-, Vergleichs- und Zwangsvollstreckungsfähigkeit und vermögen daher an der materiellen Lage der Dinge nichts zu ändern. Ebenfalls nichts an dieser materiellen Lage vermag die Körperschaftssteuerpflicht zu ändern, die nur die Berechnung einer Steuer hinsichtlich des Vermögens und der Einkünfte der Vorgesellschaft einführt und sonst notwendigerweise auf die zivilrechtliche materielle Regelung für die Bestimmung des Steuersubjektes zurückgreifen muß[230]. Steuerpflichtig bleiben also diejenigen, die nach Zivilrecht Träger des Vermögens der Vorgesellschaft sind. An der Ablehnung der sogenannten Iden-

---

[229] Anwendbar werden erklärt § 29, § 31, und §§ 45 ff BGB: BGH 16.6.52 (BGHZ 6, 232 ff), RG 20.9.11 (JW 11, 939), 20.3.08 (RGZ 68, 172 ff), 30.3.42 (RGZ 169, 65 ff), OLG Hamburg 12.10.27 (HansGZ 27 Hauptbl. 264), OLG Jena 13.2.20 (OLGR 40, 255), OLG München 4.3.27 (LZ 27, 856), KG 7.3.07 (OLGR 14, 366), 25.2.37 (JW 37, 1730), 23.6.02 (OLGR 5, 378), 2.12.01 (OLGR 4, 256), 8.4.07 (ZBlFrG 8, 291).

[230] Die Bindung des Steuerrechtes an die Rechtssubjektslehre des Zivilrechtes betont neuerdings BFH 19.8.58 (NJW 59, 214 ff, allerdings nur bis auf den Fall der Gründergesellschaft, unter Aufrechterhaltung der diesbezüglichen früheren Rechtsprechung, insbes. BFH 16.5.52, Slg. 56, 465). – Die in der Rechtsprechung u. U. bejahte Körperschaftssteuer- und Gewerbesteuerpflicht bleibt also eine Steuerpflicht der Mitglieder. Die Formulierungen bei den zahlreichen diesbezüglichen Entscheidungen sind allerdings in diesem Sinne nicht ganz eindeutig, jedoch sind sie heute, soweit sie eine besondere steuerrechtliche Rechtspersönlichkeit im Rahmen dieser Vorschriften anerkennen, von dieser neueren Rechtsprechung des BFH (19.8.58, a.a.O.) überholt. So sind also zu verstehen z. B. FG Hamburg 10.7.53 (DStR 53, 432*), FG Karlsruhe 28.5.53 (DStR 53, 578*), BFH 6.5.52 (Slg. 56, 446), VG Berlin 28.11.51 (DStZ 53 B 87*).

tität der Vorgesellschaft mit der eingetragenen jP vermag auch die Bestimmung des § 124 HGB nichts zu ändern, die Platz greift, falls die Vorgesellschaft wegen Betreibung von Grundhandelsgeschäften unter gemeinsamer Firma als OHG trotz Fehlens einer Eintragung zu betrachten ist. Dann erwirbt zwar die OHG Rechte und Pflichten und kann klagen und verklagt werden, bleibt aber ebensosehr verschieden von der eingetragenen jP wie sonst (z. B. wie bei der Umwandlung einer OHG in AG). Die Fortführung des Handelsgeschäftes nebst Firma durch die eingetragene AG hat solchenfalls die Haftung der AG für Schulden der Vorgesellschaft gemäß § 25 HGB zur Folge. In diesem Fall gehen auch die Steuerpflichten auf die jP über. Erweisen sich somit die eingebrachten Aktiva des Unternehmens für die AG durch den Übergang von nicht vorgesehenen Passiven geringer als die vereinbarte Sacheinlagepflicht der Aktionäre, die das Unternehmen eingebracht haben, so hat die AG Anspruch gegen sie auf die Differenz[231]. Das ist bei jeder Belastung der AG durch Handlungen der Zeit vor der Eintragung der Fall. Soweit die AG nicht verpflichtet ist, diese Lasten zu tragen, hat sie Regreßansprüche gegen diejenigen, die im internen Verhältnis (Mitgliedschafts- oder Organverhältnis) ihr gegenüber diese Pflichten zu tragen haben. Die Schuldübernahme nach § 34 Abs. 2 AktG berührt die internen Beziehungen der AG zum haftenden Handelnden nicht.

---

[231] RG 25.1.39 (RGZ 159, 321 ff), 5.6.35 (RGZ 148, 257 ff), 23.4.12 (RGZ 79, 271 ff), 31.1.05 (JW 05, 214), 22.3.02 (JW 02, 259), OLG München 27.6.08 (Entsch. 9, 392). – § 24 Absatz 2 Satz 2 AktG erwähnt ausdrücklich anläßlich des Gründerberichtes den Fall des Überganges eines Unternehmens auf die AG.

Eine interne Haftung gegenüber der AG kann sich auch daraus ergeben, daß der Vorstand vor Eintragung zugunsten der künftigen AG und gegenüber den Mitgliedern versprochen hat, eine bestimmte Verpflichtung nicht zu übernehmen. Dieses Versprechen wäre als Vertrag zugungsten Dritter, nämlich zugunsten der künftigen AG wirksam, RG 23.10.14 (R 15 Nr. 362).

Anhang

I. Literaturverzeichnis

(Nur Spezialliteratur über Gründungsprobleme, soweit nicht schon in den Anmerkungen angegeben)

Aal: JW 03, 393 (Ausschluß aus einem nrfV);

Abraham: JW 30, 1354 (Steht der Rüge der Verletzung von Gründungs- und Nachgründungsvorschriften der Einwand der Verwirkung entgegen?);

Abrahamsohn: Die Schuldenhaftung des nrfV nach dem bisherigen Recht und dem Recht des BGB, Diss. 1901;

Abshagen: Die Anwendbarkeit der Vorschriften des BGB über rechtsfähige Vereine auf die AG, Diss. 1906;

Ackermann: Die AG als Gesellschaft und Körperschaft, Diss. 1935;

Adelmann: Über die bei einer Sukzessivgründung von AG hervorgehenden Rechtsverhältnisse, Diss. 1893;

Albersmeyer: Die Nichtigkeit der Handelsgesellschaften bei Mängeln im Gründungsstadium, Diss. 1935;

Albrecht: Die Verwendbarkeit der GmbH als Organisationsform des landwirtschaftlichen Betriebs, Diss. 1924;

Alfter: Die Lebensschicksale der AG in theoretischer Beleuchtung, Jena 1932;

Appel: Die Stellung des nrfV im Zivilprozeß unter Berücksichtigung seines rechtlichen Charakters nach bürgR., Diss. 1908;

Auerbach: Die Wirkung einer Fusion nach § 306 HGB, Diss. 1911;

Auler: Der Wirtschaftsprüfer 1934, 345 (Der Aufbau der Kapitalgesellschaften in organische Unternehmensformen);

Averbeck: Das Wesen der Aktienzeichnung, Diss. 1900;

Bach: Die Errichtung der GmbH verglichen mit der des eingetragenen Vereins unter besonderer Berücksichtigung der rechtlichen Natur des Vereinsvertrages, Diss. 1913;

Baedecker: Nichtigkeit der AG infolge von Gründungsmängeln, Diss. 1928;

Ballerstedt: GmbHR 52, 1 (Gründungserschwerungen für GmbH?);

Barella: DB 58, 271 (Fehlerhafte Vereinbarungen beim Abschluß von GmbH-Verträgen);

Baritsch: Die Rechtslage der GmbH vor der Eintragung ins Handelsregister, Diss. 1940;

Bartram: Die organschaftliche Haftung im nrfV und ähnlichen sozialrechtlichen Gebilden, Diss. 1934;

Bauer: GmbHR 20, 1 (Das Wesen der GmbH in wirtschaftlicher Beziehung);

Bauer: DNotV 32, 482, 545 (Die Errichtung der GmbH);

Baur: DRZ 50, 9 (Haftung der Gesellschafter und Konkurs einer VorGmbH);

Bayer: Rechtsnatur und Rechtsstellung der Gründungsvereinigung der AG und GmbH, Diss. 1949;

Bayer: JZ 52, 551 (Haupt- und Gesellschafterversammlungen vor AG- und GmbH-Eintragung);

Bechtold: Die Beseitigung der Folgen nichtiger Fusionen im Aktienrecht, Diss. 1932;

Becker: Die Gründung der eingetragenen Erwerbs- und Wirtschaftsgenossenschaft, Diss. 1929;

Becker: GmbHR 30, 797 (GmbH im Verhältnis zur OHG und AG);
Becker: Der nrfV als OHG, Diss. 1904;
Becker: Die Verschmelzung von Erwerbs- und Wirtschaftsgenossenschaften, Diss. 1928;
Behrendt: ZBlHR 31, 232 (Zusicherung von Aktien vor der Eintragung der AG);
Bendix: SeuffBl 13, 55 (Der § 11 Abs. 2 GmbHG);
Bendix: DJZ 23, 162 (Zahlungen auf die Stammeinlagen in der Zeit zwischen Abschluß des Gründungsvertrages und Eintragung der GmbH);
Benjamin: Die Nichtigkeitserklärung einer AG, Diss. 1907;
Bergmann: ZBlHR 33, 207 (Die Einzahlungspflicht des Aktionärs);
Bergmann: Sacheinlagen bei der GmbH, Diss. 1932;
Bethke: PosMschr 16, 73 (Haftung der Mitglieder eines nrfV);
Biberfeld: ZAktWes 12, 126 (Der Erwerb von Aktien durch Zeichnung)*;
Biberfeld: ZAktWes 11, 229 (Zur Auslegung des Gründervertrages)*;
Biberfeld: ZAktWes 12, 77, 126 (Einfluß des BGB auf das Aktienrecht)*;
Boesebeck: Soz.Prax. 1938, 1103 (Verschleierte Sachgründung und Nachgründung);
Boesebeck: BB 48, 253, 347 (Handelsregisterliche Eintragung von Gesellschaften nach der Währungsumstellung);
Boesebeck: Die kapitalistische KG, Frankfurt 1938;
Boettger: Die qualifizierte Gründung der AG, Diss. 1909;
Bolze: LZ 07, 1 (Haftung der AG aus Verträgen über ihre Aktien und aus Arglist);
Bombiero-Kremenac: Gründung und Führung der AG nach neuem dt. R., Diss. 1938;
Bondi: ZBlFrG 10, 524 (Kann der Gesellschaftsvertrag einer GmbH über die Verpflichtung zur Einzahlung auf die Stammeinlage andere Bestimmungen treffen als im § 19 Abs. 1 GmbHG vorgesehen ist?);
Bondi: ZHR 77, 442; 78, 99 (Nichtigkeit der AG);
Böttger: Die Satzung der Gen, Diss. 1931;*
Braun: DStZ(A) 55, 154 (Umwandlung einer OHG in GmbH);
Breit: ZHR 76, 415 (Ansprüche des Aktionäres gegen die AG aus dem Erwerb von Aktien);
Breit: LZ 13, 337 (Die Überwälzung des Risikos des Aktienbesitzes seitens der Aktionäre auf die AG);
Breit: ZBlHR 33,25 (Scheingründung, Strohgründung und die bereits als Einmanngesellschaft entstehende GmbH);
Breitbach: Nicht rechsfähige Vereine und Körperschaften, Diss. 1930;
Bremer: Die Beschränkung der rechtlichen Stellung juristischer Personen, insbes. ihrer Rechtsfähigkeit im dt., franz., engl. und sowjetruss. Recht, Diss. 1936;
Breuer: Die rechtliche Natur der Aktienübernahme und Aktienzeichnung im Zusammenhang mit der Rechtsnatur der AG und ihres Entstehungsvorganges, Diss. 1927;
Brodmann: JW 31, 3026 (fehlerhafte Sachbegründung und ihre Heilung);
Bruch: Archiv für Sozialwirtschaft und Sozialpolitik 1924, 623 (Zur Systematik der Unternehmungsformen);
Brunn: BB 56, 261 (Zur Haftung für Geschäfte der VorGmbH);
Bruns: Das Wesen der AG in der Rechtsprechung des RG, Diss. 1937;
Bubenzer: FR 51, 147 (Zur gemischten Gründung);
Buchwald: GmbHR 57, 33 (Die Bewertung des zur Deckung des Stammkapitals erforderlichen Vermögens der GmbH);
Burghartz: Sozialrechtsakte im Gesellschaftsrecht, Diss. 1937;
Busch: Die Fusion von Aktiengesellschaften, Diss. 1908;
Busch: Rechtsvergleichende Darstellung der Gründung einer AG nach dt. und engl. R., Diss. 1948;
Cammerer: BayNotV 1925, 282 (Nachgründungserfüllungsgeschäft)*;
Citron: GenBl 25, 272* (Umwandlung von AG in Gen);
Citron: GenBl 28, 836* (Genossenhaftung trotz Genossenschaftsnichtigkeit);
Citron: GenBl 30, 184* (Verschmelzungsfragen);
Clad: SächsRpflA 26, 408* (AG-Sachgründung reformbedürftig?);

Clavuot: Der Gründungshergang bei der Simultangründung der AG, Diss. 1905;
Cohn: Das innere Verhältnis zwischen der GmbH und ihren Gesellschaftern, Diss. 1907;
Cohn: ZHR 82, 105 (Die Nichtigkeit der AG);
Cohn: Die Schuldenhaftung des nrfV nach gemeinem Recht und BGB, Diss. 1900;
Cohnitz: JW 30, 2640 (Die verschleierte Sachgründung und ihre Folgen);
Coulon: Der wirtschaftliche und gesetzliche Begriff der Genossenschaft, Diss. 1933;
Crisolli: JW 34, 936 (Scheingründung und Mantelverwertung);
Crisolli: ZHR 93, 226 (Die Rechtsnatur der Sacheinlageverpflichtung eines Aktionärs);
Daebritz: Fusion von Aktiengesellschaften, Diss. 1908;
Daeschner: Handelsgesellschaftliche Gestaltungsformen, 1922;
Dahlgrün: Die Sachgründung einer AG und die Frage der Zulässigkeit einer Vermeidung oder Umgebung der für sie aufgestellten Vorschriften, Diss. 1930;
Daimer: Mitteil. d. Bayer. Notarvereins 1925, 130 (Genehmigung der Nachgründung im Fall des Konkurses der AG);*
Danielcik: DR 37, 400 (Wahrheit der Unternehmensformen);
Danz: DJZ 07, 377 (Die Haftung der Mitglieder eines nrfV mit ihrem Vermögen);
Deeg: BB 50, 720 (Haftung bei einer nicht eingetragenen GmbH);
Denecke: JR 51, 742 (Mitgliederhaftung beim nrfV);
DJT.: 34. DJT., Bd. I (1926) 395 ff (Nipperdey), II (1926) 816* (Nikisch), 801* (Sinzheimer);
Dietrich: Die Haftung aus der Gründung einer GmbH, Diss. 1929;
Diller: Der Zeichnungsschein im AktR, Diss. 1908;
Dinkelacker: Die Haftung für die Gründungsvorgänge bei der GmbH, Diss. 1928;
Doge: Die Fusion von Aktiengesellschaften, Diss. 1908;
Domm: Grundsätze der Gesellschaftsverträge über vereinbarte Sacheinlagen bei Verzug, Unmöglichkeit und Mangelhaftigkeit der Leistung, Diss. 1911;
Draheim: Die Genossenschaft als Unternehmenstyp, Göttigen 1955;
Dregger: Haftungsverhältnisse bei der Vorgesellschaft von AG, GmbH, Gen und Verein, Diss. 1951;
Dreher: Die GmbH, ihr wirkliches Wesen und ihre wirtschaftliche Gestalt, Diss. 1931;
Dreiss: Die Gründerhaftung für Überbewertung von Sacheinlagen, Diss. 1931;
Dressler: Die Rechtsgrundsätze der Kapitalgesellschaft vor der Eintragung, Diss. 1927;
Drobnig: Haftungsdurchgriff bei Kapitalgesellschaften, Diss. 1959;
Dürr: JW 05, 3 (Ausschließung aus einem nrfV);
Eckstein: SächsRpflZ 1917, 59* (Inwiefern ist die Haftung der Mitglieder und Vertreter eines nrfV beschränkt?);
Eckstein: Holdheim 14, 177 (Der Begriff der Neugründung, § 11 GmbHG);
Eckstein: IherJ 55, 243 (Die Bedeutung der Satzungen für den nrfV);
Ehrhardt: ARWPhil 19, 474 (Die Haftung des eingetragenen Vereins für vor der Gründung kontrahierte Schulden);
Ehrlich: Die Schuldenhaftung des nrfV nach BGB, Diss. 1900;
Eichmann: Sind auf eine AG die Vorschriften des BGB über rechtsfähige Vereine anwendbar? Diss. 1905;
Eisner: Umwandlung von Gesellschaftsformen, Diss. 1916;
Eltze: Die Umwandlung der AG, Diss. 1900;
Enquête-Ausschuß: (Ausschuß zur Untersuchung der Erzeugungs- und Absatzbedingungen der deutschen Wirtschaft), 1. Unterausschuß, 3. Arbeitsgruppe, 1. Teil (Wandlungen in den Rechtsformen der Einzelunternehmungen und Konzerne, 1928), 3. Teil (Wandlungen in der aktienrechtlichen Gestaltung der Einzelunternehmen und Konzerne, 1930);
Enzmann: Die Nichtigkeit der AG, Diss. 1907;
Erdel: R. u. H. 1926, 241 (Die rechtliche Bedeutung der Vereinigungsformen des Privatrechtes);
Erdmann: Bl. f. SteuerR, SozVers & ArbR 1950, 59* (Deliktshaftung des nrfV);

F a h n h a u e r: Grundsätze für die Anerkennung nicht rechtsfähiger Gesellschaften im EinStG, Diss. 1954;
F e i g: NZArbR 30, 397 (Zur gesetzlichen Neuregelung der Haftung aus Tarifverträgen);
F e u c h t w a n g e r: Ist die AG nichtig, wenn der Gründungsvertrag nichtig ist? Diss.*;
F e u c h t w a n g e r: DJZ 13, 919 (Titel wie die Diss.);
F i c k: HansRZ 1922, 441 (Nichtigkeit fehlerhaft gegründeter AG);
F i s c h e r: Gesellschaft und Einlagegeschäft, Diss. 1936;
F i s c h e r: SeuffBl 05, 133 (Zur Frage der Rechtsfähigkeit der Vereine);
F i s c h e r: LZ 1912, 591 (Verschleierte Sachgründung);
F i s c h e r: Betriebsw.Rdsch. 1929, 33 (Das Ende der verschleierten Sachbegründung);
F i s c h e r: Arch. f. Treuhands- und Revisionswesen 1931, 52* (Schwierigkeiten während des Stadiums der Errichtung der AG und GmbH);
F i x: Die Fusion von AG, Diss. 1928;
F l e c h t h e i m: Die kapitalistisch ausgestaltete Personalgesellschaft, Berlin-Mannheim-Leipzig 1934*;
F l e c h t h e i m: ZBlHR 1926, 45 (Schadensersatzansprüche bei schuldhafter Fusion);
F l e c h t h e i m: JW 1929, 2105 (Die Heilung verschleierter Sachgründung);
F r e i t a g: Die verschleierte und schieberhafte Gründung von AG, Diss. 1924;
F r e y m u t h: R. u. H. 1926, 255 (Die GmbH rechtlich und wirtschaftlich);
F r o e b e l: Der Gläubigerschutz im neuen AktR, Diss. 1937;
F r o h n e r t: Die Nachgründung, Diss. 1910;
F r o r e i c h: Der Hergang bei der Gründung der AG, Diss. 1922;
F r u t h: Die Aktienzeichnung, Diss. 1903;
F u c h s: LZ 1929, 295 (Rechtsfortbildung trotz klaren Gesetzeswortlauts) (nrfV);
F u l d: SeuffBl 02, 159 (Zur Haftung eines nrfV für Delikte des Vorstandes);;
F u l d: ZAktwes 11, 172 (Die Anfechtung von Aktienzeichnungen, insb. wegen Betrugs)*;
F u n k: Die Umwandlung von Handelsgesellschaften unter Wahrung der Identität, Diss. 1940;
G a d o w: IherJ 87, 245 (Der Eintritt der AG in die vor ihrer Entstehung begründeten Rechtsverhältnisse);
G a e r t h s: Die Rechtsnatur der Gründungsgesellschaft, Diss. 1933;
G a n s s m ü h l e r: GmbHR 53, 116 (Die werbende VorGmbH);
G a n s s m ü h l e r: DB 55, 713 (Die VorG auf mangelhafter Grundlage);
G a n s s m ü h l e r: NJW 56, 1186 (Die Rechtsnatur der VorG);
G a r s s e n: Die rechtliche Natur der Aktienzeichnung, Diss. 1908;
G a u b a t z: Die Entstehung der AG, Diss. 1899;
G e i g e l: BayRpflZ 12, 187 (Fragen aus dem Vereinsrecht);
G e i l e r: LZ 1911, 505 (Verein & Gesellschaft);
G e i l e r: JW 1929, 2924 (Nachgründung);
G e m m i n g e n - H o r n b e r g: Die Nichtigkeit der AG, Diss. 1934;
G e r n: Die Fusion von AG, Diss. 1907;
G e r s c h e l: Sind auf die AG die Vorschriften des BGB über rechtsfähige Vereine anwendbar? Diss. 1906;
G i e r k e, O.: Das Wesen der menschlichen Verbände, Berlin 1902;
G i e r k e, O.: Das Dt. GenR, I-IV, 1868, 1873, 1881, 1913;
G i e r k e, O.: Die Gentheorie und die dt. Rechtsprechung, Berlin 1887;
G i e r k e, O.: Vereine ohne Rechtsfähigkeit, Berlin 1902;
G i e s e k e: Beiträge z. Handel- & Wirtschaftsrecht, 1953, 52 ff (Das Wesen der Kapitalgesellschaft);
G i s e k e: Die Vereinigung zur Gründung einer AG, Diss. 1928;
G l e i n i g e r: Das Wesen der Aktienzeichnung, Rechte und Pflichten des Zeichners, Diss. 1906;
G l o g e r: Die Anfechtbarkeit des Fusionsvertrages, Diss. 1928;
G o d o s a r: Die Haftung der Gesellschafter einer GmbH für die Einzahlung der Stammeinlage, Diss. 1932;

Goerrig: GmbHR 35, 589 (Kündigung eines Geschäftsführers vor GmbH-Eintragung);
Goldschmidt: Die sofortige Verschmelzung von AG, Berlin 1930;
Goldschmidt: Die Bedeutung der formellen und materiellen Vorschriften des HGB bei der Gründung einer AG, Diss. 1910;
Goldschmidt: Beiträge zum Recht der liquidationslosen Fusion von AG, Berlin 1929*;
Goldschmit: Die Gründung der AG, Berlin 1925;
Göpel: Die Anfechtung von Beitrittserklärungen zu handelsrechtlichen Korporationen, Diss. 1937;
Gottschewski: Schmollers Jahrb. 31 (1907) 199 (Über die Aktienform als Unternehmung);
Gottschling: GmbHR 53, 152 (Vor- und GründerG der GmbH im Steuerrecht);
Graupner: ArbR 32, 65 (Ausschluß eines Gewerkschaftsmitglieds vor Gericht);
Greifenstein: Gibt es eine materielle Nichtigkeit außerhalb des § 309 HGB? Diss. 1928;
Grimpe: Die Vorbereitungsgeschäfte bei der AG, Diss. 1934;
Grützmann: AcP 122, 52 (Nichtigkeiten im AktR);
Guttmann: Rechtsfähiger Verein und AG, Diss. 1927;
Haegele: BlStA 1953, 371, 388*(Kapitalverkehr- bzw. Grunderwerbsteuerfragen bei Gründung usw. von Gesellschaften);
Haegele: WT 1956, 118 (Grunderwerbsteuer bei Gründung);
Hafner: Holdheim 1913, 234 (Gutgläubiger Erwerb von Grundstücken bei liquidationsloser Fusion von AG);
Hagelberg: JW 31, 3028 (Die fehlerhafte Sachgründung und ihre Heilung);
Hagelberg: JW 30, 308 (Umfaßt § 186 Abs. 4 HGB auch dingliche Rechtsgeschäfte?);
Hagelberg: Festschrift f. Oberneck 1930, 206 (Die fehlerhafte Sachgründung von AG);
Hagemann: Die Rechtshandlungen vor der Eintragung der GmbH, Diss. 1931;
Hahn: DJZ 1902, 504 (Haftet der e.V. für Schulden des nrfV?);
Hahn: Der Einfluß von Willensmängeln auf Gründungs- und Beitrittserklärungen zu jPen, Diss. 1912;
Hahn: Über die aus der Zeichnung von Aktien hervorgehenden Rechtsverhältnisse, Diss. 1874;
Hammer: Das Wesen des Gründungsaktes bei der Simultangründung der AG, Diss. 1910;
Hassler: Die vertragliche Natur der Vereinsgründung, Diss. 1921;
Haussmann: Die Gründung der AG, Diss. 1911;
Haussmann: JW 27, 2953 (Die AG als Unternehmen an sich);
Hax: ZfhF 1950, 240 (Aufgaben und Bedeutung der AG);
Hayduck: Die Nichtigkeit der Fusion von AG und ihre Rückwirkung, Diss. 1935;
Heberlein: Die GmbH vor der Eintragung ins Handelsregister, Diss. 1913;
Heilbrunn: HansRZ 1922, 651 (Bargründung von AG mit darauf folgender Einbringung von Vermögenswerten);
Heilbrunn: ZBlHR 1933, 10 (Die Ausgründung);
Heim: BB 47, 325 (Grundzüge der Umwandlung einer Personen- in eine Kapitalgesellschaft);
Hein: ZHR 108, 181 (Berechtigung und Verpflichtung der AG aus Verträgen vor ihrer Eintragung);
Heinlein: InfA 56, 361*(Selbständige Besteuerung von VorG);
Henoch: Die Umwandlung einer KGaA in AG und einer AG in KGaA, Diss. 1906;
Herbeck: Die Bareinlageverpflichtung des Aktionärs, Diss. 1938;
Herbig: DNotZ 1936, 332 (Beitrag zum Recht der Sacheinlage);
Herbig: DFrGer 1936, 85 (Gründung von Kapitalgesellschaften mit Strohmännern);
Herbig: DJ 36, 1716 (Die Unanfechtbarkeit der Aktienzeichnung);
Herold: ZADR 43, 41 (Die personenbezogene Kapitalgesellschaft);

Herrmann: Die Rechte des Aktionärs gegen die AG, die ihm eigene Aktien betrügerisch verkauft hat, Diss. 1911;
Herrmann: Holdheim 1912, 173 (wie voriger Titel);
Herz: Holdheim 12, 33 (Zeichnung und Zuteilung von Aktien);
Heuer: DStZ, A, 1952, 12 (Die Körperschaftssteuerpflicht im Gründungsstadium der GmbH);
Heymann: IherJ 75, 408 (Die nicht eingetragene GmbH im deutsch-ausländischen Rechtsverkehr);
Heymann: ZHR 92, 217 (aktienrechtliche Fusion);
Himmelsbach: Die Gründergesellschaft eines werbenden Aktienvereins, Diss. 1914;
Hirschmann: ZAktWes 1925, 185 (Rückgründung von AG in OHG)*;
Hoffmann: Die Gründung von AG nach bayer.R., Diss. 1892;
Hoffmann: Die Aktienzeichnung, Diss. 1911;
Hoffmann: Wpg 1949, 128 (Zur Besteuerung von Gründergesellschaften);
Hofmeyer: Der Begriff der eingetragenen Gen, Diss. 1931;
Homberger: Das Recht der entstehenden AG, Diss. 1906;
Hosemann: JW 34, 962 (Scheintod einer AG?);
Hubert: Die rechtliche Natur einer im Entstehen begriffenen GmbH und die Wirkung der von ihr abgeschlossenen Verträge, Diss. 1914;
Hueck: StW 1953, 315 (Die Umwandlung von Personen- in Kapitalgesellschaften);
Jacobi: LZ 1909, 222 (Rechte der AG gegen den Veräußerer von nicht satzungsmäßigen Sachübernahmegegenständen);
Jaeger: Die Nachgründung im AktR, Diss. 1937;
Jahn: Der Einfluß von Willensmängeln bei der Aktienzeichnung, Diss. 1907;
Jakobi: Die Rechtsnatur des Illationsvertrages bei der AG, Diss. 1896;
Jaraczewer: Die Haftung für rechtsgeschäftliche Schulden eines nrfV, Diss. 1905;
Johst: Die nicht eingetragene GmbH, Diss. 1923;
Josef: Gruchot 62, 712 (letztwillige Zuwendungen an einen nrfV);
Josef: AbürgR 20, 229 (wie voriger Titel);
Josef: PreußVerwBl 37, 760 (Die Erstattungspflicht bei Feuerwehr-nrfV);
Josef: ZHR 84, 70 (Nichtigkeitserklärung einer AG);
Josef: Recht 1923 Nr. 139 (nrfV);
Josef: JR 27, 21 (jP & nrfV im Prozeß und im Anfechtungsrecht);
Junck: IherJ 77, 297 (Umwandlung von Gesellschaften);
Jung: Recht 1918, 71 (Körperschaftlicher Beitritt von Vereinen);
Kalveram: Z. f. Betriebswirtsch. 1924, 61 (Gründung der AG);
Kellermann: Haftung für die Schulden, die von den Gründern eines Vereins für den Verein eingegangen sind, bevor dieser die Rechtsfähigkeit erlangt hat, Diss. 1911;
Keyssner: DJZ 1900, 355 (§ 186 HGB);
Kipping: Der Einfluß von Willensmängeln bei der Aktienzeichnung, Diss. 1910;
Klein: Die wirtschaftlichen und sozialen Grundlagen des Rechtes der Erwerbsgesellschaften, Berlin 1914;
Kleppe: Die Anfechtung des Beitritts zu Personal- und Kapitalgesellschaften, Diss. 1936;
Kloss: Eintritt der AG in die für sie im Gründungsstadium geschaffenen Rechte & Pflichten, Diss. 1930;
Kluge: ZfGenWes 1952, 68* (Einheitstheorie bei Gen-Gründung);
Kniep: Materielle Nichtigkeit einer AG, Diss. 1932;
Knur: Die Familiengesellschaft, Berlin 1941;
Koch-Heintze-Eich-Koehler: Die Neugestaltung des AktR und die Umgründung einer OHG in Kapitalgesellschaft, Berlin 1948;
Koehler: DNotV 32, 17, 86 (Der Gesellschaftsvertrag der AG);
Kohler: ZHR 74, 456 (Die OHG als jP);
Kohler: AbürgR 40, 229 (Nochmals die OHG als jP);
Kohler: DJZ 1911, 1261 (Umwandlung & Erlöschen einer jP);
Kohler: AbürgR 40, 309 (Die Fusion der AG);
Köhler: GmbHR 55, 152 (Stellung und Bedeutung der GmbH in der Wirtschaft);

Könnecke: Die GmbH im Stadium der Entstehung, Diss. 1932;
Kötter: NWBriefe F 2, 525 (Die Besteuerung der VorG);
Kraft: JW 13, 177 (Aktienerwerb und Willensmangel);
Kreifels: GmbHR 57, 17 (Umwandlung von Kapitalgesellschaften);
Kremer: Die Fusion von AG, Diss. 1910;
Kriebel: Die Errichtung der GmbH, Diss. 1928;
Krohn: Die Simultangründung der AG, Diss. 1911;
Kronfeld: Die Haftung der AG für Betrug ihrer Organe, Diss. 1910;
Krönig: NDR 53, 217 (Keine entsprechende Anwendung des § 29 BGB auf nrfV);
Kronstein: ZBlHR 33, 31 (Zur Haftung der Gründungsgenossen für fehlerhafte Geldeinlagen in AG);
Krüger: Die Nachgründung, Diss. 1903;
Kuhn: WM IV B, Sonderbeilage 5/1956 (VorG);
Kuntze: Festschrift f. Müller 1892 (Der Gesamtakt);
Laaff: Satzung der AG, Leipzig 1937;
Lach: Handeln im Namen der AG vor ihrer Eintragung, Diss. 1937;
Lammers: Die Anfechtung der Gründung einer GmbH, Diss. 1928;
Lambert: NWBriefe F 7, 515*(Umsatzsteuer bei Gründung von Unternehmen);
Landauer: Über die Errichtung der AG, Diss. 1891;
Landsberger: ZBlHR 32, 79 (Der Rechtsgedanke des Unternehmens an sich und das neue Aktienrecht);
Lange: Sacheinlagen bei den privatrechtlichen Korporationen, Diss. 1936;
Langen: AbürgR 30, 228 (handelsrechtliche Rundschau);
Langen: Der Konflikt zwischen Gesellschaftern und Gläubigern bei betrügerischen Gründungen von Handelsgesellschaften, Diss. 1928;
Langen: JW 28, 1542 (Anfechtbarkeit des Beitritts zu einer Kartell-GmbH);
Langhoff: Gründungsmängel bei der AG, Diss. 1934;
Laumann: Der Eintritt der AG in die vor ihrer Eintragung begründeten Rechtsverhältnisse, Diss. 1929;
Laue: GenBl 33, 506*(Anfechtbarkeit und Nichtigkeit von Beitrittserklärungen zu Genossenschaften);
Lehmann: ZHR 51,373 (Beiträge zur Lehre von den Erwerbsgründen des Aktienrechtes);
Lehmann: ZHR 50,1 (Umwandlung handelsrechtlicher Unternehmungsformen);
Lehmann: IherJ 33, 389 (Gründungsmängel und Eintragung der AG);
Lehmann: Recht 1901, 460 (Anfechtung von Zeichnungen wegen Betrugs);
Lehmann: Festschrift Cohn, Zürich 1915, 393 (Schutz und Erhaltung kaufmännischer Unternehmungen);
Lehmann: Holdheim 03, 195 (Anspruch des Aktionärs der AG, der durch Betrug verleitet ist, beizutreten);
Lehmann: Die Nachgründung, Diss. 1904;
Leidecker: ZfhF 1925, 145 (Das Normale und das Anormale in den Statuten der AG);
Lemle: Rechtliche Natur und Rechtserwerb der AG, Diss. 1906;
Leo: Die Rechtstellung der Gläubiger des nicht rechtsfähigen Personenverbandes und dessen Erhebung zur jP, Diss. 1906;
Letschert: ZADR 37, 230 (Die Vermögensgrundlage der Gen);
Levy: WuR 30, 239 (Verschleierte Sachgründung und Aktienrechtsreform);
Liebel: Die wirtschaftliche Struktur der GmbH, Berlin–Wien 1931;
Liefschütz: LZ 1927, 948 (Die Sachgründung);
Lindemann: Der nrfV, Berlin 1910;
Lion: Die Umwandlung und Auflösung von Kapitalgesellschaften, Berlin 1935;
Littmann: Sachgründung und Nachgründung, Diss. 1938;
Löbenstein: Mantelgründung und Mantelverwertung, Diss. 1933;
Ludewig: ZBlHR 32, 121 (Der Vorbegründungsvertrag im Aktienrecht);
Ludewig: LZ 33, 415 (Der Erwerb von Grundstücken im Errichtungsstadium der AG);
Luther: DNotZ 34, 651 (Die Auflassung mit Wirkung für die künftige AG und GmbH);

Maitland: Grünhut 1905, 1 (Trust und Korporation);
Mann: Die Sachgründung im AktR, Berlin 1932;
Mann: ZBlHR 32, 131 (Die Barzahlungspflicht des Aktionärs);
Masloch: Die Rechtsnatur der Gründergesellschaft einer AG, Diss. 1939;
Matzke: JR 30, 223 (Findet § 178 BGB auf einen gegen § 207 HGB verstoßenden Vertrag Anwendung?);
Mayer: Die Entstehung der rechtsfähigen Vereine nach BGB, Diss. 1910;
Meidner: Das Sachgründungsgeschäft, Diss. 1935;
Melsbach: LZ 25, 19 (Die Rechtsfähigkeit der tariffähigen Vereinigungen);
Merkert: BB 51, 322 (Gesellschafterwechsel im Gründungsstadium der GmbH);
Merstadt: Zur Konstruktion des Illationsvertrags, Diss. 1912;
Messerschmidt: Der rechtliche Begriff der Genossenschaft, Diss. 1955;
Meszleny: Das Vermögen im BGB, Bern 1908;
Meyer: Die Bareinlagen bei der Gründung der AG, Diss. 1937;
Meyer: Die Rechtsnatur der errichteten, aber nicht eingetragenen AG usw., Diss. 1913;
Michel: Die Simultangründung der AG, Diss. (o.J.);
Mieses: JW 30, 2650 (BGBG mit beschränkter Haftung);
Mildenberger: Die unternehmungslose Handelsgesellschaft, die Löschung ihrer Firma und die Verwertung ihres Mantels, Diss. 1934;
Mladenatz: Der Begriff der Genossenschaft, Diss. 1926;
Möllers: Das rechtliche Wesen der Beteiligung an einer Gen im Vergleich zur Beteiligung an einer AG, GmbH & OHG, Diss. 1954;
Moll: Die Rentabilität der AG, Jena 1908;
Moos: JW 14, 506 (Anfechtbarkeit der Beitrittserklärungen zur GmbH);
Müller: DJZ 05, 809 (Die rechtliche Natur eingetragener Vereine, Gen oder Gesellschaften in der Zeit vor der Eintragung);
Müller: Der Eintritt der AG in die für sie vor ihrer Eintragung in das Handelsregister begründeten Rechte und Pflichten, Diss. 1932;
Müller: Die Errichtung der AG, Diss. 1924;
Neubecker: Vereine ohne Rechtsfähigkeit, Berlin 1908;
Neukamp: LZ 14, 332 (Findet § 31 BGB auf nrfV Anwendung?);
Neumann: DJZ 02, 292 (Haftung des nrfV);
Noack: Die rechtliche Stellung des nrfV, Diss.*;
Noll: Soz.Prax. 39, 387 (Die Wandlung der AG: von der kapitalistischen zur volkswirtschaftlichen Unternehmungsform);
Nolting-Hauff: HansRZ 1927, 927 (Ausschluß der Liquidation bei mit Bareinlagen verbundenen Fusionen);
Nübell: AburgR 43, 104 (Die Abgrenzung der Aktienübernahme von der Aktienzeichnung und die aus der Übernahme und Zeichnungen hervorgehenden Rechte und Pflichten);
Nussbaum: AburgR 42, 162 (Vereinsrecht);
Nussbaum: ZZP 34 (05) 107 (Die nrfVereine im Prozeß und Konkurs);
Nussbaum: SächsArch 00, 337 (§ 54 S. 2 BGB);
Oertmann: ARWPhil 7, 127 (Die rechtliche Natur der Vereinssatzung);
Oppenheimer: IherJ 47, 99 (Die beiden Vereinsklassen des BGB);
Ort: Nachgründung im AktR, Diss. 1939;
Oswald: WT 54, 190 (Verein oder bürgerlichrechtliche Gesellschaft?);
Otto: BB 54, 572 (Die Haftung aus einem von der VorGen aufgenommenen Geschäftsbetrieb);
Packer: Der rechtsfähige Verein, der nrfV und die BGBG, Diss. 1930;
Pagel: AburgR 42, 227 (Zur Lehre von der Rechtsfähigkeit);
Paltzer: RheinNotZ., Bd. 48, 173*(Mustersatzung für nrfV);
Pappritz: Die Parteifähigkeit des nrfV, Diss. 1935;
Passow: Der Strukturwandel der AG im Lichte der Wirtschaftsenquête, 1930;
Paul: NJW 47/48, 417 (Ausschluß aus der zweigliedrigen VorGmbH);
Paul: BB 54, 572 (Die Haftung aus einem von der VorG aufgenommenen Geschäftsbetrieb);

Paulick: Die eingetragene Gen als Beispiel gesetzlicher Typenbeschränkung, Tübingen 1954;
Paulick: ZfgesGenWes 1954, 149 (Die Rechtsstellung der eingetragenen Genossenschaft);
Pauls: Die Haftung für Handlung im Gründungsstadium der Handelsgesellschaft, Diss. 1924;
Peters: Die Nichtigkeit des Beitritts zu Vereinen und Gesellschaften des Handelsrechtes, Diss. 1938;
Petri: IherJ 73, 119 (Haftung des nrfV aus Quasidelikten);
Pfander: Die Sacheinlage des Aktionärs bei der Gründung der AG, Diss. 1926;
Pinner: ZHR 50, 100 (Die Anwendbarkeit der Bestimmungen des BGB über Vereine auf die AG);
Plageman: Die rechtlichen Probleme der Stiftung als Unternehmensform, Diss. 1950;
Plathner: Gruchot 21, 364 (Die Entstehung der AG);
Plum: Recht 1914, 325 (Durch Betrug verursachter Beitritt zur GmbH);
Posch: Kapitalassoziationen, Berlin (Ost), 1955;
Potthoff: Mitteil. des wirtschaftswiss. Instituts der Gewerkschaften 1954, 93 (Die „große" AG)*;
Priese: DB 53, 132 (Die Steuern der VorGmbH);
Raddatz: Gruchot 58, 77 (Braucht der Vorstand im Aktivprozeß eines nrfV Vollmacht?);
Radkau: JW 1922, 899 (Undurchsichtige Gründung von AG);
Rauch: Schmollers Jahrb. 67 (1943) 559 (Gesellschaftskapital und Gesellschaftsvermögen);
Rehm: BayRpflZ 1906, 129 (Fälle des wirtschaftlichen Vorzugs der Sachübernahme vor der Sacheinlage);
Rehm: AbürgR 22, 119 (Die Einbringung von Sachgesamtheiten bei AG und GmbH);
Reichau: Ist die KGaA ein rfV? Diss. 1902;
Reinecke: DJZ 08, 245 (Haftet der e.V. für die Schulden des nrfV, aus dem er hervorgegangen ist?);
Reinhardt: 39. DJT., Verh., B 5ff (1952) (Gesellschaftliche Fragen der Gestaltung der Unternehmensformen);
Reinicke: DB 51, 301 (Die Gründung einer EinmannGmbH);
Reis: Zeichnung und Übernahme von Aktien, Diss. 1906;
Remmlinger: GmbHR 1950, 123 (Umsatzsteuer anläßlich der GmbHGründung);
Riesser: LZ 1909, 337 (Rechtsfolgen der Verletzung des § 182 Abs. 1 HGB);
Rombach: AcP 120, 267 (Findet § 31 BGB auf nrfV Anwendung?);
Rospath: BA 1929, 340 (Verschleierte Sachgründung der AG);
Rössler: Der Umfang der Rechtsfähigkeit der AG in rechtsvergleichender Darstellung, Diss. 1933;
Roth: LZ 1912, 266 (Das individualistische und kollektivistische Organisationsprinzip im Recht der AG und GmbH);
Roth: Holdheim 1914, 193 (Haftung des Handelnden);
Rümelin: AcP 101, 361 (Haftung der Mitglieder eines nrfV);
Ruth: ZHR 88, 454 (Ein- & Austritt von Mitgliedern);
Saassen: Die Gründung der GmbH, Diss. 1912;
Sachau: ZHR 56, 444 (Der nrfV als Unternehmer eines Handelsgewerbes);
Saigge: Das Wesen der jP, Diss. 1907;
Salinger: Die Gesellschaften des Handelsrechtes im Gründungs- und Liquidationsstadium, Diss. 1914;
Samter: DJZ 1900, 311 (Das Wesen der eintragungsfähigen Vereine);
Sander: Die Nachgründung im AktR, Diss. 1930;
Sass: Die Handlungen der GmbH im Gründungsstadium, Diss. 1924;
Schäfer: Die Notwendigkeit der Beibehaltung der GmbH und ihre Verpersönlichung, Diss. 1937;

Schlink: HansRGZ 36 A 201 (Beschränkte Handlungsfähigkeit der AG?);
Schmalenbach: ZfhF 1, 203 ff (Gründung der AG);
Schmidt: GmbHR 1934, 599 (Die GmbH als Unternehmensform in der nationalen Wirtschaft);
Schmidt: Das Strohmännertum im Aktienrecht, Diss. 1934;
Schnatz: Der Übergang des Vermögens des nrfV auf den rechtsfähigen Verein;
Schnoering: Die Simultan- und Sukzessivgründung der AG in der neueren Doktrin, Diss. 1908;
Schnoor: Die AG ohne Mitglieder, Diss. 1934;
Scholz: JW 1938, 3149 (Haftung der VorG);
Scholz: GmbHR 56, 3 (§ 11 GmbHG);
Scholz: GmbHR 57, 65 (Die Sacheinlagen der GmbH);
Schönfeld: RG-Festschrift II, 191 ff (Rechtsperson und Rechtsgut im Lichte des RG);
Schönfeld: AcP 136, 331 (Zur Ehrenrettung der jP);
Schopp: Die Anwendbarkeit der Vereinsregeln auf das Handelsgesellschaftsrecht, Diss. 1935;
Schreiber: Die rechtliche Natur der Aktienzeichnung, Diss. 1909;
Schröder: JW 1936, 20 (Kapitalgrundlage der eingetragenen Gen);
Schultz: Der Rechtsbegriff der Genossenschaft und die Methode seiner richtigen Bestimmung, Diss. 1958;
Schultze: IherJ 43, 1 (insb. 102 ff: Gründer als Treuhänder);
Schultze-v. Lasaulx: Fusion eingetragener Genossenschaften, Diss. 1927;
Schultze-v. Lasaulx: IherJ 79, 349 (Zur Fusion von AG und Gen);
Schultze-v. Lasaulx: Festschrift f. Schultze 1934, 1 (Der nicht eingetragene Verein);
Schultze-v. Lasaulx: JZ 52, 390 (Die unechte VorG);
Schulze: Die Aktienzeichnung und ihre rechtliche Natur, Diss. 1910;
Schumann: Die Bareinlagepflicht des Aktionärs, Diss. 1906;
Schumann: Der nicht rechtsfähige Verein, Berlin 1956;
Schwarzkopf: Rücktritt eines Gründers vor der Gründung einer AG, Diss. 1928;
Schweyer: Verschleierte Sachgründung bei AG, Diss. 1931;
Schwing: Rpfleger 48/49, 255* (Veräußerung des Geschäftsanteils vor Eintragung der GmbH);
Seckel: Die Rechtsnatur der Beteiligungsakte bei der Gründung der AG, Diss. 1914;
Seligsohn: DJZ 1913, 1131 (Nichtigkeit der AG);
Serick: NJW 56, 895 (Rückerstattungsrechtliche Probleme bei jPen);
Siebel: ZHR 113, 119 (Betrachtungen zur Ultra-Vires-Lehre Englands);
Siebert: DJZ 35, 713 Das Wesen der Rechtsfähigkeit menschlicher Personenverbände);
Siebert: DRWiss 1936, 252, 254 ff (Überwindung der jP);
Siebert: BB 50, 846 (Haftung einer Gewerkschaft für ihre Organe nach § 31 BGB);
Siebert: BB 54, 417 (EinmannGmbH und Strohmanngründung);
Siebert: Die Bedeutung und das Wesen der Aktienzeichnung, Diss. 1907;
Sieburg: JW 1912, 115 (Haftung des Handelnden vor Eintragung der AG);
Sieburg: Die AG und die GmbH vor ihrer Eintragung ins Handelsregister, Diss. 1927;
Siegelmann: BB 57, 137 (Die Grundstückseinlage bei Errichtung einer GmbH);
Silbernagel: Die Gründung der AG nach dt., schweiz., engl. und franz. Recht, Berlin 1907;
Silberschmidt: ARWPhil 11, 239, 329; 12, 55, 136 (Gewerkschaft, Gesellschaft, jP);
Silberschmidt: LZ 1925, 422 (Die Lockerung des Begriffs „jP“);
Simon: ZHR 49, 1 (Einfluß des BGB auf das AktR);
Simon: LZ 1913, 11 (Die Überwälzung des Risikos des Aktienbesitzes seitens der Aktionäre auf die AG);
Simonis: Die Nichtigkeitserklärung einer AG, Diss. 1901;
Spitaler: GmbHR 55, 164 (Die Sendung der GmbH im gegenwärtigen Wirtschaftsleben);

Stahlhalke: RdA 53, 93 (Haftung der Gewerkschaften für ihre Organe nach § 31 BGB);
Stark: Anfechtbarkeit und Nichtigkeit von Beitrittserklärungen im GenR, Diss. 1934;
Staub: Holdheim 01, 133 (Anfechtung der Aktienzeichnung);
Staudinger: DJZ 00, 375 (Zur Rechtsnatur des nrfV im BGB);
Steinitzer: Oekonomische Theorie der AG, Leipzig 1908;
Stoll: RG-Festschrift II, 49 (Gegenwärtige Lage der Vereine ohne Rechtsfähigkeit);
Takaki: Die Rechtsverhältnisse der AG bis zu ihrer Eintragung, Diss. 1906;
Taubert: Die vorbeabsichtigte Nachgründung im dt. Aktienrecht, Diss. 1914;
Teutsch: BayRpflZ 1910, 153 (Der nrfV auf dem Wege der Rechtsfähigkeit);
Theis: Grundfragen der Rechtsstellung des Aktionärs im Gemeinschaftsrecht. Ein Beitrag zur Lehre der Rechtsfähigkeit menschlicher Verbände im neuen Recht unter bes. Berücksichtigung der Rechtsnatur des AktG., Marburg 1940;
Timpe: Die Haftung des nrfV für seine Organe, Diss. 1928;
Ullmann: Die Veräußerung des Vermögens einer AG im ganzen (Fusion), Diss. 1915;
Ury: JW 30, 1353 (Rechtliche Wirkung nicht genehmigter Nachgründungsverträge);
Voelcker: Schmollers Jahrb. 33 (1909) 1375 (Vereinigungsformen und Interessenbeteiligungen in der dt. Großindustrie);
Voelter: BB 50, 478 (Die Gesellschaftssteuer bei der Errichtung von Kapitalgesellschaften);
Voetzsch: Der Gründungshergang bei der Sukzessivgründung der AG, Diss. 1907;
Vogel: GmbHR 53, 137 (Das Aktienrecht als Rechtsquelle für die GmbH);
Volk: Wpg 1953, 180 (Die Einbringung eines Unternehmens in eine Kapitalgesellschaft als gesellschaftsteuerliches Problem);
Wachtel: Das Wesen der Aktienzeichnung, Diss. 1903;
Wachter: Form und Gestalt der juristischen Persönlichkeit der KG in der Rechtsprechung des RG, Diss. 1934;
Wagner: Willensmängel bei der Aktienzeichnung unter bes. Berücksichtigung der Verhältnisse vor der Registereintragung, Diss. 1927;
Wagner: Die Sachgründung von Kapitalgesellschaften, Diss. 1938;
Wald: Die rechtliche Natur der Gründung der AG, Diss. 1908;
Waldecker: ZHR 77, 355 (Das vermögensrechtliche Fundament der Gen);
Waldecker: Gruchot 59, 961 (Studien über die Rechtsverhältnisse der sog. nicht eingetragenen Gen);
Wallenfang: Der Eintritt der AG in die während des Gründungsstadiums in ihrem Namen abgeschlossenen Rechtsgeschäfte, Diss. 1940;
Wehrli: Die Sachübernahmegründung der AG nach schweiz. & dt. Recht, Diss. Zürich 1940;
Weinberg: Der gerichtliche Schutz von Mitgliedern nicht rechtsfähiger Vereine gegen ungerechtfertigte Ausschließung, Diss. 1921;
Werneburg: ZBlFrG 1917, 180 (Der Beitritt und die Beitrittserklärung des Genossen zur Gen);
Werneburg: LZ 1925, 1254 (Betrugsanfechtung und Schadensersatzanspruch gegen Gründer und AG);
Werneburg: SächsArch 1929, 244 (Die GmbH vor ihrer Eintragung);
Werner: Die Aktienzeichnung als Grundlage für die Gründung der AG, Diss. 1907;
Werner: Wesen der Aktienzeichnung, Rechte und Pflichten aus der Zeichnung, Diss. 1907;
Westmann: Die Rechtsstellung des Vorstandes eines nrfV, Diss. 1903;
Wetzel: Die Zeichnung von Aktien im Gründungsfall, Diss. 1909;
Weyl: Begriff und Rechtsstellung der Gründer der AG, Diss. 1909;
Weyrich: Das Verhältnis der Vorgesellschaft und Gründervereinigung zur Körperschaft, Diss. 1931;
Wiegel: DStZ (A) 50, 30, 61 (Gründung, Auflösung und Umwandlung von Unternehmen jeder Art – umsatzsteuerliche Betrachtung);
Wieland: ZHR 64, 58 (Ansprüche des Gesellschafters gegen die Gesellschaft bei doloser Herbeiführung des Beitritts);

Wiener: ZHR 24, 1, 450; 25, 1 (Die Errichtung der AG und die Verantwortlichkeit der Gründer);
Wiertz: Die Anwendung vereinsrechtlicher Regeln auf das Handelsgesellschaftsrecht, Diss. 1931;
Willms: Rechtsgeschäfte für die AG vor der Eintragung, Diss. 1938;
Winden: DB 52, 840 (Haften die Gesellschafter einer VorGmbH unbeschränkt?);
Winterfeld: NJW 47/48, 86 (Betrachtungen zur GmbH-Gründung);
Wolff: LZ 1911, 881 (Der Anspruch aus der Aktienzeichnung im Konkurs des Aktionärs);
Wolff: Das Gründungsgeschäft im deutschen Bankgewerbe, Berlin–Stuttgart 1915;
Zielinski: Grundtypenvermischung und Handelsgesellschaftsrecht, Marburg 1925;
Zirker: Die Stellung des nrfV in seinem Verhältnis zum rechtsfähigen Verein, Diss. 1901;
Zopp: Die rechtliche Natur der Gründung der AG, Diss. 1920.

II. Verzeichnis der Anmerkungen zu den zitierten Entscheidungen

RG 28.9.15: Hachenburg (JW 16,47)
RG 18.9.17: Heinig (JW 18,177)
RG 12.7.21: Hachenburg (JW 22,94)
RG 17.10.22: Hachenburg (JW 23,121)
OLG Stettin 26.2.23: Heinsheimer (JW 27, 218)
KG 1.10.23: Hachenburg (JW 24,199)
OLG Hamburg 8.4.24: Hoeniger (JW 24,1882)
RFH 14.10.24: Goldschmidt (JW25,158)
RG 20.10.24: Oertmann (JW 25,237)
OLG Celle 25.11.24: Goldschmidt (JW 25,650)
KG 18.12.24: Breit (JW 25,635)
OLG München 22.5.25: Goldschmidt, Jäger, Teutsch (JW25,1646; 26,594,2089)
LG Bochum 2.10.25: Rausnitz (JW 26, 624)
RG 20.11.25: Bernstein (JW 26,794)
RG 4.12.25: Fürst (JW 26,1144)
RG 22.7.26: Bernstein (JW 26,2907)
RFH 12.10.26: Strauß (JW 27,1117)
RG 28.1.27: Hachenburg (JW 27,1091)
RG 25.2.27: Kaskel (JW 27,2363)
KG 26.4.27: Hachenburg (JW 27,2437)
RG 1.6.27: Saenger (JW 28,1562)
OLG Hamburg 29.6.27: Stoll (JW 27, 2817; 28,1069), Weigert (JW 28,242)
RG 22.11.27: Linner (JW 28,622)
RG 26.11.27: Lion-Levy (JW 28,1555)
KG 23.3.28: Mügel (JW 28,1822)
RG 23.4.28: Pinner (JW 28,2631)
RG 26.10.28: Schmidt, Lion, Abraham (JW 29,648,1372)
LG Stuttgart 26.10.28: Saenger (JW 29, 681)
RG 11.12.28: Bing, Fuchs (JW 29,645, 1744)
RG 14.12.28: Molitor, Horrwitz (JW 29,643,1743)
RG 30.12.28: Flechtheim, Wagner (JW 29,2944,3297)
KG 4.2.29: Abraham (JW 29,1402)
OLG Kiel 28.2.29: Hamburger (JW 29, 1402)
RG 15.3.29: Pinner (JW 29,1363)
KG 10.4.29: Bing (JW 29,2163)
RAG 26.10.29: Nipperdey (ArbRSlg. 8, 140)
LG Hamburg 28.11.29: Hachenburg (JW 30,2726)
RG 28.1.30: Cohn, Pinner, Hachenburg (JW 30,2663,3733)
RAG 12.3.30: Bondi (JW 30,3790)
RG 13.10.30: Flechtheim, Ludewig (JW 31,49)
RAG 18.10.30: Nipperdey (JW32,3501)
RG 4.11.31: Mann, Siller (JW 32,2280, 3181)
LAG Berlin 26.11.31: Volkmar (ArbRspr. 32,5)
RG 6.2.32: Hachenburg (JW 32,1647)
KG 23.2.32: Hachenburg (JW 32,2630)
RG 7.10.32: Flechtheim (JW 33,1012)
KG 3.11.32: Fischer (JW 33,1031)
RG 28.11.32: Geiler (JW 33,52)
OLG Danzig 28.11.33: Böttger (JW 34, 862)
RG 8.12.33: Schmidt (JW 34,550)
RG 18.1.34: Siebert (JW 34,1165)
RG 27.3.34: Hueck (JW 34,1487)
OLG Köln 28.11.34: Ruth (JW 35,227)
RG 22.1.35: Siebert (JW 35,1553)
RG 28.2.35: Oppermann (JW 35,1337)
RG 6.4.35: Ruth (JW 35,2049)
RG 25.6.35: Ruth (JW 35,2719)

RG 17.9.35: Groschuff (JW 36,42)
RG 12.11.35: Groschuff (JW 36,446)
KG 21.7.38: Groschuff (JW 38,2754)
RG 29.10.38: Dietrich (JW 39,110)
RG 25.2.39: Groschuff (DR 39,720)
RG 13.1.41: Baumbach (ZADR 41,278), Dietrich (DR 41,1080)
RG 19.5.41: Haupt (DR 41,2119)
OLG Frankfurt 11.12.47: Paul (NJW 47/48,417)
LG Lübeck 24.6.48: Boesebeck, Sucher (BB 48,347)
LG Duisburg 30.7.48: Boesebeck (NJW 47/48,527)
OLG Tübingen 27.7.49: Baur (DRZ 50, 18)
OLG Celle 5.1.50: Buchholz (DNotZ 50, 101)
OLG Hamburg 16.3.50: Schmidt (D-NotZ 50,472)
LG Verden 20.7.50: Krabbenhöft (R-pfleger 51,468)
OLG Celle 18.10.50: Ballerstedt (Gm-bHR 51,27), Scholz (NJW 51,847), Grussendorf (DNotZ 51,222)
OLG Saarbrücken 23.2.51: Schilling (JZ 51,446)
OLG Saarbrücken 9.3.51: Weipert (JZ 52,37)
OLG Celle 16.10.51: Scholz, Classen (DNotZ 52,138)
LG Münster 24.10.51: Oswald (JR 53, 261)
OLG Frankfurt 27.11.51: Scholz (Gm-bHR 52,108)
OLG Frankfurt 31.1.52: Lent (NJW 52, 792)
BGH 8.2.52: Bühring (AP 1952 Nr.121)
OLG Hamburg 25.3.52: Dregger (Gm-bHR 52,185)
BGH 29.10.52: Fischer (L–M 1 zu § 97 GenG)
BGH 29.10.52: Schneider (GmbHR 53, 10)
BGH 21.11.52: Schneider (GmbHR 53, 11)
LG Memmingen 17.12.52: Oswald (M-DR 54,234)
LAG Frankfurt/M. 29. 4. 53: Nikisch (RdA 53,358)
LAG Mannheim 22.5.53: Schnorr v. Carolsfeld (ArbuR 53,286)
AG Naila 16.7.53: Oswald (MDR 55, 234)
BGH 27.2.54: Fischer (L–M 1 zu § 39 BGB)
BGH 12.5.54: Fischer (L–M 3 zu § 11 GmbHG), Schneider (GmbHR 54,140)
BGH 13.10.54: Fischer (L–M 1 zu § 7 GenG)
BGH 20.11.54: Fischer (L–M 5 zu § 11 GmbHG), Schneider (GmbHR 55,27)
BGH 13.1.55: Fischer (L–M 2 zu § 33 BGB)
BAG 5.5.55: Pohle (AP 1 zu § 549 ZPO)
BGH 15.6.55: Schultze v. Lasaulx (M-DR 55,729), Schilling (JZ 55,615), Schneider (GmbHR 55,129)
BGH 16.6.55: Fischer (L–M 2 zu § 13 GenG)
OLG Hamburg 8.7.55: Ganssmüller (G-mbHR 55,228)
OLG Stuttgart 8.8.55: Ganssmüller (G-mbHR 55,210)
BAG 21.4.56: Pohle (AP 2 zu § 54 BGB)
BGH 23.4.56: Fischer (L–M 3 zu § 13 GenG), Pohle (zGenW 56,313)
BGH 25.5.56: Nipperdey (MDR 56,671)
BGH 12.7.56: Fischer (L–M 8 zu § 11 GmbHG)
BGH 4.10.56: Mayer-Cording (JZ 57, 124), Fischer (L–M 1 zu § 25 BGB)
BGH 9.10.56: Schilling (JZ 57,92)
BFH 5.12.56: Brönner, Glöggler (Gm-bHR 57,77,78)
BAG 15.12.56: Pohle (AP 4 zu § 549 ZPO)
BGH 17.1.57: Fischer (L–M 4 zu § 33 BGB)
OLG Celle 19.1.57: Wilhelm (GmbHR 58,28)
LG Bonn 10.5.57: Stahlhacke (AP, Nr. 1 zu § 54 BGB)
BFH 24.6.57: Hoffmann (GmbHR 58, 10)
BGH 27.6.57: Hueck (JZ 57,626)
ORG Herford 10.7.57: Schilling (JZ 58,213)
BGH 26.9.57: Freese (GmbHR 58,77)
BayrOLG 27.9.57: Vogel (GmbHR 58, 78)
BGH 7.11.57: Pleyer (GmbHR 58,60)
OLG Hamburg 13.11.57: Seidl-Hohen-veldern (RiW 57,264)
BGH 26.11.57: Freese (GmbHR 58,111)
BFH 8.1.58: Grieger (BB 58,259)
BFH 20.2.58: Gottschling (GmbHR 58, 130)
BG Zürich 12.3.58: Gleichenstein (AWD 58,82)
BFH 19.8.58: Gottschling (GmbHR 59, 53)

Verzeichnis der lieferbaren „Hamburger Rechtsstudien"

Heft 1: Der Begriff des Versicherungsfalles in der Seeversicherung. Von F. A. Bene. 8°. 75 Seiten. 1928. DM 6.—

Heft 2: Die Bedeutung des Interesses für die Veräußerung der versicherten Sache. Von H. H. Elkan. 8°. 58 Seiten. 1928. DM 5.40

Heft 3: Aktiensonderdepot und Legitimationsübertragung. Von G. Frohner. 8°. 121 Seiten. 1929. DM 9.45

Heft 4: Die Gewinnversicherung. Von H. Winkler. 8°. 31 Seiten. 1929. DM 2.70

Heft 6: Die Order-Polize. Von A. N. Tsirintanis. 8°. 95 Seiten. 1930. DM 8.10

Heft 9: Die guten Sitten in der arbeitsrechtlichen Rechtssprechung nach dem Kriege. Von F. Oettinger. 8°. 84 Seiten. 1931. DM 6.75

Heft 10: Wandlung und Minderung bei einer Mehrheit von Käufern oder Verkäufern. Von H. Wogatzky. 8°. 115 Seiten. 1931. DM 9.—

Heft 11: Das Versicherungs-Zertifikat. Von R. Nothmann. 8°. 96 Seiten. 1932. DM 7.50

Heft 13: Die Staatshaftung für den Hamburger Hafenlotsen. Von E. Mumssen. 8°. 100 Seiten. 1932. DM 7.50

Heft 14: Gleichberechtigung der Geschlechter im künftigen Elternrecht. Von Ch. Cohn. 8°. 56 Seiten. 1932. DM 5.25

Heft 16: Quellenkritische Studien zur Bessergebotsklausel (in diem addictio) im römischen Kaufrecht. Von H. Sieg. 8°. 43 Seiten. 1933 DM 4.50

Heft 17: Kostfrachtgeschäft und laufende Versicherung. Von D. Himer. 8°. 42 Seiten. 1933. DM 4.50

Heft 18: „Acatholicus", eine Untersuchung über die Stellung der getauften und exkommunizierten Christen im geltenden kanonischen Recht. Von W. Bohm. 8°. 59 Seiten. 1933. DM 4.50

Heft 22: Grundsätze der versicherungsrechtlichen Vorteilausgleichung. Von G. Schultz. 8°. 69 Seiten. DM 6.—

Heft 27: Die Risikobeschränkungen. Von H. Lötsch. 8°. 69 Seiten. DM 6.—

Heft 28: Ernst Ferdinand Kleins Auffassung von der Strafe und den sichernden Maßnahmen. Von H. Mumme. 8°. 56 Seiten. 1936. DM 4.50

Heft 29: Die Durchlieferung. Eine rechtsvergleichende Darstellung zum Verständnis des Auslieferungsrechts. Von T. Schniederkötter. 8°. 216 Seiten. 1937. DM 13.50

Heft 30: Summen- und Einzelschaden. Beiträge zur Erneuerung der Schadenslehre vom Wirtschaftsrecht aus. Von H. Möller. 8°. 154 Seiten. 1937. DM 13.50

Heft 32: Die Zwangsvollstreckung in die Rechte aus einem Lebensversicherungsvertrag. Von E. W. Niewisch. 8°. 57 Seiten. 1939. DM 4.50

Heft 33: Beiträge zum Devisenstrafrecht. Von J. H. Carl. 8°. 75 Seiten. 1939. DM. 6.75

Heft 34: Die Sonderbehandlung der Halberwachsenen im Strafrecht. Von F. Severin. 8°. 106 Seiten. 1939. DM 7.50

Heft 36: Der Versicherungsmakler in den Vereinigten Staaten von Amerika. Von O. R. v. Laun. 8°. 70 Seiten. 1939. DM 6.—

Heft 37: Der Jugendrichter und die Behandlung junger Rechtsbrecher in Belgien. Von K. Walters. 8°. 72 Seiten. 1939. DM 6.75

Heft 39: Der medizinische Sachverständige im Hamburgischen Strafverfahren. Von F. Clamann. 8°. 80 Seiten. 1940. DM 6.75

Heft 40: Das Eintrittsrecht in der Lebensversicherung. Von K. v. Laun. 8°. 86 Seiten. 1940. DM 6.75

Heft 41: Die Rechtsstellung des Hypothekengläubigers im privaten Feuerversicherungsrecht. Von R. Wiesinger. 8°. 76 Seiten. 1940. DM 6.75

Heft 43: Grundsatzfragen der betrieblichen Mitbestimmung Von F. Koenigs. 8°. 151 Seiten. 1954. DM 12.—

FSC
www.fsc.org
MIX
Papier | Fördert
gute Waldnutzung
FSC® C083411

Kolibri 360 GmbH
Ferdinand-Jühlke-Straße 7
99095 Erfurt, Deutschland
produktsicherheit@kolibri360.de